甘肃省 第二次全国重点保护野生植物资源调查

GANSU

The Second National Key Protection
Investigation of Wild Plant Resources

朱耀宝　寇德荣
◎主编

中国林业出版社

·北京·

图书在版编目（CIP）数据

甘肃省第二次全国重点保护野生植物资源调查 / 朱耀宝, 寇德荣主编.
-- 北京：中国林业出版社, 2020.9
ISBN 978-7-5219-0756-8
Ⅰ.①甘… Ⅱ.①朱… ②寇… Ⅲ.①野生植物－植物资源－资源调查－甘肃
Ⅳ.①Q948.524.2

中国版本图书馆CIP数据核字（2020）第161568号

中国林业出版社·自然保护分社（国家公园分社）

策划编辑： 张衍辉

责任编辑： 张衍辉　甄美子

出　版：中国林业出版社（100009 北京市西城区德内大街刘海胡同7号）

网　址：http://www.forestry.gov.cn/lycb.html

电　话：010-83143521，83143616

印　刷：北京博海升彩色印刷有限公司

版　次：2020年9月第1版

印　次：2020年9月第1次

开　本：889mm×1194mm　1/16

印　张：19.25

字　数：570千字

定　价：100.00元

前言

甘肃省作为我国"两屏三带"生态安全屏障的重要组成部分，在维护国家生态安全中具有重要地位。甘肃地处黄土高原、青藏高原和内蒙古高原三大高原的交汇地带，境内地形复杂，山脉纵横交错，海拔相差悬殊，高山、盆地、平川、沙漠和戈壁等兼而有之，是山地型高原地貌。气候差别大，生态环境复杂多样。甘肃深居西北内陆，海洋温湿气流不易到达，大部分地区气候干燥，属大陆性很强的温带季风气候，决定了甘肃是一个植物种类分布不均衡的地区，加之多年来人们对自然资源的不合理开发，导致全省许多地方植被严重退化、土壤严重沙化、生态系统相当脆弱。因此，清查全省重点保护植物本底资源，有效濒危物种，全面保护物种生存环境，保护生物多样性，已成为刻不容缓、迫在眉睫的任务。

本次全国重点保护野生植物资源调查是国家林业和草原局继1999年第一次全国重点保护野生植物资源调查之后、全球生态问题日益突出的情况下组织实施的，是我国政府履行《21世纪议程》《生物多样性保护公约》和维护大国应尽的义务所作出的行动。通过本次调查，可以全面系统地了解和掌握全省重点保护野生植物资源的现状及变化动态，建立物种资源数据库，从而为有效保护生物多样性和可持续利用提供科学依据，也为今后进行长期调查与监测奠定基础。

根据《国家林业局关于启动第二次全国重点保护野生植物资源调查有关工作的通知》（林护发〔2012〕87号）的要求，甘肃省从2014年5月开始至2018年4月结束，开展了全省重点保护野生植物资源调查工作。甘肃省林业厅对本次调查工作非常重视，先后成立了以厅长为组长，分管厅长为副组长，相关处室、单位领导为组员的第二次全国重点保护野生植物资源甘肃省资源调查工作领导小组；以甘肃省野生动植物管理局为主的领导小组办公室；以甘肃农业大学、西北师范大学、甘肃省小陇山林业调查规划院、天水师范学院生物工程与技术学院为技术支撑单位；以甘肃农业大学、西北师范大学、天水师范学院植物分类学专家及调查单位资深专家为成员的专家指导委员会和专家技术委员会；各调查单元专业技术人员为主要技术力量的重点保护野生植物资源调查队伍。

根据国家林业和草原局颁发的《第二次全国重点保护野生植物资源调查工作大纲》（以下简称《工作大纲》）和《第二次全国重点保护野生植物资源调查技术规程》（以下简称《技术规程》）的规定和要求，并结合本省实际情况，编拟了《第二次全国重点保护野生植物资源甘肃省资源调查实施细则》（以下简称《实施细则》）和《第二次全国重点保护野生植物资源甘肃省资源调查工作方案》

（以下简称《工作方案》）。经省林业和草原局和国家林业和草原局保护司组织专家审定批准后，正式在调查工作中实施。调查队伍通过培训班学习、理论考核及外业实际操作训练等方式进行了一系列业务培训，随后展开全面调查工作。

第二次全国重点保护野生植物资源调查工作历时4年，相继完成了《实施细则》和《工作方案》的编写、外业准备、外业调查、内业调查表格整理、分布面积量算、资源数据库建立、数据统计汇总、全省1：100万重点保护野生植物资源分布图编绘、植物标本制作鉴定、照片筛选及报告编写等工作。经省林业和草原局组织有关专家审定和修改后，完成各项成果的印制工作，已于2018年6月正式提交了调查报告、磁盘数据、统计汇总、数据汇总、资源分布图、标本、照片等成果材料。

通过4年多的调查、分析、补充调查和汇总整理，全面完成了《第二次全国重点保护野生植物资源调查甘肃省实施方案》规定的岷江柏木、秦岭冷杉等27个目的树种的调查任务，并通过了国家林业和草原局组织的检查验收。全面查清了全省国家重点保护野生植物的资源现状，初步掌握了野生植物资源的动态变化情况，为保护和发展野生植物资源提供了科学依据，为建立野生植物资源监测评价体系奠定了基础。

本《报告》的编制工作，得到了国家林业和草原局保护司、国家林业和草原局林业调查规划设计院、甘肃省林业和草原局、甘肃农业大学孙学刚教授和西北师大陈学林教授的大力支持和指导，并得到各市（州）林业局、各保护局的大力协助，在此表示诚挚的感谢。由于时间仓促，水平有限，报告中错误和疏漏在所难免，敬请专家和领导不吝指正。

第二次全国重点保护野生植物资源调查

甘肃省调查报告编写组

2018年4月

目录

第
一
部
分

文
件

国家林业局关于启动
第二次全国重点保护野生植物资源调查
有关工作的通知

各省、自治区、直辖市林业厅（局），内蒙古、龙江、大兴安岭森工（林业）集团公司，新疆生产建设兵团林业局，国家林业局调查规划设计院：

依据《野生植物保护条例》有关规定和我局"十二五"重点工作总体部署，为全面摸清我国野生植物资源状况和动态变化，在财政部大力支持下，我局于2010年开始筹备第二次全国重点保护野生植物资源调查，2011年成立全国专家委员会并完成调查试点。在此基础上，经广泛征求意见，研究制定了《全国重点保护野生植物资源调查工作大纲》（以下简称《工作大纲》，见附件1）和《全国重点保护野生植物资源调查技术规程》（以下简称《技术规程》，见附件2），并通过专家论证。现印发给你们，并就全面启动第二次全国重点保护野生植物资源调查的有关事项通知如下：

一、高度重视，加强领导

定期开展野生植物资源调查，掌握资源本底信息和动态变化，是各级野生植物行政主管部门的法定职责，更是政策制定和管理决策不可或缺的科学依据。各省（含自治区、直辖市、集团公司、生产建设兵团，下同）林业主管部门要高度重视，把野生植物资源调查作为一项重要工作来抓，成立专门的调查领导小组，指定专人领导和组织实施。要主动向地方政府汇报，并积极与地方财政等有关部门沟通协调，争取支持与配合；要在认真总结第一次全国重点保护野生植物资源调查经验的基础上，根据《工作大纲》的原则要求，制定符合本省实际的切实可行的资源调查工作方案，明确调查组织形式，确保如期高质量完成本次调查任务。

国家林业局文件

林护发〔2012〕87号

国家林业局关于启动第二次全国重点保护野生植物资源调查有关工作的通知

各省、自治区、直辖市林业厅（局），内蒙古、龙江、大兴安岭森工（林业）集团公司，新疆生产建设兵团林业局，国家林业局调查规划设计院：

依据《野生植物保护条例》有关规定和我局"十二五"重点工作总体部署，为全面摸清我国野生植物资源状况和动态变化，在财政部大力支持下，我局于2010年开始筹备第二次全国重点保护野生植物资源调查，2011年成立全国专家委员会并完成调查试点。在此基础上，经广泛征求意见，研究制定了《全国重点保护野生植物资源调查工作大纲》（以下简称《工作大纲》，见附件1）和《全国重点保护野生植物资源调查技术规程》（以下简称《技术规程》，见附件2），并通过专家论证。现印发给你们，并就全面启动第二次全国重点保护野生植物资源调查的有关事项通知如下：

—1—

二、认真组织实施，严格技术规范

各省调查领导小组全面负责本省资源调查工作的组织实施。考虑到我国地域辽阔、地形气候等自然条件复杂，野生植物及其分布多样，各省要根据《技术规程》的有关规定，结合本省的资源分布特点和工作基础，制定资源调查实施细则，明确调查方法、技术路线和采用的技术手段，确保调查数据和信息的统一性与科学性；要结合本省的技术力量，充分发挥本省与本次调查专业相关的科研院所（校）的技术优势，组织经验丰富、技术扎实的专家组和调查队伍，增强调查过程的专业性和调查结果的准确性。

三、加强指导检查，强化质量保障

各省要根据《工作大纲》关于调查质量管理的有关要求，充分依靠和发挥本省资源调查专家组等专业技术力量，做好各类调查技术文件的制定和审核工作；要认真开展调查技术培训，加强对野外调查的技术指导，确保调查方法和技术路线得到正确执行；要制定专门的阶段性自查和检查验收办法及措施，建立调查质量责任追究制度，及时发现和解决问题，及时上报有关情况，坚决杜绝弄虚作假、伪造调查过程和调查数据的情形发生，切实保障调查结果的真实可靠。

四、强化信息管理，严格发布程序

各省对野外调查、内业汇总、统计分析、成果报告等各个环节的所有调查数据、信息和结果，均须妥善建档保存，严格管理;各省调查成果报告须经本省组织专家评审后按程序上报我局，由我局适时统一对外发布。未经我局同意，任何单位和个人不得擅自对外发布本次调查的任何相关信息。

五、突出重点，充实完善

本次全国资源调查明确规定了调查物种和调查范围，并区分了重点调查物种和一般调查物种。各省在组织实施过程中，要结合本省的调查组织形式和技术力量，区分轻重缓急，突出调查重点，有序开展调查；在保障上述物种调查任务的前提下，可根据本省野生植物资源状况和管理工作需求，适当增加本省的调查物种，以充分发挥本次调查队伍的作用，进一步提升调查成效。

六、增强安全意识，强化后勤保障

由于本次调查的物种大多分市在偏远深山，调查任务繁重，调查过程充满风险，调查条件十分恶劣，各省在组织实施调查过程中，要着重强调安全意识，做好各项安全保障的准备和应急预案，切实保护好每一位调查队员和指导专家的野外安全。

附件：1. 全国重点保护野生植物资源调查工作大纲（略）
　　　2. 全国重点保护野生植物资源调查技术规程（略）

由于本次调查的物种大多分市在偏远深山，调查任务繁重，调查过程充满风险，调查条件十分恶劣，各省在组织实施调查过程中，要着重强调安全意识，做好各项安全保障的准备和应急预案，切实保护好每一位调查队员和指导专家的野外安全。

附件：1. 全国重点保护野生植物资源调查工作大纲
　　　2. 全国重点保护野生植物资源调查技术规程

二〇一二年四月十三日

主题词：野生植物　调查　通知

抄送：各省、自治区、直辖市人民政府，财政部，国家林业局工作总站、宣传办、濒管办、治沙办、湿地办、中植协。

本局发送：造林司、资源司、计财司、科技司。

国家林业局办公室　　　　　　2012 年 4 月 13 日印发

— 4 —

5

甘肃省林业厅关于开展
第二次全国重点保护野生植物资源
调查工作的通知

各市（州）林业（农林）局，厅直有关单位：

为进一步摸清全省范围内重点保护野生植物资源的本底情况和动态交化，确定我省野生植物物种生态红线，根据《国家林业局关于启动第二次全国重点保护野生植物物资调查有关工作的通知》（林护发〔2012〕87号）精神。省厅决定在全省范围内开展第二次全国重点保护野生植物资源调查工作，并组织有关专家和技术人员编制了《第二次全国重点保护野生植物资源调查甘肃省实施细则》（以下简称《实施细则》），为了保障全省调查工作圆满完成，现就有关事项通知如下。

一、调查对象

根据《全国重点保护野生植物资源调查技术规程》的调查物种名单，确定在我省有分布或可能有野生资源分布的岷江柏木、秦岭冷杉、大果青杄、红豆杉、南方红豆杉、巴山榧树、梓叶槭、庙台槭、裸果木、连香树、梭梭、红豆树、厚朴、西康玉兰、水青树、红椿、珙桐、光叶珙桐、水曲柳、肉苁蓉、沙拐枣、独叶草、蒙古扁桃、香果树、宜昌橙、沙生柽柳、油樟、独花兰等28个物种为我省的野生资源调查对象。

二、调查范围

根据《甘肃省林业厅关于上报策二次全国重点保护野生植物资源调查有关信息的紧急通知》（甘林护函〔2012〕703号）要求和各地各单位上报的调查对象分布种类和面积，省厅确定了调查对象所在的陇南市等9个市（州）34个县（市辖区、县级市、自治县）、白水江等9个国家级自然保护区、裕河省级自然保护区以及白龙江林业管理局、小陇山林业实验局为此次的调查范围。按照行政区划、地理位置、管理能力、人员状况、技术力量等因素，全省划定20个调查区50个调查单元，详见《实施细则》。

三、调查时间安排

2014年4～5月，各调查单元制定调查实施方案，组建调查队伍。5月31日前将实施方案上报省厅。

2014年5月，全省调查培训。

2014年6～8月，完成小陇山林业实验局、9个国家级自然保护区的野外调查和阶段性自查工作。8月31日前将调查成果上报省厅。

2014年9月，对小陇山林业实验局、9个国家级自然保护区进行省级检查验收。

2014年6月～2015年7月，完成9个市（州）34个县、白龙江林业管理局、裕河省级自然保护区的外业调查和阶段性自查工作。2015年7月31日前将调查成果上报省厅。

2015年8～9月，对9个市（州）34个县、白龙江林业管理局、裕河省级自然保护区进行省级检查验收。

2015年10～12月完成全省调查数据分析、撰写调查报告并进行专家评审后上报国家林业局。

2016年完成国家检查验收工作。

四、调查要求

（一）提高认识，加强领导

定期开展野生植物资源调查，掌握资源本底信息和动态变化，是各级林业行政主管部门的法定职责，更是政策制定和管理决策不可或缺的科学依据。本次调查由各地各单位分别组织实施，各地各单位要高度重视，精心安排，成立调查领导小组，制定具体实施方案，指定专人具体负责组织实施。各调查单元要抽调经验丰富、技术扎实的技术人员组成调查队伍，确保如期高质量完成此次调查任务。

（二）严格技术规范，强化质量保障

各地各单位要根据《实施细则》的有关规定，严格执行相应的调查方法、技术路线、技术手段，确保调查数据和信息的统一性与科学性。各调查区和调查单元要分别成立以主管领导为组长的质量监督检查组，负责本辖区调查的检查验收和质量管理工作，及时发现和解决问题，坚决杜绝弄虚作假、伪造调查过程和调查数掘的情形发生，切实保障调查结果的真实可靠。

（三）强化信息管理，严格发布程序

国家重点保护野生植物社会关注度高，敏感性强，参与此次调查工作的单位和个人，要严格遵守调查情况通报和信息发布侧度，对此次野外调查资料、野外拍摄影像资料及调查咸果要严格加强管理，由专人进行保管，防止资料遗失和外传，调查结束后所有调查资料要一律建档保存。未经国家林业局和省林业厅同意，任何单位和个人不得擅自对外发布本次调查的任何相关信息。

（四）增强安全意识，强化后勤保障

本次调查的物种均分布在偏远深山，地形地貌复杂，调查任务繁重，调查过程充满风险，调查条件十分恶劣。各地各单位在组织调查过程中，要着重强调安全意识，做好各项安全保障的准备和应急预案，切实保护好每一位调查队员的野外人身安全。省厅将根据各单位任务量完成情况给予调查队员和专家适当补贴，各地各单位要全力做好后勤保障工作，确保本次调查顺利完成。

特此通知。

附件：第二次全国重点保护野生植物资源调查甘肃省实施细则（略）

国家林业局陆生野生动物
与野生植物监测中心
关于第二次全国重点保护野生植物资源调查
甘肃省检查意见的函

甘肃省林业厅：

根据国家林业局保护司《关于启动第二次全国重点保护野生植物资源调查检查验收的通知》（护动函〔2015〕86号）要求，2016年10月14～20日，由陈世龙（中国科学院西北高原生物研究所研究员，第二次全国重点保护野生植物资源调查专家技术委员会委员）、刘增力、高原（国家林业局调查规划设计院）3位成员组成的检查组，对"第二次全国重点保护野生植物资源调查"甘肃省的调查工作进行了检查。按照《第二次全国重点保护野生植物资源调查检查验收办法》（以下简称《检查验收办法》）的有关要求，检查组听取了调查工作汇报，并通过质询答疑、查阅成果资料、调查点实地复查等方式，对调查工作的各个环节进行了认真检查。现将检查结果反馈如下：

一、调查基本情况

根据《第二次全国重点保护野生植物资源调查技术规程》（以下简称《技术规程》），甘肃省林业厅制定了本省的《工作方案》和《实施细则》，确定调查野生物种28种，包括岷江柏木、秦岭冷杉、梓叶槭、庙台槭、油樟、独花兰、大果青扦、红豆杉、南方红豆杉、巴山榧树、连香树、红豆树、厚朴、西康玉兰、水青树、红椿、珙桐、光叶珙桐、水曲柳、独叶草、香果树、沙生柽柳、蒙古扁桃、肉苁蓉、梭梭、沙拐枣、裸果木、宜昌橙等；人工栽培物种14

种，包括银杏、水杉、红豆杉、南方红豆杉、杜仲、白梭梭、梭梭、胡桃、厚朴、凹叶厚朴、梓叶槭、庙台槭、水曲柳、肉苁蓉等。省林业厅成立第二次全国重点保护野生植物资源调查甘肃省工作领导小组，在省野生动植物管理局设立领导小组办公室。全省划定20个调查区50个调查单位，规定每个调查区、调查单位确定一个行政和技术负责人，行政负责人负责本单位调查方案制定、人员安排后勤保障、调查质量管理、财务管理。技术负责人负责本调查区域内的野外调查及数据收集、标本照片等技术资料管理、成果汇总上报，技术负责人必须全程参与本调查单位内所有调查组的野外调查工作。除行政负责人和技术负责人外，每个调查单位至少确定3人参与本次调查的野外调查工作、1人参与内业汇总工作。2014年5月12～14日，在兰州中山宾馆举行培训班，安排部署工作，调查方法技术和实施细则培训，调查目的物种识别培训，植物标本采集及照拍摄要求培训等，通过培训和试点，保障每个调查队员熟悉技术要求后参加正式调查工作。在各调查单位完成工作的基础上，由甘肃省林业厅保护处牵头，省野生动植物管理局具体负责，与省小陇山林业调查规划院为技术支撑单位共同组成的验收组，从2015年8月～2016年9月，对全省20个调查区50个调查单元进行了外业、内业质量检查，2016年9月甘肃省林业厅向国家林业局保护司提出了检查验收申请。

二、检查过程

按照《检查验收办法》的有关要求，检查组召开了座谈会，听取了甘肃省林业厅野生动植物保护局和甘肃小陇山林业调查规划院的工作汇报及调查技术成果汇总及检查情况报告，并认真查阅了调查原始记录卡片、标本、照片、相关文件及调查物种分布图等初步成果，并赴张掖市、酒泉市分别对梭梭、沙拐枣、裸果木等野外分布点和调查样地进行了复核，对调查队员的调查物种识别能力、群落类型的判定能力及表格记录等进行了野外测评。同时，就调查方法、调查时间等各环节进行了质询。

三、检查结果及评价

1. 组织管理

甘肃省林业厅对本次调查高度重视，能按照国家林业局的统一部署，成立了调查领导小组、领导小组办公室以及技术负责单位，制定调查《工作方案》和《实施细则》，按时参加国家林业局召开的与调查相关的会议和培训，积极向省财政申请专项资金用于本次植物资源调查。分解任务到50个调查单位，指定行政和技术负责人，各调查单位都组织了调查队伍，进一步制定了各自的工作方案和实施细则，进行了全省调查队的集中培训，所有调查队员都通过了技术培训和野外实习。外业过程中，省有关专家和检查组亲临现场指导，及时解决各种技术问题。

2. 外业检查

甘肃省野生植物资源调查重点调查6种，一般调查22种，大部分采用实测法和典型抽样法，本次检查重点针对采用样方法的荒漠植被调查样方，实地检查了民乐县的梭梭样方、金塔县的沙拐枣样方、玉门市的裸果木样方、安南坝野骆驼国家级自然保护区的梭梭样方等。野外调查能按照甘肃省实施细则规定的调查方法进行，调查样方布设和调查方法合理，样方标桩清楚，定位准确，通过GPS可复核。群落类型命名基本符合群落特征。调查物种鉴定、计数和出现度统计准确。野外调查表格填写准确、规范。

3. 内业检查

各调查单位调查资料收集齐全，管理规范，资料录入准确、无误，结果可靠，提供的照片材料和轨迹坐标等全面、准确、真实、清晰、规范，标本制作基本规范。

4. 总体评价

由甘肃省林业厅组织的全国重点保护野生植物资源调查工作，严格按照《技术规程》或《实施细则》的规定进行。在调查工作中，将任务分解到各县市和自然保护区等基层单位，全面了解和掌握调查物种的分布地点，调查基本能覆盖调查物种的分布范围和分布点。培训工作有序；调查方法和方案合理、科学；样方布局和设置基本合理，调查表格填写规范，数据基本可靠；调查对象确定正确；野外调查工作基本完成。锻炼了队伍，增加了基层对国家重点保护植物的认识和保护意识，工作组织得力，管理规范，调查结果详实可靠，符合《技术规程》要求。

四、问题和建议

1. 根据样方调查结果进一步核实调查物种所处的植被名称，能到群系的应该到群系，如民乐县开发区治沙站，编号（甘-民乐-梭梭-05）的梭梭样方，本样地群落名称应该是梭梭林，而调查队确定为珍珠猪毛菜群落，珍珠猪毛菜群落是该区域的一个植被类型，而不是样地的群落名称，要以建群种来命名，不然大面积的珍珠猪毛菜群落将会误导或扩大梭梭的分布面积。

2．进一步修订和补充样方调查中的伴生植物物种名称，一种情况是伴生种记录太少，另一种情况是俗称或地方名记录不准确，可能存在原因为省级培训相对侧重目标物种，基层调查队伍专业知识水平存在差异，建议随时与省级调查专家委员会及地市级业务指导专家加强沟通，利用现代通信技术传输照片，加以确认，补充生境记录，修订物种名称，对有些物种记录太少的样方，在2017年在植物种类丰富的季节重新开展一次，补充完善伴生植物种类。

3．补充完善调查样方的位置描述，进一步分析分布规律。样方位置选择要注意代表性，尽量避免样方位于群落核心，减少数据统计的误差。

4．核实和加强植物照片质量，可适当的进行重拍更新。

为珍珠猪毛菜群落，珍珠猪毛菜群落是该区域的一个植被类型，而不是样地的群落名称，要以建群种来命名，不然大面积的珍珠猪毛菜群落将会误导或扩大梭梭的分布面积。

2．进一步修订和补充样方调查中的伴生植物物种名称，一种情况是伴生种记录太少，另一种情况是俗称或地方名记录不准确，可能存在原因为省级培训相对侧重目标物种，基层调查队伍专业知识水平存在差异，建议随时与省级调查专家委员会及地市级业务指导专家加强沟通，利用现代通信技术传输照片，加以确认，补充生境记录，修订物种名称，对有些物种记录太少的样方，在2017年在植物种类丰富的季节重新开展一次，补充完善伴生植物种类。

3．补充完善调查样方的位置描述，进一步分析分布规律，样方位置选择要注意代表性，尽量避免样方位于群落核心，减少数据统计的误差。

4．核实和加强植物照片质量，可适当的进行重拍更新。

5．每个调查单位勾绘目标物种分布范围图时，建议一个目标物种出一个分布图，物种之间可以有交叉重叠，如肃北县五个调查物种作在一张图上，每种之间没有交叉重叠，这是不科学的，建议类似调查单位分布范围重新勾绘。

国家林业局陆生野生动植物资源监测中心
2015年11月4日

抄送：国家林业局野生动植物保护与自然保护区管理司

5．每个调查单位勾绘目标物种分布范围图时，建议一个目标物种出一个分布图，物种之间可以有交叉重叠，如肃北县五个调查物种作在一张图上，每种之间没有交叉重叠，这是不科学的，建议类似调查单位分布范围重新勾绘。

第二部分

工作略影

一、启动

二、外业调查

三、省级检查

四、国家级检查

五、植物

（1）梭梭 *Haloxylon ammodendron*

分布区域：酒泉市金塔县、瓜州县、敦煌市、肃北蒙古族自治县、阿克塞哈萨克族自治县，张掖市民乐县，金昌市金川区，武威市民勤县，敦煌西湖国家级自然保护区。

保护价值：遏制土地沙化，维护生态平衡，并在其根部寄生有传统的珍稀名贵补益类中药材肉苁蓉，具有很高的经济价值。

※ 梭梭花枝

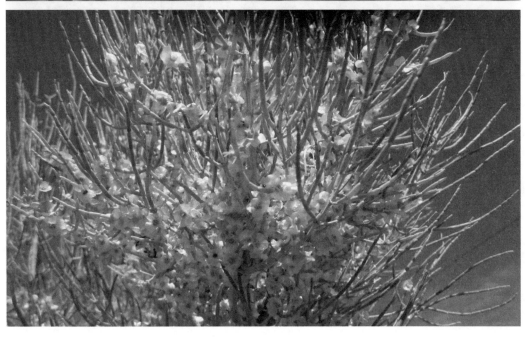

※ 梭梭花

（2）裸果木 *Gymnocarpos przewalskii*

分布区域：酒泉市瓜州县、敦煌市、玉门市、肃北蒙古族自治县、阿克塞哈萨克族自治县，安南坝国家级自然保护区，盐池湾国家级自然保护区，祁连山国家级自然保护区，连古城国家级自然保护区，张掖市肃南裕固族自治县，武威市民勤县，白银市景泰县。

保护价值：对研究中国西北、内蒙古荒漠的发生、发展、气候的变化以及旱生植物区系成分的起源，有重要的科学研究价值，并是很好的固沙植物。

※ 裸果木花

※ 裸果木枝

（3）沙拐枣 *Calligonum mongolicum*

分布区域：酒泉市肃州区、金塔县、瓜州县、敦煌市、肃北蒙古族自治县、阿克塞哈萨克族自治县，安南坝国家级自然保护区，敦煌西湖国家级自然保护区，连古城国家级自然保护区，武威市民勤县，石羊河林业总场。

保护价值：含有丰富的粗蛋白，有很高的药用价值，更是先锋固沙植物。

※ 沙拐枣果

※ 沙拐枣枝

（4）沙生柽柳 *Tamarix taklamakanensis*

分布区域：敦煌西湖国家级自然保护区。

保护价值：中国西部荒漠地区流动沙丘上优良先锋固沙造林树种，也是中国特有种，对研究亚洲中部荒漠植物区系的特点和本属的系统发育均有一定的科学意义。

（5）蒙古扁桃 *Amygdalus mongolica*

分布区域：酒泉市肃北蒙古族自治县，祁连山国家级自然保护区，连古城国家级自然保护区，张掖市高台县、临泽县、肃南裕固族自治县，金昌市永昌县，白银市景泰县。

保护价值：对研究亚洲中部干旱地区植物区系有一定的科学价值。为主要的木本油料树种之一，种仁含油率约为40%，其油可供食用，种仁可代郁李仁入药。可作核果类果树的砧木和干旱地区的水土保持植物。

※ 蒙古扁桃
果实

※ 蒙古扁桃花

（6）肉苁蓉 *Cistanche deserticola*

分布区域：酒泉市肃北蒙古族自治县。

保护价值：肉苁蓉素有"沙漠人参"之美誉，具有极高的药用价值，是中国传统的名贵中药材。也是古地中海残遗植物，对于研究亚洲中部荒漠植物区系具有一定的科学价值。

※ 肉苁蓉

※ 肉苁蓉根

（7）巴山榧树 *Torreya fargesii*

分布区域：陇南市成县、徽县、武都区，裕河省级自然保护区，小陇山林业实验局，小陇山国家级自然保护区，白水江国家级自然保护区。

保护价值：中国特有种，分布区范围小，生态环境较狭窄，材质优良。

※ 巴山榧树枝

※ 巴山榧树果

（8）大果青扦 *Picea neoveitchii*

分布区域：白龙江林业管理局舟曲林业局。

形态特征：常绿乔木，高15～25米，胸径50厘米；树皮灰色，裂成鳞片状脱落。

保护价值：系秦岭特有种，因破坏严重，残存林木极少，其种鳞宽大，极为特殊，对研究植物区系、云杉属分类和保护物种均有科学意义。树干通直、木材优良，为建筑、家具等良材。

※ 大果青扦果

※ 大果青扦单株

（9）独花兰 *Changneinia amoena*

分布区域：陇南市康县、裕河省级自然保护区、白水江国家级自然保护区。

保护价值：优良的野生花卉，假鳞茎是治疗疮毒与蛇伤的良药；其全草、根用于咳嗽、痈疽疔肿、湿疮、疥癣，具有很高的药用价值。

※ 独花兰叶

※ 独花兰

（10）独叶草 *Kingdonia uniflora*

分布区域：陇南市礼县、文县，甘南藏族自治州舟曲县、迭部县，白龙江林业管理局白水江林业局、迭部林业局、洮河林业局，洮河国家级自然保护区，白水江国家级自然保护区。

保护价值：对研究被子植物的进化和该科的系统发育有科学意义；其根、叶可治跌打损伤、瘀肿疼痛、风湿筋骨痛。

※ 独叶草

（11）珙桐 *Davidia involucrate*

分布区域：白水江国家级自然保护区。

保护价值：珙桐有"植物活化石"之称，是国家8种一级保护植物中的珍品，因其花形酷似展翅飞翔的白鸽而被西方植物学家命名为"中国鸽子树"。

※ 国家一级保护植物珙桐（王建宏 摄）

※ 珙桐

（12）光叶珙桐 *Davidia involucrate* var. *vilmoriniana*

分布区域：白水江国家级自然保护区。

保护价值：有"植物活化石"之称，是国家8种一级保护植物中的珍品，为中国独有的珍稀名贵观赏植物，又是制作细木雕刻、名贵家具的优质木材。

※ 光叶珙桐果

※ 光叶珙桐枝叶

（13）红椿 *Toona ciliata*

分布区域：陇南市康县、文县，裕河省级自然保护区，白水江国家级自然保护区。

保护价值：名贵的用材树种，材色红褐，花纹美丽，质地坚韧，最适宜制作高级家具。

※ 红椿枝

※ 红椿叶

（14）红豆杉 *Taxus chinensis*

分布区域：天水市秦州区、麦积区，陇南市西和县、成县、徽县、康县、武都区、文县，小陇山林业实验局，小陇山国家级自然保护区，甘南藏族自治州舟曲县、迭部县，白龙江林业管理局白水江林业局、舟曲林业局，白水江国家级自然保护区。

保护价值：第三纪孑遗的珍贵树种，其树皮和树叶中提炼出来的紫杉醇对多种晚期癌症疗效突出，被称为"治疗癌症的最后一道防线"。

※ 红豆杉果

※ 红豆杉枝叶

（15）红豆树 *Ormosia hosiei*

分布区域：陇南市康县、文县，裕河省级自然保护区，白水江国家级自然保护区。

保护价值：木材质地坚硬，纹理美丽，有光泽，边材不耐腐，易受虫蛀，心材耐腐朽，为优良的木雕工艺及高级家具等用材；根与种子入药；树姿优雅，为很好的庭园树种。

※ 红豆树枝

※ 红豆树枝叶

（16）厚朴 *Magnolia officinalis*

分布区域：陇南市西和县、康县、文县，小陇山林业实验局，小陇山国家级自然保护区，白水江林业局，裕河省级自然保护区，白水江国家级自然保护区。

保护价值：树皮、根皮、花、种子及芽皆可入药，以树皮为主，为著名中药，有化湿导滞、行气平喘、化食消痰、驱风镇痛之效；种子有明目益气功效；芽作妇科药用。子可榨油，含油量35%，出油率25%，可制肥皂。木材供建筑、板料、家具、雕刻、乐器、细木工等用。叶大荫浓，花大美丽，可作绿化观赏树种。

※ 厚朴全株

※ 厚朴叶

（17）连香树 *Cercidiphyllum japonicum*

分布区域：陇南市康县、文县，小陇山林业实验局，甘南藏族自治州舟曲县、迭部县，白龙江林业管理局舟曲林业局、迭部林业局，裕河省级自然保护区，白水江国家级自然保护区。

保护价值：为第三纪孑遗植物，在中国和日本间断分布，对于研究第三纪植物区系起源以及中国与日本植物区系的关系，有着重要的科研价值；木材纹理通直，结构细致，呈淡褐色，心材与边材区别明显，且耐水湿，是制作小提琴、室内装修、制造实木家具的理想用材，是稀有珍贵的用材树种，并且还是重要的造币树种。

※ 连香树枝叶

※ 连香树全枝

（18）**庙台槭** *Acer miaotaiense*

分布区域：小陇山林业实验局。

保护价值：为中国特有种，果实亦较奇特，对保存种质和研究槭属的演化有科学价值。

※ 庙台槭叶

※ 庙台槭果

（19）岷江柏木 *Cupressus chengiana*

分布区域：定西市岷县，陇南市武都区、文县，裕河省级自然保护区，甘南藏族自治州舟曲县，白龙江林业管理局舟曲林业局、白龙江林业局，白水江国家级自然保护区。

保护价值：为中国特有，重要的用材林及水土保持、绿化观赏树种；柏木树干通直，木材可供建筑、家具、农具等用材；枝叶可提炼柏木油；树根提炼柏木油后的碎木，经粉碎成粉后可作为香料。

※ 岷江柏木叶

※ 岷江柏木果枝

（20）南方红豆杉 *Taxus chinensis* var. *mairei*

分布区域：小陇山林业实验局、裕河省级自然保护区、白水江国家级自然保护区。

保护价值：材质坚硬，刀斧难入，有"千枞万杉，当不得红榧一枝丫"之称。边材黄白色，心材赤红，质坚硬，纹理致密，形象美观，不翘不裂，耐腐力强。可供建筑、高级家具、室内装修、车辆、铅笔杆等用。

※ 南方红豆杉枝叶

※ 南方红豆杉全株

（21）秦岭冷杉 *Abies chensiensis*

分布区域：陇南市宕昌县、文县、武都区，裕河省级自然保护区，小陇山林业实验局，小陇山国家级自然保护区，甘南藏族自治州舟曲县、迭部县，白龙江林业管理局舟曲林业局、白水江林业局、迭部林业局，白水江国家级自然保护区。

保护价值：是西南高山森林树种，西部亚高山固土保水树种，是森林生态系统顶极群落的主要组成树种；秦岭冷杉木材纹理直，均匀细致，质轻软，易加工，着钉力弱，为最优良的纸浆材；具有风景价值，树冠圆锥形或尖塔形，亭亭玉立，树态整齐，其赏心悦目的外观使它们在城市绿化中有很高的价值。

※ 秦岭冷杉果枝

（22）水青树 *Tetracentron sinense*

分布区域：陇南市文县，裕河省级自然保护区，小陇山林业实验局，小陇山国家级自然保护区，甘南藏族自治州舟曲县、迭部县，白龙江林业管理局舟曲林业局、白水江林业局、迭部林业局，白水江国家级自然保护区。

保护价值：水青树为第三纪古老子遗珍稀植物，起源古老，系统位置孤立，生态环境特殊。水青树的木材无导管，对研究古代植物区系的演化、被子植物系统起源具有重要科学价值。

※ 水青树全株

※ 水青树叶

（23）水曲柳 *Fraxinus mandshurica*

分布区域：裕河省级自然保护区，小陇山林业实验局，小陇山国家级自然保护区，甘南藏族自治州舟曲县、迭部县，白水江国家级自然保护区。

保护价值：水曲柳材质优良，可制各种家具、乐器、体育器具、车船、机械及特种建筑材料。同时，对于研究第三纪植物区系及第四纪冰川期气候具有科学意义。

※ 水曲柳果枝

※ 水曲柳叶、枝

（24）西康玉兰 *Magnolia wilsonii*

分布区域：白水江国家级自然保护区。

保护价值：西康玉兰为木兰属较原始种类，对本属的系统发育研究具有一定的科学价值，其花大而美丽可作为庭园观赏植物。

※ 西康玉兰全株

※ 西康玉兰花

（25）香果树 *Emmenopterys henryi*

分布区域：陇南市康县、武都区、文县，裕河省级自然保护区，白水江国家级自然保护区。

保护价值：古老孑遗植物，中国特有单种属珍稀树种。

※ 香果树果

※ 香果树枝叶

（26）宜昌橙 *Citrus ichangensis*

分布区域：白水江国家级自然保护区。

保护价值：具有很高的营养价值和药用价值。维生素C含量很高，减少胆结石的发病率；常吃宜昌橙可以防癌，行气宽中。

※ 宜昌橙果枝

※ 宜昌橙枝叶

（27）油樟 *Cinnamomum longepaniculatum*

分布区域：陇南市康县、文县，小陇山林业实验局，小陇山国家级自然保护区，裕河省级自然保护区，白水江国家级自然保护区。

保护价值：油樟是天然香料油，不含毒素；主要产品是桉叶素，国际市场需求很大，并且是成片造林和四旁绿化的首选树种。

※ 油樟花

※ 油樟叶

第三部分

调查报告

第一章　基本情况

1.1　自然地理概况

1.1.1　地理位置

甘肃省位于我国西北部，地理坐标介于东经92°13′～108°46′，北纬32°11′～42°57′之间。东接陕西省，南邻四川省，西连青海省、新疆维吾尔自治区，北靠内蒙古自治区、宁夏回族自治区并与蒙古国接壤。地处黄河上游，地域辽阔。全省设14个地、市、州，86个县（市、区），省会兰州。甘肃省地貌复杂多样，山地、高原、平川、河谷、沙漠、戈壁交错分布，地形呈狭长状，东西长1655千米，南北宽约530千米，最窄处仅有25千米。

国土总面积45.4万平方千米，农业用地25.4万平方千米，占国土总面积的56%。

1.1.2　地质地貌

甘肃省地处黄土高原、青藏高原和内蒙古高原三大高原的交汇地带。境内地形复杂，山脉纵横交错，海拔相差悬殊，高山、盆地、平川、沙漠和戈壁等兼而有之，是山地型高原地貌。地势自西南向东北倾斜，海拔大多在1000米以上，四周为群山峻岭所环抱。北有六盘山和龙首山；东为岷山、秦岭和子午岭；西接阿尔金山和祁连山；主要山脉有祁连山、陇山、西倾山、龙首山、马鬃山等，多数山脉属西北—东南走向。省内的森林资源多集中在这些山区，大多数河流也都从这些山脉形成各自分流的源头。在构造上主要属鄂尔多斯台地、阿拉善—北山台地、祁连山褶皱系和西秦岭褶皱系。境内地势高亢，高原和山地多，沙漠戈壁分布广，山地和高原约占全省土地面积的70%以上。东南部重峦叠嶂，山高谷深，流水侵蚀作用强烈；东、中部大都为黄土覆盖，形成独特的黄土地形，水土流失严重；河西走廊一带地势平坦，绿洲与沙漠、戈壁参杂分布；北部气候干燥，风力剥蚀作用显著，为内蒙古高原的西端；西南部地势高耸，气候寒冷，有现代冰川分布，为青藏高原的东北边缘。根据地貌形态特征及其构造成因，全省大致可分为陇南山地、黄土高原、甘南高原、河西走廊、北山山地、祁连山地等六大区域。

陇南山地：位于本省南部，包括渭水以南、临潭、迭部一线以东的山区，为秦岭的西延部分。海拔高度550～4900米，重峦叠嶂，山高谷深，峰锐坡陡，地形复杂。从水系流域分布看，属长江支流嘉陵江水系的白龙江、西汉水两流域，北缘为长江与黄河两大流域的分水地带。区内山脉众多，河谷川坝面积小，河道交错，河流水量充沛，水利资源丰富。山地大都为土石山区，森林植被分布不均，坡耕地面积广。降水多暴雨，水土流失现象普遍，局部地区滑坡、泥石流活动频繁。

黄土高原：位于甘肃中部和东部，陇南山地以北，东起甘陕边界，西至乌鞘岭。由于第三纪喜马拉雅期陇山运动而隆起，第四纪中晚期堆积了厚层老黄土及马兰黄土，形成黄土层高原地貌。接近南北走向的陇山（六盘山）山脉将其切割为陇东、陇西黄土高原两部分。陇东黄土高原海拔1200～1800米，黄土堆积厚达100米以上，地势大致由东、北、西三面向东南部缓慢倾斜；陇西黄土高原海拔在1200～2500米之间，是黄土高原的最西部分，大部黄土厚度在10米以上，局部超过200米，因河流切割，地形破碎，沟壑纵横，起伏大，梁、峁、丘陵地形占优势。陇东和陇西黄土高原区集中了全省耕地的七成，农业生产潜力较大。但本区丘陵沟壑多，川塬高差较大，雨季集中且多暴雨，植被条件较差，加之黄土具有垂直节理的特性，水土流失严重，粮食产量很不稳定。

甘南高原：属青藏高原东部边缘一部分，地势高耸，平均海拔超过3000米。区内气候高寒阴湿，除与岷山、迭山交接地段外，一般地势平坦，切割轻微，相对高度在500米以内。牧草丰茂，是本省主要的畜牧业基地之一。黄河流经本区，白龙江、洮河和大夏河均发源于本区西倾山，因地势起伏和缓，形成多处河曲，局部有沼泽。

河西走廊：斜卧于祁连山以北，北山以南，东起乌鞘岭，西迄甘新交界，呈自东向西、由南向北倾斜的狭长带状。海拔在1000～1500米之间，局部有不足1000米的盆地。整个走廊地势平坦，地面完整，机耕条件良好，光热充足，昼夜温差大，高山冰雪资源和地下水资源为发展农业提供了保证，成为本省主要的商品粮基地。

祁连山地：河西走廊以南，长达1000多千米，大部分海拔在3500米以上，终年积雪，是河西走廊的天然固体水库，是本省内陆河的发源地。祁连山蕴藏有丰富的煤、铁、石油和有色金属等矿产资源，并且有多种其他自然资源。受东来暖湿气流的微弱影响，本区气候东部湿润，西部干旱。东部森林植被覆盖较好，西部为辽阔的草原和荒漠草原，为发展畜牧业创造了条件。

北山山地：东西长1000多千米，海拔在1000～3600米之间，与腾格里沙漠和巴丹吉林沙漠相接，风高沙大，山岩裸露，荒漠连片。山间和山地周围有广阔的平原，但因气候干燥缺水，土质条件差，主要用于放牧。

1.1.3　气候

甘肃深居内陆，地形复杂，海洋暖湿气流不易到达，成雨机会较少，大部分地区气候干燥，气候的纬度和垂直地带性都较明显。东部受季风影响，西部受西风气流控制，气候条件复杂。各季的气候特点是：冬季风雪少、寒冷时间长；春夏界线不分明，春季升温快；夏季气温高，降水集中；秋季降温快，初霜来临早。全省年均气温4～14℃，太阳辐射强烈，日照时间长，日温差较大。全省各地年平均降水量在36.6～800毫米之间，大致从东南向西北递减，降水多集中在6～8月，占全年降水量的50%～70%。由于深居大陆腹地，多数地区根据各地气候差异，结合热量和水分条件，全省可分为8个气候区[①]。

陇南南部河谷亚热带湿润区：包括武都区、文县东南大部及康县东南一小部分河谷地带，是本

---

① 数据引自《甘肃省情》。

省唯一的亚热带气候区。年平均气温高于14℃，年降雨量在450～700毫米之间，无霜期≥280天，干燥度<1。本区气候湿润，宜种冬麦、水稻等作物，还可以发展多种亚热带经济作物，如柑橘、油桐、茶、漆树及多种药材等。

陇南北部暖温带湿润区：包括渭河、西汉水分水岭以南，陇南市中北部，天水市和舟曲县东南部。年平均气温8～12℃，年降水量在550～734.9毫米之间，无霜期220～240天，干燥度<1。本区四季分明，是本省冬麦、油料及蚕桑等多种农作物的主要产地。

温带半湿润区：包括渭河、西汉水分水岭以北，积石峡—马衔山—华家岭—驿马关—荔原堡—线以南的平凉市全部，庆阳、定西、临夏三市（州）南部以及天水市北部。年平均气温6～10℃，年降水量在500～600毫米之间，无霜期180～220天，干燥度1～1.5。本区气温较高，降水较多，适宜种植冬麦和夏杂粮，是本省的重要产粮区。

温带半干旱气候区：包括白银市、兰州市大部及庆阳、定西、临夏三市（州）北部。年平均气温6～9℃，年降雨量在200～500毫米之间，无霜期160～180天，干燥度1.5～4。本区降水量由南向北迅速减少，且降水变率大，干旱是本区农作物的主要威胁。本区农作物以春麦和秋杂粮为主，经济作物有胡麻、棉花、瓜果等。

河西北部温带干旱区：包括武威、张掖、酒泉、金昌四市的北部，年平均气温5～8℃，年降雨量在50～200毫米之间，无霜期140～160天，干燥度4～15。本区绿洲遍布，是本省主要的产粮基地。

河西西部暖温带干旱区：仅限于河西走廊西部疏勒河下游谷地，包括安西、敦煌两县（市）中部，年平均气温8～10℃，年降雨量不足50毫米，无霜期160～170天，干燥度在15之上，热量和光照条件优越。本区除适宜发展粮食作物外，可大力发展棉花种植。

河西南部高寒半干旱区：包括河西走廊以南的省境所有的高山地和山间盆地，即包括武威、张掖、酒泉、金昌四市的南部，年平均气温<4℃，年降雨量在100～500毫米之间，无霜期<140天，干燥度1～4。本区地势高寒，热量不足，无霜期短，大部山坡植被良好，是本省主要的天然牧区之一，同时本区高山有着丰富的冰川积雪，是河西地区主要的水源地。

高寒湿润区：包括省境西南部太子山—白石山—莲花山一线以南，岷、迭二山东段腊子口、大峪沟以西的甘南藏族自治州全部。平均海拔在3000米以上。年平均气温1～6℃，年降雨量在500～800毫米之间，无霜期<140天，干燥度<1。本区东部地形起伏较大，气候的垂直地带性明显，由河谷到高山，农、林、牧均有发展，西南部高原为本省主要牧区之一。

1.1.4 水文

全省较大的河流有450条，分属三大流域、11个水系，其中年径流量超过1亿立方米的有78条。黄河、长江、内陆河3个流域，流域面积分别为14.8万平方千米、3.8万平方千米、26.8万平方千米，占全省土地总面积的32.6%、8.4%、59.0%。全省多年平均自产水资源总量为307亿立方米，只占全国水资源总量的1.1%；全省自产地表水资源约299亿立方米，相当于全国年均自产地表水径流量的22.5%，而且呈现出逐年减少的趋势[①]。

---

① 数据引自《甘肃省森林资源连续清查第五次复查技术操作细则》。

黄河流域有洮河、湟河、黄河干流（包括大夏河、庄浪河、祖厉河及其他直接入黄河干流的小支流）、渭河、泾河、北洛河等6个水系。该流域面积广，水利条件优越，水能资源丰富。但该流域大部为黄土高原区，林业发展缓慢，植被条件较差，降水季节分配不均匀，多为暴雨形式，利用率低，水土流失严重，河流含沙量很大，变差系数较大，产水模数不太小。

长江流域有嘉陵江水系，包括白龙江、白水江、西汉水、犀牛江等，主要分布于省境东南部，水源充足，年内变化稳定，变差系数不太大，产水模数大，冬季不封冻，河道坡度大，且多峡谷，有丰富的水能资源。该流域植被条件较好，降水丰富，含沙量较小。

内陆河流域有石羊河、黑河、疏勒河、苏干湖4个水系，有15条河流，大部发源于祁连山，北流和西流注入内陆湖泊或消失于沙漠戈壁之中。普遍具有流程短，上游水量大，水流湍急，下游河谷浅，水量小，河床多变、变差系数小、产水模数小等特点。

全省有大中型水库16座，总库容75.98亿立方米。其中分布于年降水量在400毫米以下地区的有14座，其中库容0.5亿立方米以上的水库4座；分布于400毫米以上地区的有2座，其中库容3亿立方米以上的水库1座。

1.1.5 土壤

全省共有40多种土壤类型。主要土壤类型有黑垆土、黄褐土、灰钙土、黄绵土、棕漠土、棕壤、褐土、草甸土、寒漠土、灌耕土等。受生物、气候、地形、植被的共同影响，省境内土壤水平分布和垂直分布规律明显。

土壤水平分布纬度地带性明显，因季风影响而发生偏斜。地带性土壤可概括为：森林土壤（黄棕壤、黄褐土、棕壤、褐土）—草原土壤（黑垆土、栗钙土、灰钙土）—荒漠土壤（灰漠土、灰棕漠土、棕漠土）3个系列。

因山地所处生物气候条件、海拔高度、坡向的不同，垂直分布主要表现为：阴坡湿润，水分条件好，带谱较完整；阳坡水分条件差，带谱趋向简单。如祁连山东段阴坡土壤垂直地带谱从基带的灰棕漠土，依次往上为山地棕钙土—山地栗钙土—山地灰褐土—亚高山草甸土（黑毡土）—高山草甸土（草毡土）—高山寒漠土。西秦岭东段阴坡土壤垂直带谱由山麓到山顶依次为山地黄褐土—山地黄棕壤—山地棕壤—亚高山草甸土。而阳坡则为墣土—山地褐土—山地棕壤—亚高山草甸土[①]。

表3-1-1 甘肃省主要土壤类型及代码表

土类	分 布	主要植被	代码
高山寒漠土	祁连山、太子山、大力加山、阿尼玛卿山、西倾山海拔4200～4600米的高山地带	零星分布有雪莲、蚤缀、风毛菊、高山早熟禾、龙胆	197
高山草甸土	分布于上述山地海拔3500～4300米的中上部	以蒿草为主伴有矮蒿草、龙胆、苔草等	193

---

① 数据引自《甘肃省综合自然区划》。

（续表）

土类	分布	主要植被	代码
亚高山灌丛草甸土	陇南山地、甘南高原山地及祁连山海拔3100～3600米的亚高山地带	以杜鹃、山柳、金蜡梅、鬼见愁为主，林下生长苔草	192
高山草原土	祁连山西段海拔4000～4300米的哈拉盆地、诺干湖盆地、党河上源及哈尔腾河上源	主要有旱生禾草、旱生豆科、旱生菊科	195
山地草甸土	海拔2600～3200米的甘南高原东部边缘山地和祁连山东段山地的无林地带	灌木有金露梅、山柳，草本植物有苔草、蒿草	191
黄棕壤	文县、武都、康县南部河谷地带	常见树种有栎类、楠、棕榈、柑橘、珍珠莲、紫荆	111
棕壤	广泛分布于陇南山地，南秦岭海拔1400～1800米，北秦岭1900～2100米以上	以栎类为主的落叶阔叶林和油松林	112
褐土	陇南山地海拔1000～1700米的台地。土石丘陵及石质浅山地区	以桦、山杨、栎为主的落叶阔叶林和油松林，阳坡以辽东栎和灌丛为主	122
灰褐土	甘肃中部干旱、半干旱地区的兴隆山、马衔山、连城、奖俊埠及祁连山、哈思山的北坡	山地森林及山地灌丛林	124
黑垆土	榆中、定西一线以南海拔2100米以上的丘陵地区	长芒草、黄白草、短花针茅、百里香等	131
黄绵土	陇东、陇西黄土高原，常与黑垆土交错出现	长芒草、黄白草、短花针茅、百里香等	184
灰钙土	兰州、永登、皋兰等地	长芒草、针茅、灌木亚菊、红砂、锦鸡儿等	135
棕钙土	靖远县、白银区的北部及景泰县的全部	红砂、白刺、针茅	134
山地栗钙土	东起乌鞘岭，西到疏勒河、海拔2200～3500米的祁连山北坡及永登北部山地2200～2600米的地带	丛生禾本科为主	133
黑钙土	海拔3000～3400米的冷龙岭南侧和青海南山北侧的冲积洪积扇中上部	草甸草和草原类型，主要有针茅、早熟禾、马先蒿、棘豆等	132
灰漠土	河西走廊中段、西段，祁连山麓和龙首山南麓山前洪积扇、剥蚀残丘及河岸阶地上	珍珠猪毛菜、红砂、梭梭、假木贼、针茅	141
灰棕漠土	河西走廊中段和西段祁连山，北山山前砾质戈壁地带	木本猪毛菜、梭梭、泡泡刺、骆驼刺、霸王、红砂	142
棕漠土	河西走廊西段的瓜州、敦煌的砾质戈壁上	白刺、梭梭、霸王、盐穗木、骆驼刺、泡泡刺、甘草、罗布麻	143
灌耕土	河西各河流下游地段的绿洲中及中部地区河流两岸	各种农作物	165
风沙土	风沙地区	芦苇、骆驼刺、白刺、柽柳	185

（续表）

土类	分　布	主要植被	代码
沼泽土	甘南的玛曲、尕海、冶木河上源及河西的黑河、疏勒河沿岸、祁连山前洪积扇缘泉水溢出带	以莎草植物为主	151
草甸土	各河流泛溢地、低阶地、山麓洪积扇缘地下水溢出带	以莎草科植物为主	167
潮　土	河流洪积—冲积扇上	以草原植被为主	163

1.2　植物资源

1.2.1　植物区系

受地理位置、地质地貌及特殊气候和土壤等生态条件分异的影响，甘肃省植物区系成分丰富，据不完全统计，甘肃省仅种子植物就有203科993属3867种，植物种类繁多、区系成分复杂。按照吴征镒教授对中国植物区系分区，甘肃处于亚洲荒漠、青藏高原，中国—日本和中国—喜马拉雅四个植物亚区的交汇处，具有显著的交汇性特征。东部陇东黄土塬峁区，华北区系成分较多，陇中黄土丘陵区，则以蒙古植物区系成分居多，河西走廊接近中亚，所以中亚和蒙新成分较多。陇南山地接近四川，亚热带成分亦多，而且动植物种类繁多，是甘肃省生物多样性最丰富的地区，也是本次调查目的物种集中分布的地区。区系组成的多元化使甘肃植物区系丰富多彩。大量古老科和子遗属种的存在，表明了甘肃植物区系起源的古老性。

1.2.2　植被类型

甘肃省地跨我国东部湿润区、西部干旱区与青藏高原高寒区的交汇处。境内自然条件复杂，植被类型繁多。由于纬度、气候、土壤和地貌等因素的差异，境内大部分植被从南到北呈明显的纬度地带性与垂直地带性分布。其中只有祁连山、阿尔金山东段和甘南高原等海拔在3000米以上地带，植被具有明显的垂直分带。各山地植被垂直带谱的特征，由其所处的地理位置和水平植被带所决定。根据《甘肃植被》《甘肃省地图集》，本省植被带基本可分为6个水平（纬度）植被地带：

1. 常绿阔叶、落叶阔叶混交林地带分布在陇南的文县、康县、徽县、成县和武都区。

2. 落叶阔叶林地带分布于天水以南的北秦岭和徽成盆地。

3. 森林草原地带主要分布在临夏、康乐、渭源、秦安、平凉、庆阳一线以南。

4. 草原地带主要分布在森林草原地带北部，兰州、靖远至环县一线以南地区。

5. 荒漠草原地带大致包括大景、营盘水一线以南，主要是从事畜牧业的地区。

6. 荒漠地带包括河西走廊以及阿尔金山以南的苏干湖盆地与哈勒腾河谷。

在全省活立木蓄积资源中，冷杉占52.9%，云杉占11.7%，栎类占26.9%，杨类、华山松、桦类只占8.5%。

甘肃主要林区分布在白龙江、洮河、小陇山、祁连山、子午岭、康南、关山、大夏河、西秦岭、马衔山等处。全省活立木蓄积量17429万立方米，其中林地蓄积量占94.8%，疏林与散生木的蓄积量仅占5.2%，这表明林地蓄积资源占有重要的地位。草场主要分布在甘南草原、祁连山地、西秦岭、哈思山、马衔山、屈吴山、关山等地，这些地方海拔一般在2400～4200米之间，气候高寒阴湿，特别是海拔在3000米以上的地区牧草生长季节短，枯草期长；这类草场可利用面积为427.5万公顷，占全省利用草场总面积的23.84%，年平均鲜草产量4100千克/公顷，总贮草量约175亿千克，平均牧草利用以50%计，约可载畜600万羊单位。

野生植物种类繁多，分布广泛。主要资源有七大类：油料植物有100多种，如文冠果（木瓜）、苍耳、沙蒿、水柏、野核桃、油桐等；纤维和造纸原料植物约近百种，如罗布麻、浪麻、龙须草、马蔺、芨芨草等；淀粉及酿造类植物有20多种，如橡子、沙枣、蕨根、魔芋、沙米、土茯苓等；野生化工原料及栲皮类有20多种，如栲皮栎、五倍子、槐等；野生果类100多种，如中华猕猴桃、樱桃、山葡萄、枇杷、板栗、沙棘等；野生药材951种，有大黄、当归、甘草、锁阳、肉苁蓉、天麻等；特种食用植物10多种，其中比较名贵的野生植物有发菜、蕨菜、木耳、蕨麻、黄花菜、地软、羊肚、蘑菇、鹿角菜等。中药材资源丰富，是全国中药材主要产区之一，有1853种（《甘肃中草药资源志》兰州大学医学院赵汝能编），居全国第二位。目前经营的主要药材有450种，如当归、大黄、党参、甘草、红芪、黄芪、红花、贝母、天麻、杜仲、灵芝、羌活、冬虫夏草等，特别是"岷归""纹党"产量大、质量好，是闻名中外的出口药材。并先后引入生地、潞党、人参、黄连、木香、山芋肉、元胡、伊贝等外地药材多种，有计划地扩大了药材栽培面积。丰富的药材资源，为发展医药工业提供了良好条件[①]。

1.3 生物多样性

甘肃省位于我国的地理中心，东接陕西，南邻四川，西连青海、新疆，北与宁夏、内蒙古接壤；地处黄土高原、内蒙古高原以及青藏高原的交汇处，区内地貌类型复杂多样，独特的地理位置与复杂的地形地貌，孕育着极其丰富的动植物资源。全省生物多样性丰富，野生高等动植物种类共有6117种。甘肃省共有野生植物5160种，野生动物共有957种和亚种。按群系划分为10个植被型组、36个植被型、52个植被亚型、286个群系。甘肃省境内中国特有种目前记录的数量为2384种，其中中国特有植物共2204种，裸子植物中国特有种共26种，被子植物中国特有种共2061种。中国特有动物180种和亚种，其中鱼类67种和亚种，两栖类22种，爬行类26种，鸟类30种，兽类35种。甘肃省境内共有入侵物种85种，其中入侵植物70种。野生高等动物入侵种15种，爬行类和鸟类没有入侵物种。全省境内共有国家级受威胁物种424种和亚种。全省生物多样性集中分布在陇南山地及甘南高原，一般的区域集中分布在祁连山区及甘南高原的大部分地区、徽成盆地及自西向东伸入陇中地区的祁连山余脉的榆中地区，贫乏的区域集中分布在陇中黄土高原。（以上数据来源于甘肃省环境保护厅 2013年3月7日发布）

生物类群中的关键植物类群：参照生物多样性关键类群的划分方法，结合全省野生植物的特点

---

① 数据引自《甘肃植被》。

将植物划分为3种类型：濒危类群、重大科学价值类群和重要经济类群。

濒危类群：绵刺、梭梭、蒙古扁桃、匍匐水柏枝、沙生柽柳、肉苁蓉、水青树等。

重大科学价值类群：红豆杉、水青树、胡杨、裸果木、沙冬青等。重要经济类群：黑果枸杞、甘草、罗布麻、大叶白麻、肉苁蓉、锁阳、唐古特雪莲、水母雪莲、紫苞风毛菊、麻黄、牛蒡、沙葱、刺山柑、羌活、马尿泡、天仙子、泽泻等。

重要意义的生物多样性地区：甘肃祁连山国家级自然保护区、甘肃白水江国家级自然保护区、甘肃小陇山头二三滩国家级自然保护区、甘肃民勤连古城国家级自然保护区、甘肃盐池湾国家级自然保护区、安西极旱荒漠国家级自然保护区。

保护区内生态系统的组成成分与结构比较复杂，类型较多，主要包括高山寒漠生态系统，草甸草原生态系统，荒漠生态系统。生境主要包括沙丘、沙地、盐碱地、山地、丘陵等。

1.4 社会经济状况

甘肃省辖14个市（州）86个县（市、区）1528个乡（镇），初步核算，全年全省实现生产总值7152.04亿元，比上年增长7.6%。其中，第一产业增加值973.47亿元，增长5.5%；第二产业增加值2491.53亿元，增长6.8%；第三产业增加值3687.04亿元，增长8.9%。三次产业结构为13.61：34.84：51.55。按常住人口计算，人均生产总值27458元，比上年增长7.2%。

年末常住人口2609.95万人，比上年末增加10.40万人。其中，城镇人口1166.39万人，占常住人口比重为44.69%，比重比上年末提高1.50个百分点。全年出生人口31.79万人，人口出生率为12.18‰，比上年下降0.18个千分点；死亡人口16.13万人，人口死亡率为6.18‰，上升0.03个千分点；人口自然增长率为6.00‰，下降0.21个千分点。年末共有城乡就业人员1548.74万人，其中城镇就业人员591.01万人。全年城镇新增就业人员43.75万人，失业人员再就业14.9万人。年末城镇登记失业率为2.2%。

表3-1-2　甘肃省县级以上行政区划一览表

序号	市（州）	县（市、区）个数	县（市、区）
1	兰州市	8	城关区、七里河、西固区、安宁区、红古区、永登县、皋兰县、榆中县
2	嘉峪关市		
3	金昌市	2	金川区、永昌县
4	白银市	5	白银区、平川区、靖远县、会宁县、景泰县
5	天水市	7	秦州区、麦积区、清水县、秦安县、甘谷县、武山县、张家川回族自治县
6	武威市	4	凉州区、民勤县、古浪县、天祝藏族自治县
7	张掖市	6	甘州区、民乐县、临泽县、高台县、山丹县、肃南裕固族自治县
8	平凉市	7	崆峒区、泾川县、灵台县、崇信县、华亭县、庄浪县、静宁县

（续表）

序号	市（州）	县（市、区）个数	县（市、区）
9	酒泉市	7	肃州区、玉门市、敦煌市、金塔县、瓜州县、肃北蒙古族自治县、阿克塞哈萨克族自治县
10	庆阳市	8	西峰区、庆城县、环县、华池县、合水县、正宁县、宁县、镇原县
11	定西市	7	安定区、通渭县、陇西县、渭源县、临洮县、漳县、岷县
12	陇南市	9	武都区、成县、文县、宕昌县、康县、西和县、礼县、徽县、两当县
13	临夏州	8	临夏市、临夏县、康乐县、永靖县、广河县、和政县、东乡族自治县、积石山保安族东乡族撒拉族自治县
14	甘南州	8	合作市、临潭县、卓尼县、舟曲县、迭部县、玛曲县、碌曲县、夏河县
合计		86	全省辖：12个地级市、2个自治州，17个市辖区、4个县级市、58个县、7个自治县。

全年居民消费价格比上年上涨1.3%，其中城市居民消费价格上涨1.2%，农村居民消费价格上涨1.5%。商品零售价格上涨0.9%。

全年工业生产者出厂价格比上年下降5.1%，工业生产者购进价格下降5.4%，固定资产投资价格下降1.3%，农产品生产价格上涨1.4%。农业生产资料价格下降0.1%。

全年完成一般公共预算收入786.81亿元，比上年增长8.78%。其中，税收收入525.97亿元，增长3.51%；非税收入260.84亿元，增长21.84%。从主体税种看，国内增值税173.16亿元，增长103.18%；营业税110.62亿元，下降40.27%；企业所得税54.94亿元，下降7.20%；个人所得税20.55亿元，增长8.53%。一般公共预算支出3152.72亿元，增长6.57%。其中，教育支出548.62亿元，增长10.09%；农林水支出481.44亿元，增长8.35%；社会保障和就业支出468.35亿元，增长11.16%；一般公共服务支出295.51亿元，增长8.64%；医疗卫生与计划生育支出274.12亿元，增长9.61%。［以上数据来源于《2016年甘肃省国民经济和社会发展统计公报》甘肃省统计局 国家统计局甘肃调查总队（2017年3月22日）〕

由于自然条件差、基础设施建设资金缺乏、工农业生产发展缓慢等种种因素的影响，与东部发达地区相比，还存在相当大的差距，还属于我国经济落后和生产欠发达地区。

第二章　调查必要性

2.1　调查历史状况

20世纪50年代中期，甘肃农业大学对甘肃高山草原做过调查，省科委组织西北师范学院微生物和地理两系进行了"祁连山东段植被与土壤调查"，兰州大学生物与地理两系接受河西农业综合考察队的委托完成了《甘肃河西走廊疏勒河中游植被调查报告》。60年代甘肃省畜牧厅组织了"河西走廊地区的草场调查""甘南高原草场区划""天祝县松山草原调查"，甘肃省农业区划委员会组织了"酒泉专区草场区划"，甘肃省林业厅林业调查队进行了"陇南山地林型调查"，甘肃省畜牧厅草原队开展了"全省草原调查"。"文革"期间，甘肃省卫生厅组织了"甘肃省中草药综合调查"，编写了《甘肃中草药手册》。80年代以后，甘肃省植物研究进入了一个新时期，兰州大学、西北师范大学、甘肃农业大学、中国科学院兰州沙漠研究所、甘肃省林业科学研究所、甘肃草原生态研究所等单位培养了一批研究生，在教学和科研活动开展了植物分类学、植物生态学、植物群落学，植物种属地理学及生态系统等方面研究和调查工作。尤其是改革开放以来，全省建立了许多国家级、省级、市（地）级、县级自然保护区和森林公园，并对保护区的动植物资源和水文、气象等方面进行综合考察，先后编写出版了一批综合考察报告和专著，如《甘肃白水江国家级自然保护区综考报告》《甘肃兴隆山国家级自然保护区资源调查》《尕海则岔自然保护区资源调查》等。考察过程中采集大量植物标本，积累了丰富资料。90年代兰州大学微生物系承担并完成"洮河流域植物区系研究"，为中国植物区系研究的国家重大课题，提供了宝贵资料；1997年甘肃省林业厅组织进行了"甘肃省全国重点保护野生植物资源调查"，为本次调查打下了坚实的基础。甘肃省植物分类学工作者，历经数十年的植物标本采集和鉴定、文献考证、撰写论文，为编写《甘肃植物志》积累了基础资料。

2.2　调查必要性

甘肃省虽然进行过各种有关植物的调查，但由于多年来人口增长，工业发展，植物资源滥用造成植被破坏，生态环境日益恶化，加剧了物种的灭绝和生物多样性的丧失。植被破坏造成水土流失、草场退化、土壤盐碱化、沙漠化的方向演化，加上温室效应和厄尔尼诺现象，造成甘肃气候干燥，沙尘暴和扬沙天气频繁发生，现代冰川的雪线逐年上移造成水资源的紧缺和枯竭，大气污染和水质污染严重，这一切说明对生态环境的治理已经到刻不容缓的地步。国家林业和草原局开展以省（自治区、直辖市）为主体的重点保护野生植物资源调查工作，对于全面了解和掌握全国野生植物资源的现状，贯彻落实"加强保护，积极发展，合理利用"的野生植物保护方针，实行可持续战略及有效履行国际公约均具有重要意义。尤其响应习近平总书记提出的"我们既要绿水青山，也要金山银山。宁要绿水青山，不要金山银山，而且绿水青山就是金山银山"的发展理念。因此，本次重点保护野生植物调查是十分必要的，也是非常及时的。

（1）野生植物行政主管部门的一项法定工作。根据《中华人民共和国野生植物保护条例》的要求，野生植物行政主管部门应当定期组织国家重点保护野生植物和地方重点保护野生植物资源调查，建立资源档案。

（2）植物资源保护和拯救的需要。通过调查，查清本省重要保护野生植物物种的资源现状，了解野生植物资源的动态变化趋势，为更好保护野生植物提供基础数据。

（3）为政府制定保护和发展野生植物资源的政策提供科学依据。掌握主要保护野生植物物种资源现状，为保护和发展本省野生植物资源提供科学依据，为国家制定管理政策、确定野生植物物种红线、实施重点工程、履行国际义务、开展国际交流提供科学依据，并为建立野生植物资源监测评价体系奠定基础。

（4）评估有关野生植物保护工程建设阶段性成效的需要。通过比较分析野生植物资源及生境状况与动态变化，了解"全国野生动植物保护与自然保护区工程""天然林保护工程"等林业重点生态工程实施以来，本省重点保护野生植物种群变化情况，为全面评估各项工程的阶段性成效提供依据。

（5）培养人才和队伍建设的需要。通过开展植物资源调查，培养建立一支技术过硬、手段先进、专业齐全的野生植物调查专业队伍。

国家林业和草原局及时安排全国范围内第二次野生植物资源调查，这既是国家林业和草原局的统一安排，也是甘肃省当前实际工作的需要。通过此次调查，可充分掌握保护区内野生植物资源现状，确定本省今后一段时间合理保护、科学利用规划，科学制定野生植物资源可持续发展、生态系统保护、生态文明建设等相关措施，也是我国政府认真履行《21世纪议程》《生物多样性保护公约》和维护大国应尽的义务所作出的举动。通过本次调查，可以全面系统地了解和掌握本省重点保护野生植物资源的现状及变化动态，建立物种资源数据库，从而为有效保护生物多样性和持续经营利用提供科学依据，也为今后进行长期调查与监测奠定基础。因此，开展本次调查工作是非常必要的。

第三章 调查方法

3.1 调查对象、内容与范围

3.1.1 调查对象

调查对象包括国家规定的调查物种及省内增加的调查物种，本省没有指定省级增加调查物种。根据《第二次全国重点保护野生植物资源调查甘肃省实施细则》在全省有分布或可能有分布的有28个物种，即本省重点调查的野生植物物种有 6 种，包括岷江柏木、秦岭冷杉、梓叶槭、庙台槭、油樟、独花兰；一般调查野生植物物种 22 种，包括大果青扦、红豆杉、南方红豆杉、巴山榧树、连香树、红豆树、厚朴、西康玉兰、水青树、红椿、珙桐、光叶珙桐、水曲柳、独叶草、香果树、沙生柽柳、蒙古扁桃、肉苁蓉、梭梭、沙拐枣、裸果木、宜昌橙（表3-1-1）。

表3-3-1　甘肃省第二次全国重点保护野生植物资源调查名录

序号	中文名	拉丁名	保护等级	重点/一般	调查物种分类
1	巴山榧树	*Torreya fargesii*	国家二级	一般	国家调查种
2	大果青扦	*Picea neoveitchii*	国家二级	一般	国家调查种
3	独花兰	*Changneinia amoena*	省级	重点	国家调查种
4	独叶草	*Kingdonia uniflora*	国家一级	一般	国家调查种
5	珙桐	*Davidia involucrata*	国家一级	一般	国家调查种
6	光叶珙桐	*Davidia involucrate* var. *vilmoriniana*	国家一级	一般	国家调查种
7	红椿	*Toona ciliata*	国家二级	一般	国家调查种
8	红豆杉	*Taxus chinensis*	国家一级	一般	国家调查种
9	红豆树	*Ormosia hosiei*	国家二级	一般	国家调查种
10	厚朴	*Magnolia officinalis*	国家二级	一般	国家调查种
11	连香树	*Cercidiphyllum japonicum*	国家二级	一般	国家调查种
12	裸果木	*Gymnocarpos przewalskii*	省级	一般	国家调查种
13	蒙古扁桃	*Amygdalus mongolica*	省级	一般	国家调查种
14	庙台槭	*Acer miaotaiense*	省级	重点	国家调查种

（续表）

序号	中文名	拉丁名	保护等级	重点/一般	调查物种分类
15	岷江柏木	*Cupressus chengiana*	国家二级	重点	国家调查种
16	南方红豆杉	*Taxus chinensis* var. *mairei*	国家一级	一般	国家调查种
17	秦岭冷杉	*Abies chensiensis*	国家二级	重点	国家调查种
18	肉苁蓉	*Cistanche deserticola*	省级	一般	国家调查种
19	沙拐枣	*Calligonum mongolicum*	省级	一般	国家调查种
20	沙生柽柳	*Tamarix taklamakanensis*	省级	一般	国家调查种
21	水青树	*Tetracentron sinense*	国家二级	一般	国家调查种
22	水曲柳	*Fraxinus mandshurica*	国家二级	一般	国家调查种
23	梭梭	*Haloxylon ammodendron*	省级	一般	国家调查种
24	西康玉兰	*Magnolia wilsonii*	国家二级	一般	国家调查种
25	香果树	*Emmenopterys henryi*	国家二级	一般	国家调查种
26	宜昌橙	*Citrus ichangensis*	省级	一般	国家调查种
27	梓叶槭	*Acer catalpifolium*	国家二级	重点	国家调查种
28	油樟	*Cinnamomum longepaniculatum*	国家二级	重点	国家调查种

经调查，全省范围内无天然分布梓叶槭，因此本次调查目的物种共有27种。

3.1.2 调查内容

（1）野生植物分布现状：目的物种的分布点（区）数量和分布面积；

（2）野生植物生境现状：目的物种所处植物群落（或生境）的类型、面积、物种组成、海拔、地形、土壤特征等；

（3）野生植物种群数量及变化趋势：包括种群总数以及幼树、幼苗所占的比例；

（4）野生植物的健康状况：不同健康等级的种群数量；

（5）野生植物及其生境受威胁因素及程度：受威胁的因素、人为干扰方式和干扰强度；

（6）野生植物及其生境保护现状：就地保护、迁地保护等不同保护状况的种群数量和分布面积；

（7）野生植物人工培植状况：包括人工培植野生植物的种类、数量，以及人工培植单位的基本情况；

（8）采集目的物种标本，尽可能采集有花、枝、果、叶齐全的物种和样方群落中建群种和优势种标本，并附上样方编号，以便内业工作进行鉴定和分析；

（9）拍摄植物群落和目的物种的彩色照片；

（10）记录并保存GPS航迹。

3.1.3 调查范围

甘肃省调查对象所在的9个市（州）34个县（市辖区、县级市、自治县），9个国家级、裕河省级自然保护区以及白龙江林业管理局（下辖的4个林业局共25个国有林场）、小陇山林业实验局（下辖的21个国有林场）的管辖区域为此次调查的范围。

3.2 调查程序

甘肃省第二次全国重点保护野生植物资源调查按以下程序进行：

（1）成立调查组织领导机构；

（2）制定调查工作方案和实施细则；

（3）开展调查技术培训；

（4）组建调查队伍；

（5）收集目的物种相关资料；

（6）准备调查所需的技术资料、仪器工具、物资等；

（7）踏查确定目的物种分布点和分布区；

（8）开展外业调查；

（9）内业整理和数据汇总；

（10）质量监督检查和成果验收；

（11）编制调查报告和制作野生植物资源分布图；

（12）调查成果的评审、上报、存档。

3.3 调查方法

3.3.1 实测法

适用于分布区域狭窄，分布面积小，种群数量稀少而便于计数的调查目的物种。在调查前通过第一次全国野生植物资源调查成果、资料查阅、专家咨询、访问及以往的保护区科学考察成果的物种调查信息和成果的基础上，结合当地林业或野生动植物管理部门掌握的有关目的物种的分布情况，到现地不设样方，通过全面调查（直接计数），填写相关表格，进一步调查核实该物种的分布面积、种群数量及生境的变化情况。

①生境调查：按调查表4-3要求逐项调查并记录目的物种所处生境类型；植物群落（生境）的名称、种类组成、郁闭度或盖度；地貌、海拔、坡度、坡向、坡位、土壤类型；人为干扰方式与程度等；保护状况。

②目的物种调查：按照表4-4要求逐项调查并记录目的物种的分布格局、株数、树高、胸径、健康等级及幼树数量等因子。

③通过各分布点的目的物种分布面积、种群数量累加得到该目的物种分布面积、种群总量。

3.3.2 典型抽样法

在同一分布区或调查区内，根据目的物种所处不同的植物群落或生境、种群密度，选取有代表性的地段设置样地（样方、样圆、样带）进行调查。

（1）样方法

主样方设置：根据目的物种分布生境实际情况，均统一采用样方。主样方不能设在群落边缘。主样方面积：乔木树种及大灌木主样方边长 L 为20米，面积为 20×20 平方米，通常设置为正方形，因地形等特殊情况也可设为长方形，但长方形的最短边长不能小于5米。灌木树种及高大草本主样方边长 L 为5米，面积为 5×5 平方米。草本植物主样方边长 L 为1米，面积为 1×1 平方米。目的物种所处的群落或生境面积小于500公顷的设5个主样方；大于500公顷的每增加100公顷增设1个主样方，同一群落或生境类型，主样方总数量不超过10个。

样方设置：在每一主样方四个对角线方向上设置四个副样方，其形状和大小与主样方相同。主样方与副样方的间距，同样方的边长长度；副样方仅调查目的物种的有或无，不计目的物种的数量，记录出现目的物种的副样方数。样方、副样方的设置方法见图3-3-1。

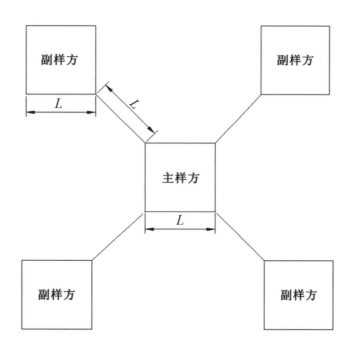

图3-3-1　样方、副样方设置示意图

（2）样带法

在分析现有资料和实地踏查的基础上，确定目的物种分布范围，在目的物种分布范围内选取典型地带布设样带，即兼顾目的物种不同的生境、分布密度，布设样带进行调查。

样带布设：沿物种分布生境布置样带，采用罗盘仪或GPS定向，沿样带行走调查。样带宽度，原则上沿样带中轴线，每侧宽度 A 乔木树种为20米、灌木（沙拐枣、梭梭）为10米（图3-3-2）；样带长度不小于300米。根据生境不同，样带宽度和长度可适当调整，宽度以能清晰观察到目的物种为准，长度根据地形确定，并保证调查人员一天能完成一条样带调查。

一是采取查阅历史资料、走访经验丰富的基层管护人员，初步确定目的调查物种分布区域和范围。

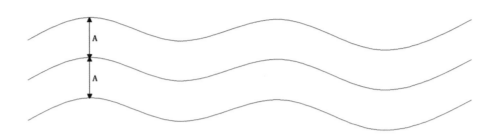

图3-3-2　样带设置示意图

二是开展野外初步调查，采集目的调查物种野外分布的外围拐点坐标，通过在1∶50000地形图上勾绘其分布范围，用GIS软件进行面积求算，再次确定调查目的物种的具体分布区域及大体面积。

（3）样线结合样方法

本次调查没有采用样线结合样方法，故不作叙述。

3.4　数据处理方法

3.4.1　调查面积的计算

在野外调查时，目的物种为单株或小居群，活立木分布的小生境边缘或立木树高的3倍为直径的圆周确定分布面积。样方法和样带法通过准确采集目的调查物种野外分布区域的外围拐点坐标，在1∶25000或1∶50000地形图上勾绘其分布范围，内业汇总时用GIS软件进行面积求算，从而得出相应目的物种的面积。

3.4.2　目的调查物种的出现度、数量、物种总量的计算

各调查方法所采用的数据处理方法。

（1）实测法

通过各分布点的目的物种分布面积、种群数量累加得到该目的物种分布面积、种群总量。

（2）样方法

①计算出现度

计算公式如下：

$$F=\frac{n}{N_1+N_2}$$

式中：F——目的物种在某种植物群落（生境）的出现度；

　　　n——在该植物群落（生境）中出现目的物种的主、副样方（样圆）总数；

　　　N_1——在该植物群落（生境）中所设主样方（样圆）数；

　　　N_2——在该植物群落（生境）中所设副样方（样圆）数。

②目的物种在某种植物群落中每公顷的数量：

$$X=\sum N_i/\sum S_i$$

式中：N_i——目的物种在第i个样方中的数量；

　　　S_i——第i样方的面积。

③计算目的物种总量

某一植物群落（生境）目的物种总量的求算公式如下：

$$W=F \cdot X \cdot S$$

式中：W——目的物种在某种植物群落（生境）中的株数；

　　　F——目的物种在该植物群落（生境）中的出现度；

　　　X——目的物种在该植物群落（生境）中的密度（每公顷的株数）；

　　　S——目的物种在该植物群落（生境）中的分布总面积。

（3）样带法

①计算密度

$$D=N/2LA$$

式中：D——种群密度，株/公顷；

　　　N——样带内目的物种株数；

　　　L——样带总长度；

　　　A——单侧样带宽度。

②计算某植物群落（生境）目的物种株数

$$W=D \cdot S$$

式中：W——目的物种在该植物群落（生境）的株数；

　　　S——目的物种在该植物群落（生境）的分布总面积。

3.4.3　汇总表格

各调查单元根据调查所得数据进行内业计算后按照按县级行政区分别填写相应调查汇总表。

第四章　野生植物资源状况

4.1　野生资源概况

本次调查自2014年5月开始，对全省范围内红豆杉、秦岭冷杉、蒙古扁桃、沙拐枣等27种目的物种在不同海拔、生境区域进行了调查，设置调查样方777个，实测点592个，设置样带58条。采集整理目的物种、伴生树种、草本标本8396份，填写调查表2286份，拍摄植物照片及工作照片4287多张，筛选录用650张，采集有效航迹680条，行程约12500千米。完成了全部外业调查任务。各调查单元内业汇总整理自2016年9月底开始内业汇总整理，对外业调查的数据、图片、航迹和航点等进行了认真的核实，完成了目的物种面积、数量的计算汇总，并按要求录入计算机；同时绘制完成本次调查野生植物资源分布图。2016年11月至2017年12月全省分批进行内业汇总，共调查面积1795516.17公顷，其中保护区内面积129569.04公顷，保护区外面积1665947.13公顷。调查总株数（成树）3230660719株，其中保护区内241257815株，保护区外2989402904株。调查结果汇总情况详见表3-4-1。

表3-4-1　甘肃省野生植物资源总量统计表

单位：公顷、株

序号	中文名	面　积			株　数			分布县（区、市）
		合计	保护区内	保护区外	合计	保护区内	保护区外	
	合计	1795516.17	129569.04	1665947.13	3230660719	241257815	2989402904	
1	巴山榧树	638.83	549.66	89.17	1582	1527	55	成县、武都区、徽县、两当县、文县
2	大果青扦	0.11	0.11		2	2		舟曲县
3	独花兰	32.80	32.52	0.28	127	126	1	康县、武都区、文县
4	独叶草	4356.57	674.39	3682.18	2344104248	133694351	2210409897	礼县、文县、舟曲县、迭部县、卓尼县
5	珙桐	24.00	24.00		3	3		文县
6	光叶珙桐	1013.56	1013.56		48245	48245		文县

（续表）

序号	中文名	面 积			株 数			分布县（区、市）
		合计	保护区内	保护区外	合计	保护区内	保护区外	
7	红椿	509.10	509.10		2513	2513		武都区、文县、康县
8	红豆杉	5969.99	1058.08	4911.91	347891	81419	266472	秦州区、麦积区、西和县、成县、康县、武都区、徽县、两当县、文县、舟曲县、迭部县
9	红豆树	102.98	36.39	66.59	166	103	63	康县、武都区、文县
10	厚朴	269.64	224.78	44.86	192	147	45	西和县、康县、武都区、两当县、徽县、文县、舟曲县
11	连香树	1911.63	1083.58	828.05	7251	6338	913	麦积区、康县、武都区、文县、舟曲县、迭部县
12	裸果木	626974.68	61885.84	565088.84	375380810	75348164	300032646	阿克塞哈萨克族自治县、肃北蒙古族自治县、敦煌市、瓜州县、玉门市、高台县、肃南裕固族自治县、民勤县、景泰县
13	蒙古扁桃	42062.23	6709.62	35352.61	46381667	4980679	41400988	肃北蒙古族自治县、玉门市、高台县、临泽县、肃南裕固族自治县、甘州区、山丹县、永昌县、民勤县、景泰县
14	庙台槭	468.73		468.73	701		701	秦州区、麦积区
15	岷江柏木	523.90	31.66	492.24	160590	3468	157122	武都区、文县、舟曲县

（续表）

序号	中文名	面 积			株 数			分布县（区、市）
		合计	保护区内	保护区外	合计	保护区内	保护区外	
16	南方红豆杉	11.50	11.50		11	11		武都区、两当县、文县
17	秦岭冷杉	1248.21	618.82	629.39	192733	35201	157532	武都区、宕昌县、麦积区、武山县、徽县、两当县、文县、舟曲县、迭部县
18	肉苁蓉	45400.02		45400.02	9685337		9685337	肃北蒙古族自治县
19	沙拐枣	319315.75	26336.57	292979.18	136534864	21936996	114597868	阿克塞哈萨克族自治县、肃北蒙古族自治县、敦煌市、瓜州县、玉门市、肃州区、金塔县、民勤县
20	沙生柽柳	0.01	0.01		3	3		敦煌市
21	水青树	2886.66	1888.22	998.44	126760	108660	18100	秦州区、麦积区、武都区、徽县、文县、舟曲县、迭部县
22	水曲柳	566.70	257.51	309.19	34389	33858	531	麦积区、武都区、徽县、两当县、文县、舟曲县、迭部县
23	梭梭	736639.75	22128.19	714511.56	317625902	4951317	312674585	阿克塞哈萨克族自治县、肃北蒙古族自治县、敦煌市、瓜州县、玉门市、金塔县、高台县、民乐县、金川区、民勤县
24	西康玉兰	5.00	5.00		1	1		文县
25	香果树	3558.88	3545.17	13.71	9711	9680	31	武都区、康县、文县

（续表）

序号	中文名	面 积			株 数			分布县（区、市）
		合计	保护区内	保护区外	合计	保护区内	保护区外	
26	宜昌橙	26.00	26.00		5	5		文县
27	油樟	998.94	918.76	80.18	15015	14998	17	武都区、徽县、康县、文县

4.2 各物种野生资源分述

（1）巴山榧树 *Torreya fargesii*

★ 物种简要信息：红豆杉科Taxaceae，常绿乔木，国家二级保护植物。

★ 分布：本次调查采用实测法和样方法，主要分布在陇南市成县、武都区、徽县、两当县、文县。巴山榧树水平分布于北纬32°36′～32°59′，东经104°51′～105°25′之间，多垂直分布在海拔800～1800米之间，在1200～1500米之间分布较为集中。

★ 数量：本次调查巴山榧树分布面积638.83公顷，其中：保护区内549.66公顷，保护区外89.17公顷。调查总株数1582株。其中：保护区内1527株，保护区外55株。其中：

成县调查面积0.09公顷，2株，分布在鸡峰山省级自然保护区内。

徽县调查面积146.71公顷。其中：保护区内57.67公顷，保护区外89.04公顷。调查总株数57株。其中：保护区内8株，保护区外49株。

武都区调查面积223.23公顷。其中：保护区内223.10公顷，保护区外0.13公顷。调查总株数533株。其中：保护区内527株，保护区外6株。

两当县调查面积19.81公顷，6株，全分布在小陇山头二三滩国家级自然保护区内。

文县调查面积249公顷，984株，全分布在白水江国家级自然保护区内。

具体资源分布面积及资源量详见表3-4-2和表3-4-3。

★ 评价

巴山榧树为中国特有种，分布区范围小，生态环境较狭窄，材质优良。因此，必须采取强有力的保护措施加以保护。

Ⅰ. 资源分布及资源量对比

上次调查在白水江红土河保护站附近海拔1210米的落叶阔叶杂木林中，调查1株，因野外零星分布而采用野外记数法，面积不知。本次调查638.83公顷，株数1582株。因此面积增加638.83公顷，株数增加1581株。

Ⅱ. 所处典型群落对比

本次调查新增巴山榧树所处典型群落：白皮松林、侧柏林、春榆、水曲柳林、华山松林、落叶阔叶林、马桑灌丛、锐齿槲栎林、山杨林、栓皮栎林、温性针阔叶混交林、油松林、针叶林，其中成树资源与幼树资源以落叶阔叶林中最为丰富。成树资源和幼树资源分别占98.6%、10%。

Ⅲ. 种群结构对比

两次调查数据均显示，巴山榧树作为伴生乔木生于山坡中下部，或零星分布，种群密度较低。但从巴山榧树株丛高矮和胸径数据可以看出，成龄株和幼龄株比例较低，种群繁殖能力较强。

Ⅳ. 受胁因子

从巴山榧树调查分布区（点）来看，受干扰类型以其他干扰方式为主，干扰强度以弱度干扰为主。因近几年，国家将生态保护提上日程，使原本遭到滥砍盗伐的资源得以较为有效的保护，尤以保护区内的保护成效最佳。

Ⅴ. 保护对策与建议

① 加大生态环境保护和野生植物资源生态功能的宣传，提高人们的生态保护意识和对野生植物资源的保护意识，杜绝或明显减少人为破坏野生植物资源。

② 在开发资源时，对野生植物资源要绝对加以保护，严禁以各种方式或借口过度开发和利用野生植物资源。若利用量大，可建立人工种植基地，以缓解对天然资源的压力，做到永续利用。

③ 资源利用方面要建立濒危植物培植场登记制度，使家种和野生区分并证件化，有利于加强监管，鼓励利用人工培植，打击非法采集野生植物资源。

④ 应增加保护资金，配置必要的配套基础设施和技术设备，对未得到保护的分布有巴山榧树资源的典型群落进行有效的保护，增强监管力度。

表3-4-2　巴山榧树物种分布县（区、市）资源情况统计表

单位：公顷、株

县（区、市）	群落类型	面积			数量								
		小计	保护区内	保护区外	小计			保护区内			保护区外		
					成树	幼树	幼苗	成树	幼树	幼苗	成树	幼树	幼苗
文县	落叶阔叶林	249.00	249.00		984	837		984	837				
	合计	249.00	249.00		984.19	836.56		984.19	836.56				
武都区	落叶阔叶杂木林	0.01	0.01		1			1					
	落叶阔叶林	223.00	223.00		522			522					
	山杨林	0.09	0.09		3			3					
	春榆水曲柳林	0.13		0.13	6						6		
武都区	针叶林	0.0044	0.0044		1			1					
	合计	223.23	223.10	0.13	532.64			526.64			6.00		

（续表）

县（区、市）	群落类型	面积			数量								
		小计	保护区内	保护区外	小计			保护区内			保护区外		
					成树	幼树	幼苗	成树	幼树	幼苗	成树	幼树	幼苗
成县	温性针阔叶混交林	0.09	0.09		2			2					
	合计	0.09	0.09		2.00			2.00					
徽县	侧柏林	19.93		19.93	11	6					11	6	
	马桑灌丛	2.48		2.48	22						22		
	油松林	15.37		15.37	6	3					6	3	
	锐齿槲栎林	37.02		37.02	8	1					8	1	
	栓皮栎林	57.67	57.67		8			8					
	白皮松林	14.23		14.23	2	6					2	6	
	合计	146.71	57.67	89.04	57.00	16.00		8.00			49.00	16.00	
两当县	油松林	10.14	10.14		4			4					
	锐齿槲栎林	6.73	6.73		1			1					
	华山松林	2.93	2.93		1			1					
	合计	19.81	19.81		6.00			6.00					
总计		638.83	549.66	89.17	1581.83	852.56		1526.83	836.56		55.00	16.00	

表3-4-3　巴山榧树分布保护区资源情况统计表

单位：公顷、株

保护区	级别	所在县（区、市）	群落类型	面积	株数		
					成树	幼树	幼苗
白水江	国家级	文县	落叶阔叶林	249.00	984	837	
		武都区	落叶阔叶林	223.00	522		
		合计		472.00	1506	837	
裕河金丝猴	省级	武都区	落叶阔叶杂木林	0.01	1		
		武都区	山杨林	0.09	3		
		武都区	针叶林	0.004	1		
		合计		0.096	5		
鸡峰山	省级	成县	温性针阔叶混交林	0.09	2		
		合计		0.09	2		

（续表）

保护区	级别	所在县（区、市）	群落类型	面积	株数		
					成树	幼树	幼苗
小陇山	国家级	徽县	栓皮栎林	57.67	8		
		两当县	油松林	10.14	4		
		两当县	锐齿槲栎林	6.73	1		
		两当县	华山松林	2.93	1		
		合计		77.48	14		
总计				549.66	1527	837	

（2）大果青扦 *Picea neoveitchii*

★ 物种简要信息：松科 Pinaceae，常绿乔木，国家二级保护植物。

★ 分布：上次调查没有发现。本次调查采用实测法，分布在甘南舟曲县（舟曲林业局）。生于海拔1300～2200米间的山坡针阔混交林中。散生于林中或生于岩缝。林木稀少，濒危种，裸子植物，常绿乔木。

★ 数量：本次调查大果青扦分布面积0.11公顷，株数2株，全分布在插岗梁省级自然保护区内。具体资源分布面积及资源量详见表3-4-4和表3-4-5。

★ 评价

大果青扦为系秦岭特有种，因破坏严重，残存林木极少，其种鳞宽大，极为特殊，对研究植物区系、云杉属分类和保护物种均有科学意义。树干通直，木材优良，为建筑、家具等良材。分布区范围小，生态环境较狭窄，因此，必须采取强有力的保护措施加以保护。第一次调查没有发现，本次龙江林业管理局舟曲林业局有一个分布点。

Ⅰ．资源分布及资源量对比

上次调查没有发现。本次调查0.11公顷，株数2株。因此，面积增加0.11公顷，株数增加2株。

Ⅱ．所处典型群落对比

本次调查大果青扦所处群落是农林间作型。

Ⅲ．种群结构对比

本次调查大果青扦为零星分布，种群密度很低。种群繁殖能力很弱。

Ⅳ．受胁因子

从大果青扦调查分布区（点）来看，受干扰类型以采挖为主，干扰强度以强度干扰为主。

Ⅴ．保护对策与建议

① 加大生态环境保护和野生植物资源生态功能的宣传，提高人们的生态保护意识和对野生植物资源的保护意识，杜绝或明显减少人为破坏野生植物资源。

② 在开发资源时，对野生植物资源要绝对加以保护，严禁以各种方式或借口过度开发和利用野

生植物资源。若利用量大，可建立人工种植基地，以缓解对天然资源的压力，做到永续利用。

③ 资源利用方面要建立濒危植物培植场登记制度，使家种和野生区分并证件化，有利于加强监管，鼓励利用人工培植，打击非法采集野生植物资源。

④ 应增加保护资金，配置必要的配套基础设施和技术设备，对未得到保护的分布有大果青扦资源的典型群落进行有效的保护，增强监管力度。

表3-4-4　大果青扦分布县（区、市）资源情况统计表

单位：公顷、株

县（区、市）	群落类型	面积			数量								
		小计	保护区内	保护区外	小计			保护区内			保护区外		
					成树	幼树	幼苗	成树	幼树	幼苗	成树	幼树	幼苗
舟曲县	农林间作型	0.11	0.11		2			2					

表3-4-5　大果青扦分布保护区资源情况统计表

单位：公顷、株

保护区	级别	所在县（区、市）	群落类型	面积	株数		
					成树	幼树	幼苗
插岗梁	省级	舟曲县	农林间作型	0.11	2		

（3）独花兰 *Changneinia amoena*

★ 物种简要信息：兰科 Orchidaceae，陆生兰，省级保护植物。

★ 分布：上次调查没有发现。本次调查采用实测法，分布在陇南市武都区、康县、文县。生于疏林下腐殖质丰富的土壤上或沿山谷荫蔽的地方，海拔400～1100米。

★ 数量：本次调查独花兰分布面积32.80公顷。其中：保护区内32.52公顷，保护区外0.28公顷。调查总株数127株。其中：保护区内126株，保护区外1株。其中：

武都区（裕河自然保护区）调查面积13.52公顷，94株。

康县（康县阳坝自然风景区）调查面积0.28公顷，1株。

文县（白水江国家级自然保护区）调查面积17.00公顷，32株。

具体资源分布面积及资源量详见表3-4-6和表3-4-7。

★ 评价

独花兰是优良的野生花卉，假鳞茎是治疗疮毒与蛇伤的良药；其全草、根用于咳嗽、痈疽疔肿、湿疮、疥癣，具有很高的药用价值。因此，必须采取强有力的保护措施加以保护。与第一次调查相比，本次调查新增陇南市康县，裕河省级自然保护区，白水江国家级自然保护区3个分布点。

Ⅰ. 资源分布及资源量对比

上次调查没有发现，因此，本次调查面积增加32.52公顷，成树总资源量增加126株。

Ⅱ. 所处典型群落对比

本次调查新增独花兰所处典型群落：落叶阔叶林、青冈落叶阔叶混交林，保护比例为100%。

Ⅲ. 种群结构对比

上次调查没有发现，本次调查独花兰生于落叶阔叶林或青冈落叶阔叶混交林中，多数与其他中生乔木形成混交林，分布于低山丘陵和山谷下部，有时作为优势种出现在向阳沟谷和山坡的下部。

Ⅳ. 受胁因子

从独花兰调查分布区（点）来看，均分布在保护区，因此，受干扰强度很弱。因近几年，国家将生态保护提上日程的，使原本遭到滥砍盗伐的资源得以较为有效的保护，尤以保护区内的保护成效最佳。

Ⅴ. 保护对策与建议

① 加大生态环境保护和野生植物资源生态功能的宣传，提高人们的生态保护意识和对野生植物资源的保护意识，杜绝或明显减少人为破坏野生植物资源。

② 建立人工种植基地，以缓解对天然资源的压力，做到永续利用。

③ 资源利用方面要建立濒危植物培植场登记制度，使家种和野生区分并证件化，有利于加强监管，鼓励利用人工培植，打击非法采集野生植物资源。

表3-4-6　独花兰分布县（区、市）资源情况统计表

单位：公顷、株

县（区、市）	群落类型	面积			数量								
		小计	保护区内	保护区外	小计			保护区内			保护区外		
					成树	幼树	幼苗	成树	幼树	幼苗	成树	幼树	幼苗
文县	落叶阔叶林	17.00	17.00		2			32					
武都区	青冈、落叶阔叶混交林	15.52	15.52		2			94					
康县	栓皮栎林	0.28		0.28							1		
合计		32.80	32.52	0.28	4			126			1		

表3-4-7　独花兰分布保护区资源情况统计表

单位：公顷、株

保护区名称	级别	所在县（区、市）	群落类型	面积	株数		
					成树	幼树	幼苗
白水江	国家级	文县	落叶阔叶林	17.00	32		
裕河金丝猴	省级	武都区	青冈、落叶阔叶混交林	15.52	94		
合计				32.52	126		

④ 作为药材原料的资源，野生植物监管部门应采取联合办公形式，如应对野生濒危植物产品进行标识；严格控制市场采购程序，包括货源产地、进货渠道、货源地总产量等，可以防止非法野生植物流入市场，有效地保护野生濒危植物资源的过度破坏。

（4）独叶草 *Kingdonia uniflora*

★ 物种简要信息：毛茛科Ranunculaceae，多年生草本，国家一级保护植物。

★ 分布：上次调查分布在文县铁楼乡邱家坝和舟曲沙滩林场人民池沟，调查总株数160000株。

本次调查采用实测法和样方法，主要分布在礼县、文县、舟曲县、迭部县、卓尼县。独叶草在海拔2900～3100米的海拔上呈带状分布，生长区属于寒温性针叶林，具有喜阴、耐寒的特点，对生境要求苛刻。

★ 数量：本次调查独叶草分布面积4356.57公顷。其中：保护区内674.39公顷，保护区外3682.18公顷。调查总株数2344104248株。其中：保护区内133694351株，保护区外2210409897株。其中：

礼县调查面积4.47公顷，2878680株。

文县调查面积323.13公顷，74316438株。其中：保护区内243.48公顷，株数40067069株；保护区外79.65公顷，株数34249414株。

迭部县调查面积89.25公顷，13807594株，均分布在保护区内。

舟曲县调查面积3626.49公顷，2181152277株。其中：保护区内（博峪河）28.46公顷，7873174株；保护区外3598.03公顷，2173279103株。

卓尼县调查面积313.23公顷，7149214株。其中：保护区内（洮河）313.20公顷，71946514株；保护区外0.3公顷，2700株。

具体资源分布面积及资源量详见表3-4-8和表3-4-9。

★ 评价

在繁花似锦、枝繁叶茂的植物世界中，独叶草是最孤独的。论花，它只有一朵，数叶，仅有一片，真是"独花独叶一根草"。对研究被子植物的进化和该科的系统发育具有科学意义；其根、叶可治跌打损伤、瘀肿疼痛、风湿筋骨痛。

Ⅰ．资源分布及资源量对比

第一次调查独叶草分布在文县铁楼乡邱家坝和舟曲沙滩林场人民池沟，面积20.00公顷，调查总株数160000株。本次调查分布面积4356.57公顷，种群数量2344104248株。两次相比，面积增加4336.57公顷，株数增加2343944248株。

Ⅱ．所处典型群落对比

第一次调查独叶草所处的典型群落是岷江冷杉林。本次调查独叶草所处的典型群落类型有巴山冷杉林、灌丛和灌草丛、寒温性针叶林、红桦林、冷杉林、岷江冷杉林、青海云杉林。

Ⅲ．种群结构对比

本次调查数据显示大多数的独叶草分布在冷杉林中，面积占51.17%，株数占62.88%；而保护区面积仅占15.48%，株数占5.7%。

Ⅳ．受胁因子

从独叶草调查分布区（点）来看，受干扰类型主要是放牧等人为干扰，干扰强度以中度干扰为主，弱度干扰次之。

Ⅴ．保护对策与建议

① 加大生态环境保护和野生植物资源生态功能的宣传，提高人们的生态保护意识和对野生植物资源的保护意识，杜绝或明显减少人为破坏野生植物资源。

② 对物种的保护只有通过生境保护和生态系统保护才能达到更好的目的，只有弄清楚物种和生态系统之间的相互作用及其变化规律，才能维持生态系统的动态平衡，从而使物种得到有效保护。建议管理部门不仅仅是保护独叶草自身，而最应该保护的是其赖以生存的自然环境和生态系统。

③ 应增加保护资金，配置必要的配套基础设施和技术设备，对未得到保护的分布有独叶草资源的典型群落进行有效的保护，并增强监管力度。

表3-4-8　独叶草分布县（区、市）资源情况统计表

单位：公顷、株

县（区、市）	群落类型	面积			数量								
		小计	保护区内	保护区外	小计			保护区内			保护区外		
					成树	幼树	幼苗	成树	幼树	幼苗	成树	幼树	幼苗
文县	岷江冷杉林	79.65		79.65	34249414						34249414		
	寒温性针叶林	243.48	243.48		40067069			40067069					
	灌丛和灌草丛	4.47		4.47	2878680						2878680		
	合计	327.60	243.48	84.12	77195163			40067069			37128094		
舟曲县	岷江冷杉林	28.46	28.46		7873174			7873174					
	红桦林	1368.75		1368.75	699279167						699279167		
	冷杉林	2229.28		2229.28	1473999936						1473999936		
	合计	3626.49	28.46	3598.03	2181152277			7873174			2173279103		
迭部县	巴山冷杉林	89.25	89.25		13807594			13807594					
	合计	89.25	89.25		13807594			13807594					
卓尼县	岷江冷杉林	313.20	313.20		71946514			71946514					
卓尼县	青海云杉林	0.03		0.03	2700						2700		

（续表）

县（区、市）	群落类型	面积			数量								
		小计	保护区内	保护区外	小计			保护区内			保护区外		
					成树	幼树	幼苗	成树	幼树	幼苗	成树	幼树	幼苗
	合计	313.23	313.20	0.03	71949214			71946514			2700		
总计		4356.57	674.39	3682.18	2344104248			133694351			2210409897		

表3-4-9 独叶草分布保护区资源情况统计表

单位：公顷、株

保护区	级别	所在县（区、市）	群落类型	面积	株数		
					成树	幼树	幼苗
白水江	国家级	文县	寒温性针叶林	243.48	40067069		
博峪河	省级	舟曲县	岷江冷杉林	28.46	7873174		
阿夏	省级	迭部县	巴山冷杉林	10.05	1554735		
多儿	省级	迭部县	巴山冷杉林	79.20	12252859		
洮河	国家级	卓尼县	岷江冷杉林	313.20	71946514		
合计				674.39	133694351		

（5）珙桐 *Davidia involucrate*

★ 物种简要信息：蓝果树科 Nyssaceae，落叶乔木，国家一级保护植物。

★ 分布：历史分布（上次调查）在文县范坝乡竹园沟红春坪。

本次调查采用实测法，分布在文县白水江自然保护区。珙桐的生长区属落叶阔叶混交林地带，乔木层主要由青冈、枫杨、千金榆、山楠、山核桃、枫香、水青冈、米心水青冈、灯台树等树种组成，灌木层主要由卵叶吊樟、亮叶忍冬、八仙花、猫儿刺、悬钩子、光叶高粱泡、小冻绿、青荚叶等植物组成、草本层主要由沿阶草、耳蕨、凤尾蕨、荨麻、金线草等植物组成。

★ 数量：本次调查珙桐分布面积24.00公顷，调查总株数3株，均分布在文县白水江国家级自然保护区内。

具体资源分布面积及资源量详见表3-4-10和表3-4-11。

★ 评价

珙桐有"植物活化石"之称，是国家8种一级保护植物中的珍品，因其花形酷似展翅飞翔的白鸽而被西方植物学家命名为"中国鸽子树"。

Ⅰ．资源分布及资源量对比

第一次调查在文县范坝乡竹园沟红春坪，调查时把珙桐和光叶珙桐没有分开，两者调查总面积40.00公顷，总株数650株。本次调查分布面积24.00公顷，种群数量3株。两次相比，面积减少16.00公顷，株数减少647株。减少原因除人工砍伐的原因致使种群分布面积和种群数量变小之外，可能的原因还有，本次调查按实际调查野生植株的分布区域量算面积，而非按照珙桐的分布生境或所处群落面积量算，这是致使珙桐分布面积和种群数量减少的重要原因。

Ⅱ．所处典型群落对比

第一次调查珙桐所处的典型群落为包果石栎、珙桐亮光桦林和亮光桦林。本次调查独叶草所处的群落类型有落叶阔叶林。

Ⅲ．种群结构对比

本次调查数据显示，珙桐分布种群结构单一，只分布在落叶阔叶林中，其他种群没有发现，保护比例为100%。

Ⅳ．受胁因子

从珙桐调查分布区（点）来看，受干扰类型主要是气候因子，干扰强度以中度干扰为主，弱度干扰次之。

Ⅴ．保护对策与建议

① 加大生态环境保护和野生植物资源生态功能的宣传，提高人们的生态保护意识和对野生植物资源的保护意识，杜绝或明显减少人为破坏野生植物资源。

② 对物种的保护只有通过生境保护和生态系统保护才能达到更好的目的，只有弄清楚物种和生态系统之间的相互作用及其变化规律，才能维持生态系统的动态平衡，从而使物种得到有效保护。建议管理部门不仅仅是保护珙桐自身，而最应该保护的是其赖以生存的自然环境和生态系统。

③ 应增加保护资金，配置必要的配套基础设施和技术设备，对未得到保护的分布有珙桐资源的典型群落进行有效的保护，并增强监管力度。

表3-4-10　珙桐分布县（区、市）资源情况统计表

单位：公顷、株

县 （区、市）	群落类型	面积			数量								
		小计	保护 区内	保护 区外	小计			保护区内			保护区外		
					成树	幼树	幼苗	成树	幼树	幼苗	成树	幼树	幼苗
文县	落叶阔叶林	24.00	24.00		3			3					

表3-4-11　珙桐分布保护区资源情况统计表

单位：公顷、株

保护区	级别	所在县 （区、市）	群落类型	面积	株数		
					成树	幼树	幼苗
白水江	国家级	文县	落叶阔叶林	24.00	3		

（6）光叶珙桐 *Davidia involucrate* var. *vilmoriniana*

★ 物种简要信息：蓝果树科 Nyssaceae，落叶乔木植物，国家一级保护植物。

★ 分布：上次调查在文县范坝乡竹园沟红春坪。本次调查采用样方法，分布在文县白水江自然保护区。多垂直分布在海拔1400～1900米之间。

★ 数量：本次调查光叶珙桐分布面积1013.56公顷，调查总株数48245株，均分布在文县白水江国家级自然保护区内。

具体资源分布面积及资源量详见表3-4-12和表3-4-13。

★ 评价

光叶珙桐有"植物活化石"之称，是国家8种一级保护植物中的珍品，为中国独有的珍稀名贵观赏植物，又是制作细木雕刻、名贵家具的优质木材。

Ⅰ. 资源分布及资源量对比

第一次调查在文县范坝乡竹园沟红春坪，调查时把光叶珙桐和珙桐没有分开，两者调查总面积40.00公顷，总株数650株。本次调查光叶珙桐分布面积1013.56公顷，种群数量48245株。两次相比，面积增加973.56公顷，株数增加47595株。

Ⅱ. 所处典型群落对比

第一次调查光叶珙桐所处的典型群落为包果石栎、珙桐亮光桦林和亮光桦林。本次调查光叶珙桐所处的群落类型有落叶阔叶林。

Ⅲ. 种群结构对比

本次调查数据显示，光叶珙桐分布种群结构单一，只分布在落叶阔叶林中，其他种群没有发现，保护比例为100%。

Ⅳ. 受胁因子

从光叶珙桐调查分布区（点）来看，受干扰类型主要是砍伐薪柴，干扰强度以中度干扰为主，弱度干扰次之。当地都有烤柴火的习惯，几乎是一年四季都在烤柴火，只不过冬天薪材的需要量比夏天大而已。生活用柴主要有做饭和取暖，户均年消耗薪柴近1万～1.5万千克，消耗量巨大。居民没有节能意识，保护意识也很淡薄，只要是能烧的柴火，砍的时候也不管是不是珍稀树种，因此砍伐薪材对森林资源的消耗仍然是最大的，对珍稀濒危植物的威胁仍然是最大的。

Ⅴ. 保护对策与建议

① 加大生态环境保护和野生植物资源生态功能的宣传，提高人们的生态保护意识和对野生植物资源的保护意识，杜绝或明显减少人为破坏野生植物资源。

② 加强资源保护，加大巡护和监测力度，严厉打击各类破坏资源的违法行为。

③ 通过资助液化气灶、气罐、太阳灶、煤炭等，逐步改变传统的依赖薪材的生活方式。

表3-4-12　光叶珙桐分布县（区、市）资源情况统计表

单位：公顷、株

县（区、市）	群落类型	面积			数量								
		小计	保护区内	保护区外	小计			保护区内			保护区外		
					成树	幼树	幼苗	成树	幼树	幼苗	成树	幼树	幼苗
文县	落叶阔叶林	1013.56	1013.56		48245	19866	5676	48245	19866	5676			

表3-4-13　光叶珙桐分布保护区资源情况统计表

单位：公顷、株

保护区	级别	所在县（区、市）	群落类型	面积	株数		
					成树	幼树	幼苗
白水江	国家级	文县	落叶阔叶林	1013.56	48245	19866	5675.936

（7）红椿 *Toona ciliata*

★ 物种简要信息：楝科Meliaceae，落叶或近常绿乔木，国家二级保护植物。

★ 分布：上次调查没有发现。本次调查采用样带法与实测法，分布在武都区、康县、文县（白水江自然保护区）。红椿多垂直分布在海拔1000～1900米之间。

★ 数量：本次调查红椿分布面积509.10公顷，调查总株数2513株，分布在武都区、康县、文县（白水江国家级自然保护区）。其中：

武都区分布0.17公顷，19株，全分布在裕河自然保护区。

康县分布0.10公顷，1株，全分布在康县大鲵县级自然保护区。

文县分布508.83公顷，2493株。其中：尖山省级自然保护区1.00公顷，1株；白水江国家级自然保护区507.83公顷，2492株。

具体资源分布面积及资源量详见表3-4-14和表3-4-15。

★ 评价

红椿是名贵的用材树种，材色红褐，花纹美丽，质地坚韧，最适宜制作高级家具。

Ⅰ. 资源分布及资源量对比

第一次调查红椿的分布及资源量不详。本次调查分布面积509.10公顷，种群数量2513株。

Ⅱ. 所处典型群落对比

第一次调查结果红椿所处的典型群落不详。本次调查红椿所处的群落类型有落叶阔叶林、马桑灌丛、青冈落叶阔叶混交林、栓皮栎林、温性针阔叶混交林。

Ⅲ. 种群结构对比

本次调查数据显示，红椿分布在5个种群中，乔木层主要由壳斗科、楝科、胡桃科、大戟科、山茱萸科的35种树种组成，灌木层主要由蔷薇科、胡麻科、山茶科、荨麻科的21种植物组成、草本层主

要由马鞭草科、紫草科、菊科、车前科、荨麻科的48种植物组成。

Ⅳ．受胁因子

从红椿调查分布区（点）来看，受干扰类型主要是砍伐薪柴，干扰强度以中度干扰为主，弱度干扰次之。当地都有烤柴火的习惯，并且消耗量巨大。居民没有节能意识，保护意识也很淡薄，只要是能烧的柴火，砍的时候也不管是不是珍稀树种，因此砍伐薪材对森林资源的消耗仍然是最大的，对珍稀濒危植物的威胁仍然是最大的。

Ⅴ．保护对策与建议

① 加大生态环境保护和野生植物资源生态功能的宣传，提高人们的生态保护意识和对野生植物资源的保护意识，杜绝或明显减少人为破坏野生植物资源。

② 加强资源保护，加大巡护和监测力度，严厉打击各类破坏资源的违法行为。

③ 通过资助液化气灶、气罐、太阳灶、煤炭等，逐步改变传统的依赖薪材的生活方式。

表3-4-14　红椿分布县（区、市）资源情况统计表

单位：公顷、株

县 （区、市）	群落类型	面积			数量								
		小计	保护 区内	保护 区外	小计			保护区内			保护区外		
					成树	幼树	幼苗	成树	幼树	幼苗	成树	幼树	幼苗
文县	落叶阔叶林	507.83	507.83		2492	2022		2492	2022				
	温性针阔叶混交林	1.00	1.00		1			1					
	合计	508.83	508.83		2493	2022		2493	2022				
武都区	青冈落叶阔叶 混交林	0.15	0.15		17			17					
	马桑灌丛	0.02	0.02		2			2					
	合计	0.17	0.17		19			19					
康县	栓皮栎林	0.10	0.10		1			1					
	合计	0.10	0.10		1			1					
总计		509.10	509.10		2513	2022		2513					

表3-4-15　红椿分布保护区资源情况统计表

单位：公顷、株

保护区	级别	所在县 （区、市）	群落类型	面积	株数		
					成树	幼树	幼苗
白水江	国家级	文县	落叶阔叶林	507.83	2492	2022	

（续表）

保护区	级别	所在县（区、市）	群落类型	面积	株数		
					成树	幼树	幼苗
尖山	省级	文县	温性针阔叶混交林	1.00	1		
裕河金丝猴	省级	武都区	青冈、落叶阔叶混交林	0.15	17		
	省级	武都区	马桑灌丛	0.02	2		
	合计			0.17	19		
康县大鲵	县级	康县	栓皮栎林	0.10	1		
总计				509.10	2513	2022	

（8）红豆杉 *Taxus chinensis*

★ 物种简要信息：红豆杉科Taxaceae，常绿乔木，国家一级植物。

★ 分布：上次调查分布在文县、康县、武都。

本次调查采用样方法、样带法、实测法，分布在秦州区、麦积区、西和县、成县、康县、武都区、徽县、两当县、文县、舟曲县、迭部县。红豆杉的生长区属落叶阔叶混交林地带，多垂直分布在海拔700～2000米之间，在1000～2000米之间分布较为集中。

★ 数量：本次调查红豆杉分布面积5969.99公顷，调查总株数347891株。保护区内1058.0公顷，株数81419株；保护区外4911.91公顷，株数266472株。其中：

秦州区分布41.42公顷，66株，均在保护区外。

麦积区分布752.99公顷，941株，均在保护区外。

西和县分布42.80公顷，175株，均在保护区外。

成县分布451.60公顷，100346株。其中：保护区内（鸡峰山省级自然保护区）361.99公顷，80434株；保护区外89.61公顷，19911株。

康县分布0.26公顷，1株，均在保护区外。

武都区分布0.36公顷，28株，均在保护区外。

徽县分布2111.56公顷，98193株。其中：保护区内（小陇山）91.64公顷，27株；保护区外2019.92公顷，98166株。

两当县分布1414.34公顷，146763株，均在保护区外。

文县分布734.36公顷，1213株。其中：保护区内（尖山、白水江）604.38公顷，949株；保护区外129.98公顷，264株。

舟曲县分布420.15公顷，147株。其中：保护区内（插岗梁）0.07公顷，8株；保护区外420.08公顷，139株。

迭部县分布0.15公顷，18株，均在保护区外。

具体资源分布面积及资源量见表3-4-16和表3-4-17。

★ 评价

红豆杉是第三纪子遗的珍贵树种，其树皮和树叶中提炼出来的紫杉醇对多种晚期癌症疗效突出，被称为"治疗癌症的最后一道防线"。

Ⅰ．资源分布及资源量对比

第一次调查红豆杉分布在文县、康县、武都，面积不详，株数8株（零星分布）。本次调查在天水市秦州区、麦积区，陇南市西和县、成县、徽县、康县、武都区、文县，小陇山林业实验局，小陇山国家级自然保护区，甘南藏族自治州舟曲县、迭部县，白龙江林业管理局白水江林业局、舟曲林业局，白水江国家级自然保护区15个调查单元有分布，分布面积为5969.99公顷，种群数量347891株。其中以两当县资源量最为丰富，共146763株，占总资源量的42.19%。因此，两次相比，红豆杉面积增加5969.99公顷，株数增加146755株。

Ⅱ．所处典型群落对比

第一次调查结果红豆杉所处的典型群落是落叶阔叶杂木林和村庄零星分布的。本次调查红豆杉所处的典型群落类型有白皮松林、春榆、水曲柳林、红桦林、华山松林、黄果冷杉林、阔叶林、辽东栎林、落叶阔叶林、落叶阔叶杂木林、麻栎林、马桑灌丛、农果间作型、农林间作型、漆树林、青冈落叶阔叶混交林、锐齿槲栎林、散生木、色木紫椴糠椴林、栓皮栎林、温性针阔叶混交林、油松林、榆树疏林、云杉林、针叶林。分布量最多的是温性针阔叶混交林，株数100436株，共占总资源量的28.87%。

Ⅲ．种群结构对比

本次调查红豆杉分布在25个种群中，乔木层主要由糙皮桦、灯台树、板栗、细叶青冈、山楠、甘肃枫杨、山白树等树种组成，灌木层主要由桦叶荚蒾、朴树、青川箭竹、忍冬、亮叶忍冬、猫儿刺、悬钩子等植物组成，草本层主要由蕨类、荨麻、沿阶草、素羊茅、蒿、凤仙花等植物组成。

Ⅳ．受胁因子

从红豆杉调查分布区（点）来看，受干扰类型主要是因经济价值较高，而盗伐现象严重。同时，长期的实践表明，国际贸易是刺激国内野生植物非法采集的最重要因素。受干扰类型以人为干扰方式为主，干扰强度以强度干扰为主，弱度干扰次之。

Ⅴ．保护对策与建议

① 加大生态环境保护和野生植物资源生态功能的宣传，提高人们的生态保护意识和对野生植物资源的保护意识，杜绝或明显减少人为破坏野生植物资源。

② 必须加强野生植物进出口管理。

③ 抓紧出台相关野生植物法规。

④ 应增加保护资金，配置必要的配套基础设施和技术设备，对未得到保护的分布有红豆杉资源的典型群落进行有效的保护，增强监管力度。

表3-4-16 红豆杉分布县（区、市）资源情况统计表

单位：公顷、株

县（区、市）	群落类型	面积			数量								
		小计	保护区内	保护区外	小计			保护区内			保护区外		
					成树	幼树	幼苗	成树	幼树	幼苗	成树	幼树	幼苗
文县	落叶阔叶杂木林	244.24	114.26	129.98	496			232			264		
	落叶阔叶林	490.12	490.12		717	956		717	956				
	合计	734.36	604.38	129.98	1213	956		949	956		264		
武都区	春榆水曲柳林	0.10		0.10	3						3		
	青冈落叶阔叶混交林	0.08		0.08	5						5		
	农果间作型	0.06		0.06	3						3		
	针叶林	0.12		0.12	17	20	50				17	20	50
	合计	0.36		0.36	28	20	50				28	20	50
秦州区	油松林	0.19		0.19	37						37		
	辽东栎林	0.01		0.01	1						1		
	锐齿槲栎林	41.22		41.22	28						28		
	合计	41.42		41.42	66						66		
麦积区	春榆水曲柳林	0.30		0.30	10						10		
	油松林	41.12		41.12	3						3		
	锐齿槲栎林	538.74		538.74	689						689		
	麻栎林	0.06		0.06	1						1		
	色木紫椴糠椴林	0.03		0.03	6						6		
	栓皮栎林	33.83		33.83	14	9					14	9	
	散生木	25.97		25.97	2						2		
	榆树疏林	112.92		112.92	216						216		
	合计	752.99		752.99	941	9					941	9	
西和县	温性针阔叶混交林	29.98		29.98	90	53					90	53	
	农林间作型	12.83		12.83	85	12					85	12	
	合计	42.80		42.80	175	65					175	65	

（续表）

县 （区、市）	群落类型	面积			数量								
		小计	保护 区内	保护 区外	小计			保护区内			保护区外		
					成树	幼树	幼苗	成树	幼树	幼苗	成树	幼树	幼苗
成县	温性针阔叶混交林	451.60	361.99	89.61	100346	31793	40734	80434	25484	32651	19911	6309	8083
徽县	马桑灌丛	134.32		134.32	97624						97624		
	油松林	301.68		301.68	165	8					165	8	
	锐齿槲栎林	1325.86		1325.86	276	29					276	29	
	栓皮栎林	34.42		34.42	10						10		
	白皮松林	155.09		155.09	52						52		
	华山松林	108.03	56.64	51.39	54	1		18			36	1	
	漆树林	17.17		17.17	3						3		
	一般落叶阔叶林	35.00	35.00		9			9					
	合计	2111.56	91.64	2019.92	98193	38		27			98166	38	
康县	栓皮栎林	0.26		0.26	1						1		
两当县	油松林	35.63		35.63	1						1		
	锐齿槲栎林	968.20		968.20	373	4					373	4	
	栓皮栎林	410.52		410.52	146389						146389		
	合计	1414.34		1414.34	146763	4					146763	4	
舟曲县	红桦林	0.03	0.03		1			1					
	辽东栎林	0.02	0.02		6			6					
	华山松林	211.40		211.40	97	306	184				97	306	184
	阔叶林	207.09		207.09	40	121	83				40	121	83
	云杉林	1.60		1.60	2	8	27				2	8	27
	黄果冷杉林	0.02	0.02		1			1					
	合计	420.15	0.07	420.08	147	435	294	8			139	435	294
迭部县	云杉林	0.15		0.15	18						18		
总计		5969.99	1058.08	4911.91	347891	33320	41078	81419	26440	32651	266472	6880	8427

表3-4-17　红豆杉分布保护区资源情况统计表

单位：公顷、株

保护区	级别	所在县（区、市）	群落类型	面积	株数		
					成树	幼树	幼苗
白水江	国家级	文县	落叶阔叶林	490.12	717	956	
尖山	省级	文县	落叶阔叶杂木林	114.26	232		
鸡峰山	省级	成县	温性针阔叶混交林	361.99	80434	25484	32651
小陇山	国家级	徽县	华山松林	56.64	18		
	国家级	徽县	一般落叶阔叶林	35.00	9		
		合计		91.64	27		
插岗梁	省级	舟曲县	红桦林	0.03	1		
	省级	舟曲县	辽东栎林	0.02	6		
	省级	舟曲县	黄果冷杉林	0.02	1		
		合计		0.07	8		
		总计		1058.08	81419	26440	32651

（9）红豆树 *Ormosia hosiei*

★ 物种简要信息：豆科Leguminosae，常绿或落叶乔木，国家二级保护植物。

★ 分布：上次调查在文县栎林中发现1426株。

本次调查采用实测法，分布在康县、武都区、文县。数量极为稀少。

★ 数量：本次调查红豆树分布面积102.98公顷，调查总株数166株。其中：保护区内（裕河、白水江）36.39公顷，103株；保护区外66.59公顷，63株。其中：

康县分布0.16公顷，7株，分布在康县阳坝。

文县分布100.43公顷，61株。其中：保护区内（白水江）34.00公顷，5株；保护区外66.43公顷，56株。

武都区分布2.39公顷，98株，均在保护区内（裕河）。

具体资源分布面积及资源量详见表3-4-18和表3-4-19。

★ 评价

红豆树木材质地坚硬，纹理美丽，有光泽，边材不耐腐，易受虫蛀，心材耐腐朽，为优良的木雕工艺及高级家具等用材；根与种子入药；树姿优雅，为很好的庭园树种。

Ⅰ. 资源分布及资源量对比

第一次调查红豆树面积140.0公顷，株数1624株。本次调查在康县、武都区、文县、白水江国家级自然保护区4个调查单元有分布，分布面积为102.98公顷，调查总株数166株。两次相比，红豆树面积减少37.02公顷，株数减少1458株。

Ⅱ．所处典型群落对比

第一次调查结果红豆树所处的典型群落是栎林。本次调查红豆树所处的典型群落类型有落叶阔叶林、落叶阔叶杂木林、青冈落叶阔叶混交林、栓皮栎林、云杉冷杉林。分布量最多的是青冈、落叶阔叶混交林，株数87株，共占总资源量的52.41%。

Ⅲ．种群结构对比

本次调查红豆树生长区属落叶阔叶林带，乔木层主要由枫香、化香、油桐、麻栎、栓皮栎等树种组成；灌木层主要由黄栌、马桑、胡枝子、水麻、卵叶吊樟等植物组成；草本层主要由白酒草、飞蓬、禾草、荨麻、蒿等植物组成。

Ⅳ．受胁因子

从红豆树调查分布区（点）来看，受干扰类型主要是因经济价值较高，而盗伐现象严重。同时，长期的实践表明，国际贸易是刺激国内野生植物非法采集的最重要因素。受干扰类型以人为干扰方式为主，干扰强度以强度干扰为主，弱度干扰次之。

Ⅴ．保护对策与建议

① 加大生态环境保护和野生植物资源生态功能的宣传，提高人们的生态保护意识和对野生植物资源的保护意识，杜绝或明显减少人为破坏野生植物资源。

② 必须加强野生植物进出口管理，严厉打击非法贩卖野生植物人员和组织。

③ 抓紧出台相关野生植物法规。

④ 应增加保护资金，配置必要的配套基础设施和技术设备，对未得到保护的分布有红豆树资源的典型群落进行有效的保护，增强监管力度。

表3-4-18　红豆树分布县（区、市）资源情况统计表

单位：公顷、株

县（区、市）	群落类型	面积			数量								
		小计	保护区内	保护区外	小计			保护区内			保护区外		
					成树	幼树	幼苗	成树	幼树	幼苗	成树	幼树	幼苗
文县	落叶阔叶杂木林	66.43		66.43	56						56		
	落叶阔叶林	34.00	34.00		5	17		5	17				
	合计	100.43	34.00	66.43	61	17		5	17		56		
武都区	青冈、落叶阔叶混交林	2.29	2.29		87			87					
	云杉、冷杉林	0.10	0.10		11			11					
	合计	2.39	2.39		98			98					
康县	栓皮栎林	0.16		0.16	7						7		
总计		102.98	36.39	66.59	166	17		103	17		63		

表3-4-19　红豆树分布保护区资源情况统计表

单位：公顷、株

保护区	级别	所在县（区、市）	群落类型	面积	株数		
					成树	幼树	幼苗
白水江	国家级	文县	落叶阔叶林	34.00	5	17	
裕河金丝猴	省级	武都区	青冈、落叶阔叶混交林	2.29	87		
	省级	武都区	云杉、冷杉林	0.10	11		
		合计		2.39	98		
		总计		36.39	103	17	

（10）厚朴 *Magnolia officinalis*

★ 物种简要信息：木兰科Magnoliaceae，落叶乔木，国家二级保护植物。

★ 分布：上次调查没有发现。本次调查采用实测法，分布在陇南市西和县、康县、武都区、两当县、徽县、文县、甘南州舟曲县。多垂直分布在海拔800～1700米之间。

★ 数量：本次调查厚朴分布面积269.64公顷，调查总株数192株。其中：保护区内（裕河、白水江、小陇山）224.78公顷，147株；保护区外44.86公顷，45株。其中：

徽县分布12.53公顷，8株，均在小陇山头二三滩国家级保护区内。

康县分布0.07公顷，6株，分布在康县阳坝。

两当县分布34.48公顷，7株，均在保护区外。

文县分布124.23公顷，58株。其中：保护区内（白水江）124.00公顷，48株；保护区外0.23公顷，10株。

武都区分布88.33公顷，93株。其中：保护区内（白水江、裕河）88.24公顷，91株；保护区外0.09公顷，2株。

西和县分布9.00公顷，19株，均在保护区外。

舟曲县分布0.99公顷，1株，均在保护区外。

具体资源分布面积及资源量详见表3-4-20和表3-4-21。

★ 评价

厚朴的树皮、根皮、花、种子及芽皆可入药，以树皮为主，为著名中药，有化湿导滞、行气平喘、化食消痰、驱风镇痛之效；种子有明目益气功效，芽作妇科药用。子可榨油，含油量35%，出油率25%，可制肥皂。木材供建筑、板料、家具、雕刻、乐器、细木工等用。叶大荫浓，花大美丽，可作绿化观赏树种。

Ⅰ. 资源分布及资源量对比

第一次调查厚朴的分布及资源量不详。本次调查在康县、武都区、文县、白水江国家级自然保护区4个调查单元有分布，分布面积为269.64公顷，调查总株数192株。

Ⅱ．所处典型群落对比

第一次厚朴没有调查。本次调查厚朴所处的典型群落类型有春榆、水曲柳林、落叶阔叶林、落叶阔叶杂木林、农林间作型、青冈落叶阔叶混交林、锐齿槲栎林、栓皮栎林、温性针阔叶混交林、一般落叶阔叶林。分布量最多的是落叶阔叶林，株数131株，共占总资源量的68.23%。

Ⅲ．种群结构对比

本次调查厚朴乔木层主要由杉木、甘肃枫杨、杜仲、厚朴、山核桃、栓皮栎、香叶树、板栗、青冈等树种组成；灌木层主要由茶树、卵叶吊樟、马桑、含羞草、叶黄檀、蔷薇、山茱萸、紫麻、悬钩子、亮叶忍冬、金竹、八仙花等组成；草本层主要由飞蓬、荨麻、白酒草、野棉花、蕨、蒿、啤酒花、禾草等植物组成。

Ⅳ．受胁因子

从厚朴调查分布区（点）来看，受干扰类型主要是因经济价值较高，而盗伐现象严重。同时，长期的实践表明，国际贸易是刺激国内野生植物非法采集的最重要因素。受干扰类型以人为干扰方式为主，干扰强度以强度干扰为主，弱度干扰次之。

Ⅴ．保护对策与建议

① 加大生态环境保护和野生植物资源生态功能的宣传，提高人们的生态保护意识和对野生植物资源的保护意识，杜绝或明显减少人为破坏野生植物资源。

② 必须加强野生植物进出口管理，严厉打击非法贩卖野生植物人员和组织。

③ 抓紧出台相关野生植物法规。

④ 应增加保护资金，配置必要的配套基础设施和技术设备，对未得到保护的分布有厚朴资源的典型群落进行有效的保护，增强监管力度。

表3-4-20　厚朴分布县（区、市）资源情况统计表

单位：公顷、株

县（区、市）	群落类型	面积			数量								
		小计	保护区内	保护区外	小计			保护区内			保护区外		
					成树	幼树	幼苗	成树	幼树	幼苗	成树	幼树	幼苗
文县	落叶阔叶杂木林	0.23		0.23	10						10		
	落叶阔叶林	124.00	124.00		48	25	9	48	25	9			
	合计	124.23	124.00	0.23	58	25	9	48	25	9	10		
武都区	落叶阔叶林	88.00	88.00		83	23	5	83	23	5			
	农林间作型	0.24	0.24		8			8					
	青冈落叶阔叶混交林	0.09		0.09	2						2		
	合计	88.33	88.24	0.09	93	23	5	91	23	5	2		

（续表）

县 （区、市）	群落类型	面积			数量								
		小计	保护 区内	保护 区外	小计			保护区内			保护区外		
					成树	幼树	幼苗	成树	幼树	幼苗	成树	幼树	幼苗
西和县	温性针阔叶混交林	8.52		8.52	17	6					17	6	
	农林间作型	0.48		0.48	2						2		
	合计	9.00		9.00	19	6					19	6	
徽县	一般落叶阔叶林	12.53	12.53		8			8					
康县	栓皮栎林	0.07		0.07	6						6		
两当县	锐齿槲栎林	34.48		34.48	7						7		
舟曲县	春榆、水曲柳林	0.99		0.99	1						1		
总计		269.64	224.78	44.86	192	54	14	147	48	14	45	6	

表3-4-21　厚朴分布保护区资源情况统计表

单位：公顷、株

保护区	级别	所在县 （区、市）	群落类型	面积	株数		
					成树	幼树	幼苗
白水江	国家级	文县	落叶阔叶林	124.00	48	25	9
	国家级	武都区	落叶阔叶林	88.00	83	23	5
	合计			212.00	131	48	14
裕河金丝猴	省级	武都区	农林间作型	0.24	8		
小陇山	国家级	徽县	一般落叶阔叶林	12.53	8		
总计				224.78	147	48	14

（11）连香树 *Cercidiphyllum japonicum*

★ 物种简要信息：连香树科Cercidiphyllaceae，落叶乔木，国家二级保护植物。

★ 分布：上次调查在文县和小陇山林区发现1862株。

本次调查采用样带法与实测法，分布在麦积区、康县、武都区、文县、舟曲县、迭部县。分布海拔1100～2500米，多沿河谷分布。

★ 数量：本次调查连香树分布面积1911.63公顷，调查总株数7251株。其中：保护区内（裕河、插岗梁、阿夏、白水江）1083.59公顷，6338株；保护区外828.05公顷，913株。其中：

麦积区分布192.40公顷，68株，均在保护区外。

文县分布1110.93公顷，6019株。其中：保护区内（白水江国家级自然保护区）976.53公顷，5620

株；保护区外134.40公顷，400株。

武都区分布104.49公顷，632株，均在保护区内（白水江国家级自然保护区和裕河省级保护区）。

舟曲县分布500.95公顷，434株。其中：保护区内（插岗梁）0.45公顷，6株；保护区外500.50公顷，434株。

迭部县分布2.58公顷，91株。其中：保护区内（阿夏）2.11公顷，81株；保护区外0.46公顷，10株。

具体资源分布面积及资源量详见表3-4-22，表3-4-23。

★ 评价

连香树为第三纪孑遗植物，在中国和日本间断分布，对于研究第三纪植物区系起源以及中国与日本植物区系的关系，有着重要的科研价值；木材纹理通直，结构细致，呈淡褐色，心材与边材区别明显，且耐水湿，是制作小提琴、室内装修、制造实木家具的理想用材，是稀有珍贵的用材树种，并且还是重要的造币树种。

Ⅰ．资源分布及资源量对比

第一次调查连香树面积185.00公顷，株数1862株。本次调查在麦积区、舟曲县、迭部县、康县、武都区、文县、白水江国家级自然保护区7个调查单元有分布，分布面积为1911.63公顷，调查总株数7251株。两次相比，连香树面积增加1726.63公顷，株数增加5389株。

Ⅱ．所处典型群落对比

第一次调查连香树群落是糙皮桦林和落叶阔叶杂木林。本次调查新增连香树所处典型群落：巴山冷杉林、红桦林、华山松林、黄果冷杉林、黄蔷薇灌丛、阔叶林、辽东栎林、落叶阔叶林、青冈落叶阔叶混交林、锐齿槲栎林。分布面积分别为2.11公顷、22.51公顷、3.80公顷、0.55公顷、0.32公顷、444.18公顷、0.04公顷、1077.53公顷、3.49公顷、192.40公顷、0.28公顷、30.02公顷。本次调查减少连香树所处典型群落：糙皮桦林。

Ⅲ．种群结构对比

本次调查连香树分布在10个种群中，乔木层优势种主要有水青树、毛花槭、甘肃枫杨、五裂槭、青冈、野核桃、灯台树、山核桃、红桦、糙皮桦等树种，灌木层优势种主要有细梗红荚蒾、山核桃、桦叶荚蒾、卵叶吊樟、茶藨子、八仙花、蔷薇、海州常山、青川箭竹、缺苞箭竹等、草本层优势种主要有冷水花、蕨、荨麻等。

Ⅳ．受胁因子

从连香树调查分布区（点）来看，受干扰类型主要是因经济价值较高，而盗伐现象严重。同时，长期的实践表明，国际贸易是刺激国内野生植物非法采集的最重要因素。受干扰类型以人为干扰方式为主，干扰强度以强度干扰为主，弱度干扰次之。

Ⅴ．保护对策与建议

① 加大生态环境保护和野生植物资源生态功能的宣传，提高人们的生态保护意识和对野生植物资源的保护意识，杜绝或明显减少人为破坏野生植物资源。

② 必须加强野生植物进出口管理。

③ 抓紧出台相关野生植物法规。

④ 应增加保护资金，配置必要的配套基础设施和技术设备，对未得到保护的分布有连香树资源的典型群落进行有效的保护，增强监管力度。

表3-4-22　连香树分布县（区、市）资源情况统计表

单位：公顷、株

县（区、市）	群落类型	面积			数量								
		小计	保护区内	保护区外	小计			保护区内			保护区外		
					成树	幼树	幼苗	成树	幼树	幼苗	成树	幼树	幼苗
文县	落叶阔叶杂木林	134.40		134.40	400						400		
	落叶阔叶林	976.53	976.53		5620	6810	1414	5620	6810	1414			
	合计	1110.93	976.53	134.40	6019	6810	1414	5620	6810	1414	400		
武都区	落叶阔叶林	101.00	101.00		498			498					
	青冈落叶阔叶混交林	3.49	3.49		134			134					
	合计	104.49	104.49		632			632					
麦积区	锐齿槲栎林	192.40		192.40	68						68		
康县	栓皮栎林	0.28		0.28	1						1		
舟曲县	红桦林	22.51		22.51	11	4	2				11	4	2
	辽东栎林	0.04	0.04		3			3					
	华山松林	3.80		3.80	19	15	1				19	15	1
	阔叶林	444.18		444.18	364	240	87				364	240	87
	云杉林	30.02		30.02	40	33					40	33	
	黄果冷杉林	0.09	0.09		1			1					
	黄蔷薇灌丛	0.32	0.32		2			2					
	合计	500.95	0.45	500.50	440	292	90	6			434	292	90
迭部县	巴山冷杉林	2.11	2.11		81	23		81	23				
	黄果冷杉林	0.46		0.46	10						10		
	合计	2.58	2.11	0.46	91	23		81	23		10		
	总计	1911.63	1083.59	828.05	7251	7125	1504	6338	6833	1414	913	292	90

表3-4-23　连香树分布保护区资源情况统计表

单位：公顷、株

保护区	级别	所在县（区、市）	群落类型	面积	株数		
					成树	幼树	幼苗
白水江	国家级	文县	落叶阔叶林	976.53	5620	6810	1414.182
	国家级	武都区	落叶阔叶林	101.00	498		
	合计			1077.53	6117	6810	1414
裕河金丝猴	省级	武都区	青冈落叶阔叶混交林	3.49	134		
插岗梁	省级	舟曲县	辽东栎林	0.04	3		
	省级	舟曲县	黄果冷杉林	0.09	1		
	省级	舟曲县	黄蔷薇灌丛	0.32	2		
	合计			0.45	6		
阿夏	省级	迭部县	巴山冷杉林	2.11	81	23	
总计				1083.59	6338	6833	1414

（12）裸果木 *Gymnocarpos przewalskii*

★ 物种简要信息：石竹科Caryophyllaceae，亚灌木状，国家一级保护植物。

★ 分布：上次调查在嘉峪关、敦煌市、安西县、阿克塞县和肃北县。

本次调查采用样带法与实测法，分布在阿克塞哈萨克族自治县、敦煌市、瓜州县、玉门市、高台县、肃南裕固族自治县、民勤县、景泰县。分布海拔1100～2500米，多沿河谷分布。

★ 数量：本次调查裸果木分布面积626974.68公顷，调查总株数375380810株。其中：保护区内（安南坝、盐池湾、安西极旱荒漠、玉门南山、祁连山、连古城）61885.84公顷，75348164株；保护区外565088.84公顷，300032646株。其中：

阿克塞哈萨克族自治县分布522160.66公顷，289357406株。其中：保护区内（安南坝）51931.29公顷，46662044株；保护区外470229.37公顷，242695362株。

敦煌市分布64530.00公顷，10221552株，均在保护区外。

瓜州县分布194.00公顷，30419株，均在保护区内（安西极旱荒漠）。

玉门市分布36963.52公顷，73307141株。其中：保护区内（玉门南山）6867.22公顷，26275300株；保护区外30096.30公顷，47031842株。

高台县分布3.70公顷，116株，均在保护区外。

肃南裕固族自治县分布2372.83公顷，1810766株，均在保护区内（祁连山）。

民勤县分布738.61公顷，653389株。其中：保护区内（连古城）520.50公顷，569635株；保护区外218.11公顷，83754株。

景泰县分布11.36公顷，20株，均在保护区外。

具体资源分布面积及资源量详见表3-4-24和表3-4-25。

★ 评价

裸果木对研究中国西北荒漠的发生、发展、气候的变化以及旱生植物区系成分的起源，有重要的科学研究价值，并是很好的固沙植物。

Ⅰ．资源分布及资源量对比

第一次调查裸果木面积10290.00公顷，株数2264322株。本次调查在酒泉市瓜州县、敦煌市、玉门市、肃北蒙古族自治县、阿克塞哈萨克族自治县，安南坝国家级自然保护区，盐池湾国家级自然保护区，祁连山国家级自然保护区，连古城国家级自然保护区，张掖市肃南裕固族自治县，武威市民勤县，白银市景泰县12个调查单元有分布，分布面积为626974.68公顷，调查总株数375380810株。两次相比，裸果木面积增加616684.68公顷，株数增加373116488株。

Ⅱ．所处典型群落对比

第一次调查裸果木群落是红沙荒漠、籽蒿荒漠和裸果木荒漠群落。本次调查裸果木所处典型群落有：裸果木荒漠、合头草荒漠、红沙荒漠、膜果麻黄荒漠、珍珠猪毛菜荒漠。两次相比，减少群落是籽蒿荒漠；增加群落是合头草荒漠、膜果麻黄荒漠、珍珠猪毛菜荒漠。

Ⅲ．种群结构对比

两次调查数据均显示，裸果木多数作为伴生灌木出现在各类荒漠灌丛植被中，极少能形成优势群落，喜生于水分较好的地带，种群密度较低，株丛疏化、矮化现象显著。从裸果木株丛高矮及地径数据可以看出，幼龄株在群落中极少，种群繁殖能力极差。从裸果木分布的坡向和坡位比较来看，其对坡度和坡向的要求不明显，而多由水分条件的好坏变化而决定，裸果木在水分条件较好的地带分布较多。

Ⅳ．受胁因子

从裸果木调查分布区（点）来看，受干扰类型以放牧干扰方式为主，无干扰次之；干扰强度以弱度干扰为主，无干扰次之。在放牧牲畜较难到达的地段或人烟稀少的区域，裸果木株丛直径较大，分布较均匀，但天然更新仍不佳，这与裸果木所处恶劣的生态环境有关。这种现象也给林业保护管理机构提出了难题，这一资源亟待保护。因此，对裸果木所处群落的保护和种群保护势在必行。

Ⅴ．保护对策与建议

① 加大生态环境保护和野生植物资源生态功能的宣传，提高人们的生态保护意识和对野生植物资源的保护意识，杜绝或明显减少人为破坏野生植物资源。

② 针对裸果木经常遭到樵采和牲畜的啃食，群落分布面积日益缩小，植株疏化、矮化的现象，应增加保护资金，在裸果木集中分布的区域建立保护区，对野生植物资源要绝对加以保护，严禁以各种方式或借口过度开发和利用野生植物资源，配置必要的配套基础设施和技术设备，并提出行之有效的保护管理方法，进行科学有效的保护。

③ 从裸果木所处的生态位考虑，要保护好裸果木，首先应保护其赖以生存的自然环境，对上游

水源合理利用，保证足够的地下水位和水资源，加大裸果木分布区内的水源涵养量，即从本质上有效地保护了这一稀有资源。

④ 针对裸果木群落中自然更新能力极差的现象，应该加大裸果木有关繁殖方面研究的科研资金的投入，尽快研究提出行之有效的繁殖方式，对野生资源进行人工促繁的工作。

⑤ 应增加保护资金，配置必要的配套基础设施和技术设备，对未得到保护的分布有裸果木资源的典型群落进行有效的保护，增强监管力度。

表3-4-24　裸果木分布县（区、市）资源情况统计表

单位：公顷、株

县（区、市）	群落类型	面积			数量								
		小计	保护区内	保护区外	小计			保护区内			保护区外		
					成树	幼树	幼苗	成树	幼树	幼苗	成树	幼树	幼苗
阿克塞哈萨克族自治县	合头草荒漠	194.79		194.79	257123						257123		
	膜果麻黄荒漠	5327.76	4796.77	530.99	3516322			3165868			350453		
	裸果木荒漠	29890.91	29890.91		13450910			13450910					
	合头草荒漠	17243.61	17243.61		30045266			30045266					
	合头草荒漠群系	469503.59		469503.59	242087786						242087786		
	合计	522160.66	51931.29	470229.37	289357406			46662044			242695362		
敦煌市	红砂荒漠	64530.00		64530.00	10221552						10221552		
瓜州县	膜果麻黄荒漠	194.00	194.00		30419			30419					
玉门市	膜果麻黄荒漠	4815.72		4815.72	4584565						4584565		
	红砂荒漠	21530.71		21530.71	25836852						25836852		
	裸果木荒漠	9279.71	5529.84	3749.87	41105403			24494979			16610424		
	珍珠猪毛菜荒漠	1337.38	1337.38		1780320			1780320					
	合计	36963.52	6867.22	30096.30	73307141			26275300			47031842		
高台县	珍珠猪毛菜荒漠	3.70		3.70	116						116		
肃南裕固族自治县	合头草荒漠	2372.83	2372.83		1810766			1810766					

（续表）

县 （区、市）	群落类型	面积			数量								
		小计	保护区内	保护区外	小计			保护区内			保护区外		
					成树	幼树	幼苗	成树	幼树	幼苗	成树	幼树	幼苗
民勤县	裸果木荒漠	520.50	520.50		569635			569635					
	红砂荒漠	218.11		218.11	83754						83754		
	合计	738.61	520.50	218.11	653389			569635			83754		
景泰县	红砂荒漠	11.36		11.36	20						20		
总计		626974.68	61885.84	565088.84	375380810			75348164			300032646		

表3-4-25　裸果木分布保护区资源情况统计表

单位：公顷、株

保护区	级别	所在县 （区、市）	群落类型	面积	株数		
					成树	幼树	幼苗
安南坝	国家级	阿克塞哈萨克族自治县	膜果麻黄荒漠	4796.77	3165868		
	国家级	阿克塞哈萨克族自治县	裸果木荒漠	29890.91	13450910		
			合计	34687.68	16616778		
盐池湾	国家级	肃北蒙古族自治县	合头草荒漠	17243.61	30045266		
安西极旱荒漠	国家级	瓜州县	膜果麻黄荒漠	194.00	30419		
南山	省级	玉门市	裸果木荒漠	5529.84	24494979		
	省级	玉门市	珍珠猪毛菜荒漠	1337.38	1780320		
			合计	6867.22	26275300		
祁连山	国家级	肃南裕固族自治县	合头草荒漠	2372.83	1810766		
连古城	国家级	民勤县	裸果木荒漠	520.50	569635		
总计				61885.84	75348164		

（13）蒙古扁桃 *Amygdalus mongolica*

★ 物种简要信息：蔷薇科Rosaceae，灌木，省级保护植物。

★ 分布：上次调查没有发现。本次调查采用样方法与实测法，分布在肃北蒙古族自治县、玉门市、高台县、临泽县、肃南裕固族自治县、甘州区、山丹县、永昌县、民勤县、景泰县。在海拔1395～

1580米之间集中分布，分布在山坡及山谷，位于沟谷两面或半山腰。

★ 数量：本次调查蒙古扁桃分布面积42062.23公顷，调查总株数46381667株。其中：保护区内（玉门南山、祁连山、连古城）6709.62公顷，4980679株；保护区外35352.61公顷，41400988株。其中：

肃北蒙古族自治县分布9976.40公顷，2809354株，均在保护区外。

玉门市分布579.00公顷，115800株，均在保护区内（玉门南山）。

甘州区分布7.16公顷，12850株，均在保护区内（祁连山）。

高台县分布1.13公顷，174株，均在保护区外。

肃南裕固族自治县分布23270.74公顷，40602544株。其中：保护区内（祁连山）1300.89公顷，2095087株；保护区外21969.85公顷，38507457株。

临泽县分布294.97公顷，83849株，均在保护区外。

山丹县分布757.89公顷，738363株，均在保护区内（祁连山）。

永昌县分布10.24公顷，1753株。其中：保护区内（祁连山）4.99公顷，1725株；保护区外5.25公顷，28株。

民勤县分布4059.69公顷，2016854株，均在保护区内（连古城）。

景泰县分布3105.02公顷，126株，均在保护区外。

具体资源分布面积及资源量详见表3-4-26和表3-4-27。

★ 评价

蒙古扁桃对研究亚洲中部干旱地区植物区系有一定的科学价值。为主要的木本油料树种之一，种仁含油率约为40%，其油可供食用，种仁可代替李仁入药。可作核果类果树的砧木和干旱地区的水土保持植物。

Ⅰ．资源分布及资源量对比

第一次调查蒙古扁桃数量不详。本次调查在肃北蒙古族自治县、玉门市、高台县、临泽县、肃南裕固族自治县、甘州区、山丹县、永昌县、民勤县、景泰县10个调查单元有分布，分布面积为42062.23公顷，调查总株数46381667株。

Ⅱ.所处典型群落对比

第一次调查蒙古扁桃群落不详。本次调查新增蒙古扁桃所处典型群落：川青锦鸡儿荒漠、甘藏锦鸡儿灌丛、戈壁针茅草原、灌木亚菊荒漠、合头草荒漠、红砂荒漠、金露梅灌丛、裸果木荒漠、木霸王荒漠、亚菊、灌木亚菊荒漠、珍珠猪毛菜荒漠、中亚紫菀木荒漠。分布面积和数量最多的是戈壁针茅草原群落，面积为22322.53公顷，株数39125914株。

Ⅲ．种群结构对比

本次调查数据显示大多数的蒙古扁桃会作为伴生种出现在石质山地的汇水沟、沟谷和干河床两侧；也可作为优势植物出现于山前砾石质冲积扇和覆沙地，种群密度变化较大。从蒙古扁桃株丛高矮数据可以看出，成龄株和幼龄株比例适中，种群繁殖能力较强。从蒙古扁桃分布的坡向和坡位比较来看，阳坡分布较阴坡多，沟谷分布较山坡多，具汇水沟的山坡较平山坡多，这与蒙古扁桃的生态习性息息相关。

Ⅳ．受胁因子

从蒙古扁桃调查分布区（点）来看，受干扰类型以放牧干扰方式为主。

Ⅴ．保护对策与建议

① 加大生态环境保护和野生植物资源生态功能的宣传，提高人们对生态保护意识和对野生植物资源的保护意识，杜绝或明显减少人为破坏野生植物资源。

② 对物种的保护只有通过生境保护和生态系统保护才能达到更好的目的，只有弄清楚物种和生态系统之间的相互作用及其变化规律，才能维持生态系统的动态平衡，从而使物种得到有效保护。建议管理部门不仅仅是保护蒙古扁桃自身，而最应该保护的是其赖以生存的自然环境和脆弱的灌丛生态系统。

③ 应增加保护资金，配置必要的配套基础设施和技术设备，对未得到保护的分布有蒙古扁桃资源的典型群落进行有效的保护，增强监管力度。

表3-4-26　蒙古扁桃分布县（区、市）资源情况统计表

单位：公顷、株

县（区、市）	群落类型	面积			数量								
		小计	保护区内	保护区外	小计			保护区内			保护区外		
					成树	幼树	幼苗	成树	幼树	幼苗	成树	幼树	幼苗
肃北蒙古族自治县	合头草荒漠	9976.40		9976.40	2809354						2809354		
玉门市	裸果木荒漠	579.00	579.00		115800			115800					
高台县	珍珠猪毛菜荒漠	1.13		1.13	174						174		
临泽县	珍珠猪毛菜荒漠	294.97		294.97	83849						83849		
肃南裕固族自治县	合头草荒漠	2.65	2.65		1067			1067					
	戈壁针茅草原	22315.37	345.52	21969.85	39113064			605607			38507457		
	甘藏锦鸡儿灌丛	122.19	122.19		184498			184498					
	金露梅灌丛	43.34	43.34		41466			41466					
	中亚紫菀木荒漠	552.57	552.57		1073566			1073566					
	亚菊、灌木亚菊荒漠	59.33	59.33		39871			39871					
	川青锦鸡儿荒漠	74.43	74.43		59336			59336					
	灌木亚菊荒漠	26.70	26.70		34859			34859					
	木霸王荒漠	74.16	74.16		54818			54818					
	合计	23270.74	1300.89	21969.85	40602544			2095087			38507457		

（续表）

县（区、市）	群落类型	面积			数量								
					小计			保护区内			保护区外		
		小计	保护区内	保护区外	成树	幼树	幼苗	成树	幼树	幼苗	成树	幼树	幼苗
山丹县	甘藏锦鸡儿灌丛	604.55	604.55		538654			538654					
	金露梅灌丛	153.34	153.34		199709			199709					
	合计	757.89	757.89		738363			738363					
永昌县	珍珠猪毛菜荒漠	4.87		4.87	23						23		
	金露梅灌丛	4.99	4.99		1725			1725					
	木霸王荒漠	0.38		0.38	5						5		
	合计	10.24	4.99	5.25	1753			1725			28		
甘州区	戈壁针茅草原	7.16	7.16		12850			12850					
民勤县	裸果木荒漠	4059.69	4059.69		2016854			2016854					
景泰县	红砂荒漠	3105.02		3105.02	126						126		
总计		42062.23	6709.62	35352.61	46381667			4980679			41400988		

表3-4-27 蒙古扁桃分布保护区资源情况统计表

单位：公顷、株

保护区	级别	所在县（区、市）	群落类型	面积	株数		
					成树	幼树	幼苗
南山	省级	玉门市	裸果木荒漠	579.00	115800		
祁连山	国家级	肃南裕固族自治县	合头草荒漠	2.65	1067		
	国家级	肃南裕固族自治县	戈壁针茅草原	345.52	605607		
	国家级	肃南裕固族自治县	甘藏锦鸡儿灌丛	122.19	184498		
	国家级	肃南裕固族自治县	金露梅灌丛	43.34	41466		
	国家级	肃南裕固族自治县	中亚紫菀木荒漠	552.57	1073566		
	国家级	肃南裕固族自治县	亚菊、灌木亚菊荒漠	59.33	39871		
	国家级	肃南裕固族自治县	川青锦鸡儿荒漠	74.43	59336		
	国家级	肃南裕固族自治县	灌木亚菊荒漠	26.70	34859		
	国家级	肃南裕固族自治县	木霸王荒漠	74.16	54818		
	国家级	山丹县	甘藏锦鸡儿灌丛	604.55	538654		

（续表）

保护区	级别	所在县（区、市）	群落类型	面积	株数		
					成树	幼树	幼苗
祁连山	国家级	山丹县	金露梅灌丛	153.34	199709		
	国家级	永昌县	金露梅灌丛	4.99	1725		
	国家级	甘州区	戈壁针茅草原	7.16	12850		
	合计			2070.93	2848025		
连古城	国家级	民勤县	裸果木荒漠	4059.69	2016854		
	总计			6709.62	4980679		

（14）庙台槭 *Acer miaotaiense*

★ 物种简要信息：槭树科Aceraceae，落叶乔木，省级保护植物。

★ 分布：上次调查没有发现。本次调查采用实测法，主要分布于天水市秦州区和麦积区的小陇山林区。生长于海拔1300～1600米的地区，常生于阔叶林中。

★ 数量：本次调查庙台槭分布面积468.73公顷，调查总株数701株，均在保护区外。其中：

秦州区分布175.50公顷，64株，均在保护区外。

麦积区分布293.23公顷，637株，均在保护区外。

具体资源分布面积及资源量详见表3-4-28。

★ 评价

庙台槭为中国特有种，果实亦较奇特，对保存种质和研究槭属的演化具有科学价值。该种资源稀少，分布范围狭窄，处于濒危状态，被列为国家首批三级重点保护植物，中国物种红色名录第一卷中将庙台槭列为易危种。

Ⅰ．资源分布及资源量对比

第一次调查庙台槭数量不详。本次调查在秦州区、麦积区（小陇山）二个调查单元有分布，分布面积为468.73公顷，调查总株数701株，均在保护区外。

Ⅱ．所处典型群落对比

第一次调查庙台槭群落不详。本次调查新增连香树所处典型群落：锐齿槲栎林、枫杨林。分布面积和数量最多的是锐齿槲栎林群落，面积为462.60公顷，株数662株。

Ⅲ．种群结构对比

本次调查数据显示庙台槭作为伴生种出现，主要分布在沟谷地段或较平缓坡面，从庙台槭株丛高矮数据可以看出，幼龄株种群繁殖能力较弱。从庙台槭分布的坡向和坡位比较来看，阳坡分布较阴坡多，沟谷分布较山坡多，具汇水沟的山坡较平山坡多，这与庙台槭的生态习性息息相关。

Ⅳ．受胁因子

从庙台槭调查分布区（点）来看，资源极为稀少，且由于受气候、生境的影响，野生物种自然扩大的可能性很小，种群数量发展较为缓慢。

Ⅴ．保护对策与建议

① 加强宣传，提高林区、周边群众对重点野生植物保护重要性的认识，牢固树立群众的保护意识，走可持续发展之路。同时进一步加强森林公安、林政稽查、植物检疫等执法队伍的建设，加大巡查力度，严格执法。

② 提高野生植物保护和管理水平，强化组织领导和机构队伍建设是实现野生植物保护的关键，在完善保护管理制度的同时，一定要注意鼓励民间组织参与的积极性，发挥民间团体的组织优势，倡导和鼓励发自民间的巨大活力；同时加强野生植物管理人员的管理和培训，全面提高管理和业务水平，使野生植物得到切实的法律保护和科学管理。

③ 应增加保护资金，配置必要的配套基础设施和技术设备，对庙台槭资源进行有效的保护。

表3-4-28　庙台槭分布县（区、市）资源情况统计表

单位：公顷、株

县（区、市）	群落类型	面积			数量								
		小计	保护区内	保护区外	小计			保护区内			保护区外		
					成树	幼树	幼苗	成树	幼树	幼苗	成树	幼树	幼苗
秦州区	锐齿槲栎林	169.36		169.36	25						25		
	枫杨林	6.14		6.14	39						39		
	合计	175.50		175.50	64						64		
麦积区	锐齿槲栎林	293.23		293.23	637	190					637	190	
总计		468.73		468.73	701	190					701	190	

（15）岷江柏木 *Cupressus chengiana*

★ 物种简要信息：柏科Cupressaceae，乔木，国家二级保护植物。

★ 分布：上次调查在舟曲县憨班乡黑峪沟发现5400株，文县零星发现5株，上次共调查5405株。本次调查采用样方法与实测法，分布于武都区、文县、舟曲县。

★ 数量：本次调查岷江柏木分布面积523.90公顷，调查总株数160589株。其中：保护区内（白水江、裕河、博峪河）31.66公顷，3468株；保护区外492.24公顷，157122株。其中：

文县分布28.17公顷，2778株。其中：保护区内（白水江）23.98公顷，2765株；保护区外4.19公顷，13株。

武都区分布0.52公顷，7株。其中：保护区内（裕河）0.10公顷，2株；保护区外0.42公顷，5株。

舟曲县分布495.21公顷，157804株。其中：保护区内（博峪河）7.58公顷，700株；保护区外487.63公顷，157104株。

具体资源分布面积及资源量详见表3-4-29和表3-4-30。

★ 评价

岷江柏木为中国特有、重要的用材林及水土保持、绿化观赏树种；柏木树干通直，木材可供建筑、家具、农具等用材；枝叶可提炼柏木油；树根提炼柏木油后的碎木，经粉碎成粉后可作为香料。

Ⅰ. 资源分布及资源量对比

第一次调查岷江柏木分布在文县和舟曲县，分布面积120.00公顷，株数5405株。本次调查在陇南市武都区、文县，甘南藏族自治州舟曲县，白龙江林业管理局舟曲林业局、白龙江林业局，白水江国家级自然保护区6个调查单元有分布，分布面积为495.21公顷，调查总株数160589株。两者相比，岷江柏木面积增加403.90公顷，株数增加155184株。本次调查分布最多的是舟曲县，面积495.21公顷，株数157804株，分别占目的物种94.52%、98.27%。

Ⅱ. 所处典型群落对比

第一次调查岷江柏木群落为岷江柏木疏林和村庄路边散生木。本次调查岷江柏木所处典型群落：柏木林、侧柏林、方枝圆柏林、黄蔷薇灌丛、落叶阔叶林、落叶阔叶杂木林、农果间作型、农林间作型、圆柏林。分布面积和数量最多的是柏木林群落，面积为313.17公顷，株数119149株。

Ⅲ. 种群结构对比

本次调查数据显示岷江柏木有成片分布和零星分布，主要分布海拔1600米以上的坡面或梁脊，从岷江柏木株丛高矮数据可以看出，幼龄株种群繁殖能力较强。从坡向和坡位比较来看，阴坡分布较阳坡多。乔木层主要由岷江柏木、柏木、山核桃、黄连木、臭椿等树种组成，灌木层主要由蔷薇、野花椒、小石积、黄荆、黄栌、马桑、盐肤木、亮叶忍冬、黄檀等植物组成，草本层主要由蒿、飞蓬、荨麻、禾草、水杨梅、羊胡子草、苔草等植物组成。

Ⅳ. 受胁因子

从岷江柏木调查分布区（点）来看，受干扰类型主要是因经济价值较高，而盗伐现象严重。同时，当地人有用柏木作棺材的讲究，老人上了年龄或去世后通常都选大一些岷江柏木制作棺材，因此除了一些坟地、神庙前后残存了一些岷江柏木的古树外，其他地方直径大一些的已经很少。受干扰类型以人为干扰方式为主，干扰强度以强度干扰为主，弱度干扰次之。

Ⅴ. 保护对策与建议

① 加强宣传，提高林区、周边群众对重点野生植物保护重要性的认识，牢固树立群众的保护意识，走可持续发展之路。同时进一步加强森林公安、林政稽查、植物检疫等执法队伍的建设，加大巡查力度，严格执法。

② 提高野生植物保护和管理水平，强化组织领导和机构队伍建设是实现野生植物保护的关键，在完善保护管理制度的同时，一定要注意鼓励民间组织参与的积极性，发挥民间团体的组织优势，倡导和鼓励发自民间的巨大活力；同时加强野生植物管理人员的管理和培训，全面提高管理和业务水平，使野生植物得到切实的法律保护和科学管理。

③ 应增加保护资金，配置必要的配套基础设施和技术设备，对没有保护的岷江柏木资源进行有效的保护。

表3-4-29 岷江柏木分布县（区、市）资源情况统计表

单位：公顷、株

县（区、市）	群落类型	面积			数量								
		小计	保护区内	保护区外	小计			保护区内			保护区外		
					成树	幼树	幼苗	成树	幼树	幼苗	成树	幼树	幼苗
文县	落叶阔叶杂木林	1.38		1.38	3						3		
	柏木林	23.98	23.98		2765	1855		2765	1855				
	侧柏林	1.00		1.00	1						1		
	圆柏林	1.81		1.81	9						9		
	合计	28.17	23.98	4.19	2778	1855		2765	1855		13		
武都区	落叶阔叶林	0.07		0.07	2						2		
	农林间作型	0.07	0.07		1			1					
	农果间作型	0.38	0.03	0.35	4			1			3		
	合计	0.52	0.10	0.42	7			2			5		
舟曲县	柏木林	289.19		289.19	116384	121401	15050				116384	121401	15050
	黄蔷薇灌丛	198.44		198.44	40720	26393					40720	26393	
	方枝圆柏林	7.58	7.58		700			700					
	合计	495.21	7.58	487.63	157804	147793	15050	700			157104	147793	15050
总计		523.90	31.66	492.24	160589	149648	15050	3468	1855		157122	147793	15050

表3-4-30 岷江柏木分布保护区资源情况统计表

单位：公顷、株

保护区	级别	所在县（区、市）	群落类型	面积	株数		
					成树	幼树	幼苗
白水江	国家级	文县	柏木林	23.98	2765	1855	
裕河金丝猴	省级	武都区	农林间作型	0.07	1		
	省级	武都区	农果间作型	0.03	1		
		合计		0.10	2		
博峪河	省级	舟曲县	方枝圆柏林	7.58	700		
总计				31.66	3468	1855	

（16）南方红豆杉 *Taxus chinensis* var. *mairei*

★ 物种简要信息：红豆杉科Taxaceae，乔木，国家一级保护植物。

★ 分布：上次调查没有发现。本次调查采用实测法，主要分布于武都区、两当县（小陇山张家林场）、文县。南方红豆杉水平分布稀少，多垂直分布在海拔700～2000米之间。

★ 数量：本次调查南方红豆杉分布面积11.50公顷，调查总株数11株，均在保护区内。其中：

两当县分布0.47公顷，1株，在黑河省级自然保护区。

文县分布11.00公顷，8株，在白水江国家级自然保护区内。

武都区分布0.03公顷，2株，在裕河省级自然保护区内。

具体资源分布面积及资源量详见表3-4-31和表3-4-32。

★ 评价

南方红豆杉材质坚硬，刀斧难入，有"千枞万杉，当不得红榧一枝丫"之称。边材黄白色，心材赤红，质坚硬，纹理致密，形象美观，不翘不裂，耐腐力强。可供建筑、高级家具、室内装修、车辆、铅笔杆等用。

Ⅰ. 资源分布及资源量对比

第一次调查南方红豆杉资源数量不详。本次调查在小陇山林业实验局，裕河省级自然保护区，白水江国家级自然保护区3个调查单元有分布，分布面积为11.50公顷，调查总株数11株。本次调查分布最多的是文县白水江国家级自然保护区，面积11.00公顷，株数8株，分别占目的物种95.7%、70.7%。

Ⅱ. 所处典型群落对比

第一次调查岷江柏木群落不详。本次调查南方红豆杉所处典型群落：落叶阔叶林、温性针阔叶混交林、油松林。分布面积和数量最多的是落叶阔叶林群落，面积为11.00公顷，株数8株。

Ⅲ. 种群结构对比

本次调查数据显示南方红豆杉生长区属混交林地带，乔木层主要由锐齿槲栎、千金榆、金钱槭等树种组成，灌木层主要由杜鹃、香叶树、猫儿刺、青川箭竹等植物组成，草本层主要由蕨类、苔草、光叶高粱泡、牛膝等植物组成。

Ⅳ. 受胁因子

从南方红豆杉调查分布区（点）来看，受干扰类型主要是因经济价值较高，而盗伐现象严重。同时，长期的实践表明，国际贸易是刺激国内野生植物非法采集的最重要因素。受干扰类型以人为干扰方式为主，干扰强度以强度干扰为主，弱度干扰次之。

Ⅴ. 保护对策与建议

① 加大生态环境保护和野生植物资源生态功能的宣传，提高人们的生态保护意识和对野生植物资源的保护意识，杜绝或明显减少人为破坏野生植物资源。

② 必须加强野生植物进出口管理。

③ 抓紧出台相关野生植物法规。

④ 应增加保护资金，配置必要的配套基础设施和技术设备，对未得到保护的分布有南方红豆杉

资源的典型群落进行有效的保护，增强监管力度。

表3-4-31　南方红豆杉分布县（区、市）资源情况统计表

单位：公顷、株

县（区、市）	群落类型	面积			数量								
		小计	保护区内	保护区外	小计			保护区内			保护区外		
					成树	幼树	幼苗	成树	幼树	幼苗	成树	幼树	幼苗
文县	落叶阔叶林	11.00	11.00		8	5	6	8	5	6			
武都区	温性针阔叶混交林	0.03	0.03		2			2					
两当县	油松林	0.47	0.47		1			1					
合计		11.50	11.50		11	5	6	11	5	6			

表3-4-32　南方红豆杉分布保护区资源情况统计表

单位：公顷、株

保护区	级别	所在县（区、市）	群落类型	面积	株数		
					成树	幼树	幼苗
白水江	国家级	文县	落叶阔叶林	11.00	8	5	6
裕河金丝猴	省级	武都区	温性针阔叶混交林	0.03	2		
黑河	省级	两当县	油松林	0.47	1		
总计				11.50	11	5	6

（17）秦岭冷杉 *Abies chensiensis*

★ 物种简要信息：松科Pinaceae，常绿乔木，国家二级保护植物。

★ 分布：上次调查在文县铁楼乡邱家坝发现75株，在舟曲沙滩林场人民沟发现4000株，共发现4075株。

本次调查采用样方法与实测法，主要分布于武都区、宕昌县、麦积区、武山县、徽县、两当县、文县、舟曲县、迭部县。分布海拔在1600～2650米之间。

★ 数量：本次调查秦岭冷杉分布面积1248.21公顷，调查总株数192732株。其中：保护区内618.82公顷，35201株；保护区外629.39公顷，157532株。其中：

宕昌县分布327.40公顷，157160株，均在保护区外。

迭部县分布37.34公顷，262株。其中：保护区内（阿夏）36.74公顷，251株；保护区外0.60公顷，11株。

徽县分布507.09公顷，19354株。其中：保护区内（小陇山）337.88公顷，19322株；保护区外169.20公顷，32株。

两当县分布47.79公顷，5株，均在保护区内（小陇山）。

麦积区分布20.61公顷，103株，均在保护区外。

文县分布206.21公顷，15606株。其中：保护区内（白水江、尖山、博峪河）195.87公顷，15606株；保护区外10.34公顷，2株。

武都区分布0.23公顷，1株，均在保护区外。

武山县分布0.12公顷，18株，均在保护区外。

舟曲县分布101.41公顷，222株。其中：保护区内（插岗梁）0.54公顷，17株；保护区外100.87公顷，205株。

具体资源分布面积及资源量详见表3-4-33和表3-4-34。

★ 评价

秦岭冷杉是西南高山森林树种，西部亚高山固土保水树种，是森林生态系统顶极群落的主要组成树种；秦岭冷杉木材纹理直，均匀细致，质地轻软，易加工，着钉力弱，为最优良的纸浆材；具有风景价值，树冠圆锥形或尖塔形，亭亭玉立，树态整齐，其赏心悦目的外观使它们在城市绿化中有很高的价值。

Ⅰ. 资源分布及资源量对比

第一次调查秦岭冷杉文县铁楼乡邱家坝、舟曲沙滩林场人民沟共发现4075株，面积为115.00公顷。本次调查在武都区、宕昌县、麦积区、武山县、徽县、两当县、文县、舟曲县、迭部县10个调查单元有分布，分布面积为1248.21公顷，调查总株数192732株。本次调查数量分布最多的是宕昌县，共157160株，占目的物种的1.54%。

Ⅱ. 所处典型群落对比

第一次调查秦岭冷杉群落为糙皮桦林和岷江冷杉林。本次调查秦岭冷杉所处典型群落：巴山冷杉林、白桦林、红桦林、冷杉林、岷江冷杉林、农果间作型、秦岭冷杉林、锐齿槲栎林、温性针阔叶混交林、油松林、云杉林、针叶林。分布面积和数量最多的是秦岭冷杉林群落，面积为337.88公顷，株数19322株。分别占总资源量的27.07%、10.03%。

Ⅲ. 种群结构对比

本次调查数据显示秦岭冷杉建群树种多数以白桦为主，乔木层伴生冷杉、五角枫、花楸、辽东栎等；灌木层优势种及伴生种高山柳、银露梅、金露梅、蔷薇、微毛樱桃、高山杜鹃等十余种。从幼苗、幼树到成树分布在从灌木层到乔木层的各个群落结构层次中，可以看出天然更新良好，是实行天保工程后才逐渐生长起来的，以幼龄林为主，中龄林以上资源在20世纪基本消失殆尽，虽然分布范围广，但数量不多，没有片林，散生分布在各个沟岔的白桦、红桦群落中，在群落中尤其是乔木层所占的比例不大。

Ⅳ. 受胁因子

从南秦岭冷杉调查分布区（点）来看，资源极为稀少，且由于受气候、生境的影响，野生物种自然扩大的可能性很小，种群数量发展较为缓慢。

Ⅴ．保护对策与建议

① 加强宣传，提高林区、周边群众对重点野生植物保护重要性的认识，牢固树立群众的保护意识，走可持续发展之路。同时进一步加强森林公安、林政稽查、植物检疫等执法队伍的建设，加大巡查力度，严格执法。

② 提高野生植物保护和管理水平，强化组织领导和机构队伍建设是实现野生植物保护的关键，在完善保护管理制度的同时，一定要注意鼓励民间组织参与的积极性，发挥民间团体的组织优势，倡导和鼓励发自民间的巨大活力；同时加强野生植物管理人员的管理和培训，全面提高管理和业务水平，使野生植物得到切实的法律保护和科学管理。

③ 应增加保护资金，配置必要的配套基础设施和技术设备，人员等方面，对秦岭冷杉资源进行有效的保护。

表3-4-33 秦岭冷杉分布县（区、市）资源情况统计表

单位：公顷、株

县（区、市）	群落类型	面积			数量								
		小计	保护区内	保护区外	小计			保护区内			保护区外		
					成树	幼树	幼苗	成树	幼树	幼苗	成树	幼树	幼苗
文县	巴山冷杉林	82.40	82.40		15590			15590					
	温性针阔叶混交林	123.81	113.47	10.34	18	6		16	6		2		
	合计	206.21	195.87	10.34	15608	6		15606	6		2		
武都区	农果间作型	0.23		0.23	1						1		
麦积区	红桦林	18.84		18.84	1						1		
	冷杉林	1.77		1.77	102	13					102	13	
	合计	20.61		20.61	103	13					103	13	
徽县	红桦林	127.37		127.37	10						10		
	白桦林	41.83		41.83	22						22		
	秦岭冷杉林	337.88	337.88		19322			19322					
	合计	507.08	337.88	169.20	19354			19322			32		
宕昌县	岷江冷杉林	327.42		327.42	157160	112959					157160	112959	
两当县	红桦林	8.47	8.47		1			1					
	锐齿槲栎林	39.32	39.32		4			4					
	合计	47.79	47.79		5			5					
武山县	冷杉林	0.12		0.12	18	18					18	18	

（续表）

县（区、市）	群落类型	面积			数量								
		小计	保护区内	保护区外	小计			保护区内			保护区外		
					成树	幼树	幼苗	成树	幼树	幼苗	成树	幼树	幼苗
舟曲县	云杉林	101.41	0.54	100.87	222	191	95	17	11	4	205	180	91
迭部县	巴山冷杉林	28.66	28.66		212	46	34	212	46	34			
	针叶林	0.60		0.60	11		5				11		5
	油松林	8.09	8.09		39			39					
	合计	37.34	36.74	0.60	262	46	39	251	46	34	11		5
总计		1248.21	618.82	629.39	192732	113232	134	35201	63	38	157532	113169	96

表3-4-34　秦岭冷杉分布保护区资源情况统计表

单位：公顷、株

保护区	级别	所在县（区、市）	群落类型	面积	株数		
					成树	幼树	幼苗
白水江	国家级	文县	温性针阔叶混交林	107.00	12	6	
尖山	省级	文县	温性针阔叶混交林	6.47	4		
博峪河	省级	文县	巴山冷杉林	82.40	15590		
小陇山	国家级	徽县	秦岭冷杉林	337.88	19322		
	国家级	两当县	红桦林	8.47	1		
	国家级	两当县	锐齿槲栎林	39.32	4		
	合计			385.66	19327		
插岗梁	省级	舟曲县	云杉林	0.54	17	11	4
阿夏	省级	迭部县	巴山冷杉林	28.66	212	46	34
	省级	迭部县	油松林	8.09	39		
	合计			36.74	251	46	34
总计				618.82	35201	63	38

（18）肉苁蓉 *Cistanche deserticola*

★ 物种简要信息：列当科Orobanchaceae，灌木，高大草本，大部分地下生。省级保护植物。

★ 分布：上次调查没有发现。本次调查采用样方法。主要分布于酒泉市肃北蒙古族自治县。属濒危种。

★ 数量：本次调查肉苁蓉分布面积45400.02公顷，调查总株数9685337株，分布在肃北蒙古族自治县。均在保护区外。

具体资源分布面积及资源量详见表3-4-35。

★ 评价

肉苁蓉素有"沙漠人参"之美誉，具有极高的药用价值，是中国传统的名贵中药材。也是古地中海残遗植物，对于研究亚洲中部荒漠植物区系具有一定的科学价值。其寄主梭梭是半荒漠和荒漠地区优良的固沙造林树种，有良好的防风固沙作用。由于国内外对肉苁蓉药材需求量巨大，乱采滥挖现象屡禁不止，使野生肉苁蓉资源濒临枯竭。

Ⅰ. 资源分布及资源量对比

第一次调查肉苁蓉资源数量不详。本次调查在肃北蒙古族自治县一个调查单元有分布，分布面积为45400.02公顷，调查总株数9685337株。

Ⅱ. 所处典型群落对比

第一次调查肉苁蓉群落不详。本次调查肉苁蓉所处群落为合头草荒漠群系一种，面积为45400.02公顷，调查总株数9685337株。

Ⅲ. 种群结构对比

本次调查数据显示肉苁蓉生于荒漠草原带及荒漠区的湖盆低地、盐化低地、沙地梭梭林中。根寄生植物，寄主有盐爪爪及细枝盐爪爪或凸尖盐爪爪及红砂与珍珠柴，也可为白刺与芨芨草。多在雨后出地面。

Ⅳ. 受胁因子

从肉苁蓉调查分布区（点）来看，受干扰类型主要是因经济价值较高，而盗伐现象严重。同时，长期的实践表明，国际贸易是刺激国内野生植物非法采集的最重要因素。受干扰类型以人为干扰方式为主，干扰强度以强度干扰为主，弱度干扰次之。

Ⅴ. 保护对策与建议

① 加大生态环境保护和野生植物资源生态功能的宣传，提高人们的生态保护意识和对野生植物资源的保护意识，杜绝或明显减少人为破坏野生植物资源。

② 必须加强野生植物进出口管理。

表3-4-35　肉苁蓉分布县（区、市）资源情况统计表

单位：公顷、株

县（区、市）	群落类型	面积			数量								
		小计	保护区内	保护区外	小计			保护区内			保护区外		
					成树	幼树	幼苗	成树	幼树	幼苗	成树	幼树	幼苗
肃北蒙古族自治县	合头草荒漠群系	45400.02		45400.02	9685337						9685337		

③ 抓紧出台相关野生植物法规。

④ 应增加保护资金，配置必要的配套基础设施和技术设备，对未得到保护的肉苁蓉资源的典型群落进行有效的保护，增强监管力度。

（19）沙拐枣 *Calligonum mongolicum*

★ 物种简要信息：蓼科Polygonaceae，灌木，省级保护植物。

★ 分布：上次调查没有发现。本次调查采用样方法与实测法，分布在阿克塞哈萨克族自治县、肃北蒙古族自治县、敦煌市、瓜州县、玉门市、肃州区、金塔县、民勤县。生于流动沙丘、半固定沙丘和沙地，海拔872～2149米。

★ 数量：本次调查沙拐枣分布面积319315.75公顷，调查总株数136534864株。其中：保护区内（安南坝、敦煌西湖、连古城、沙枣园子）26336.57公顷，21936996株；保护区外292979.18公顷，114597868株。其中：

阿克塞哈萨克族自治县分布16915.47公顷，5944853株。其中：保护区内（安南坝）16491.89公顷，5845459株；保护区外423.58公顷，99394株。

肃北蒙古族自治县分布140871.56公顷，28807818株，均在保护区外。

敦煌市分布72498.22公顷，13645690株。其中：保护区内（敦煌西湖）1.22公顷，50株；保护区外72497.00公顷，13645640株。

瓜州县分布2475.00公顷，564300株，均在保护区外。

玉门市分布364.00公顷，349440株，均在保护区外。

肃州区分布1201.64公顷，836013株，均在保护区外。

金塔县分布75014.51公顷，69622842株。其中：保护区内（沙枣园子）599.11公顷，556049株；保护区外74415.40公顷，69066793株。

民勤县分布9975.35公顷，16763908株。其中：保护区内（连古城）9244.35公顷，15535438株；保护区外731.00公顷，1228470株。

具体资源分布面积及资源量详见表3-4-36和表3-4-37。

★ 评价

沙拐枣为荒漠区的优等饲用植物，夏秋季骆驼喜食其枝叶；绵羊、山羊夏秋季乐意采食其嫩枝及果实。含有丰富的粗蛋白，其根及带果全株入药，有很高的药用价值，更是先锋固沙植物。

Ⅰ. 资源分布及资源量对比

第一次调查沙拐枣的分布及种群数量不详。本次调查分布面积为319315.75公顷，种群数量136534864株。其中以金塔县资源量最为丰富，共69622842株，占总资源量的50.99%。

Ⅱ. 所处典型群落对比

第一次调查结果沙拐枣所处的典型群落不详。本次调查沙拐枣所处的典型群落类型有齿叶白刺荒漠、合头草荒漠、红砂荒漠、膜果麻黄荒漠、沙拐枣群系、梭梭群系。数量最多的是沙拐枣群系，

101860782株，占总量的74.6%。

Ⅲ．种群结构对比

本次调查沙拐枣可作为优势种出现在高大的沙丘、波状起伏的流动沙地和覆沙戈壁上，经常会作为伴生灌木出现在其他荒漠群落中。但群落结构都十分稀疏，但比较均匀，种群繁殖能力较差。从沙拐枣分布对坡向和坡位的要求并不严格，这与其喜沙的习性相关。

Ⅳ．受胁因子

从沙拐枣调查分布区（点）来看，受干扰类型以放牧干扰方式为主，其他干扰次之；干扰强度以弱度干扰为主，无干扰次之。因近几年，国家大力推行禁牧政策，使原本受到牲畜啃食的资源，分布面积大大缩小的沙拐枣得以有效的保护，尤以沙漠类型保护区的保护效果最佳。

Ⅴ．保护对策与建议

① 加大生态环境保护和野生植物资源生态功能的宣传，提高人们的生态保护意识和对野生植物资源的保护意识，杜绝或明显减少人为放牧活动破坏野生植物资源。

② 封禁管理和人工恢复沙拐枣组成的荒漠生态系统十分脆弱，它对人类的干扰活动极为敏感。要恢复这些退化植被，最佳的治理措施是降低或停止人为放牧的不利干扰。

③ 加快自然保护区建设，沙拐枣分布在8个县，而分布在保护区的只有4个县，因此尽快加强自然保护区建设和保护区管理人员队伍建设，以最大限度地减少人为活动对沙拐枣荒漠植被的不利干扰。还应进一步加强自然保护区建设，将未分布在保护区内的典型群落保护起来，以便将沙拐枣所处的各种典型群落完好保存。

④ 对物种的保护只有通过生境保护和生态系统保护才能达到更好的目的，只有弄清楚物种和生态系统之间的相互作用及其变化规律，才能维持生态系统的动态平衡，从而使物种得到有效保护。建议管理部门不仅仅是保护沙拐枣自身，而最应该保护的是其赖以生存的自然环境和脆弱的荒漠生态系统。

表3-4-36　沙拐枣分布县（区、市）资源情况统计表

单位：公顷、株

县（区、市）	群落类型	面积			数量								
		小计	保护区内	保护区外	小计			保护区内			保护区外		
					成树	幼树	幼苗	成树	幼树	幼苗	成树	幼树	幼苗
阿克塞哈萨克族自治县	合头草荒漠	55.54		55.54	4443						4443		
	膜果麻黄荒漠	92.79		92.79	7423						7423		
	梭梭群系	87.67		87.67	21041						21041		
	沙拐枣群系	16679.47	16491.89	187.58	5911945			5845459			66487		
	合计	16915.47	16491.89	423.58	5944853			5845459			99394		
肃北蒙古族自治县	合头草荒漠群系	140871.56		140871.56	28807818						28807818		

（续表）

县（区、市）	群落类型	面积			数量								
		小计	保护区内	保护区外	小计			保护区内			保护区外		
					成树	幼树	幼苗	成树	幼树	幼苗	成树	幼树	幼苗
敦煌市	沙拐枣群系	7968.22	1.22	7967.00	7967050			50			7967000		
	红砂荒漠	64530.00		64530.00	5678640						5678640		
	合计	72498.22	1.22	72497.00	13645690			50			13645640		
瓜州县	沙拐枣群系	2475.00		2475.00	564300						564300		
玉门市	沙拐枣群系	364.00		364.00	349440						349440		
肃州区	沙拐枣群系	925.36		925.36	681296						681296		
	齿叶白刺荒漠	276.28		276.28	154717						154717		
	合计	1201.64		1201.64	836013						836013		
金塔县	沙拐枣群系	75014.51	599.11	74415.40	69622842			556049			69066793		
民勤县	沙拐枣群系	9975.35	9244.35	731.00	16763908			15535438			1228470		
总计		319315.75	26336.57	292979.18	136534864			21936996			114597868		

表3-4-37　沙拐枣分布保护区资源情况统计表

单位：公顷、株

保护区	级别	所在县（区、市）	群落类型	面积	株数		
					成树	幼树	幼苗
安南坝	国家级	阿克塞哈萨克族自治县	沙拐枣群系	16491.89	5845459		
敦煌西湖	国家级	敦煌市	沙拐枣群系	1.22	50		
沙枣园子	省级	金塔县	沙拐枣群系	599.11	556049		
连古城	国家级	民勤县	沙拐枣群系	9244.35	15535438		
合计				26336.57	21936996		

（20）沙生柽柳 *Tamarix taklamakanensis*

★ 物种简要信息：柽柳科Taricaceae，大灌木或小乔木，省级保护植物。

★ 分布：上次调查没有发现。本次调查采用实测法，分布敦煌市。在敦煌西湖国家级自然保护区艾山井子区域。

★ 数量：本次调查沙生柽柳分布面积0.01公顷，调查总株数3株。均在保护区内（敦煌西湖）。具体资源分布面积及资源量详见表3-4-38和表3-4-39。

★ 评价

沙生柽柳是中国荒漠地区流动沙丘上最抗旱耐炎热的固沙造林树种。风沙干扰影响沙生柽柳群落形成、发展和衰亡的全过程。沙生柽柳是中国西部荒漠地区流动沙丘上优良先锋固沙造林树种，也是中国特有种，对研究亚洲中部荒漠植物区系的特点和本属的系统发育均有一定的科学意义。需要在今后做进一步调查和保护。

Ⅰ．资源分布及资源量对比

第一次调查沙生柽柳的分布及种群数量不详。本次调查分布面积为0.01公顷，种群数量3株。

Ⅱ．所处典型群落对比

第一次调查结果沙生柽柳所处的典型群落不详。本次调查沙拐枣所处的典型群落类型是沙生柽柳群系一种。

Ⅲ．种群结构对比

本次调查沙生柽柳在敦煌西湖国家级自然保护区内生境状况，生于离河床、湖盆的沙丘、干旱、炎热、少雨以及土壤具有盐渍化的流沙环境中。

Ⅳ．受胁因子

从沙生柽柳调查分布区（点）来看，受干扰类型以放牧干扰方式为主，其他干扰次之；干扰强度以弱度干扰为主，无干扰次之。因近几年，国家大力推行禁牧政策，使原本受到牲畜啃食的资源，分布面积大大缩小的沙生柽柳得以有效的保护，尤以沙漠类型保护区的保护效果最佳。

Ⅴ．保护对策与建议

① 加大生态环境保护和野生植物资源生态功能的宣传，提高人们的生态保护意识和对野生植物资源的保护意识，杜绝或明显减少人为放牧活动破坏野生植物资源。

② 封禁管理和人工恢复沙生柽柳组成的荒漠生态系统十分脆弱，它对人类的干扰活动极为敏感。要恢复这些退化植被，最佳的治理措施是降低或停止人为放牧的不利干扰。

③ 对物种的保护只有通过生境保护和生态系统保护才能达到更好的目的，只有弄清楚物种和生态系统之间的相互作用及其变化规律，才能维持生态系统的动态平衡，从而使物种得到有效保护。建议管理部门不仅仅是保护沙生柽柳自身，而最应该保护的是其赖以生存的自然环境和脆弱的荒漠生态系统。

④ 对保护区进行分区管理，在合理区划的基础上，分区域确定主体功能和管理目标，实行分区

表3-4-38　沙生柽柳分布县（区、市）资源情况统计表

单位：公顷、株

县（区、市）	群落类型	面积			数量								
		小计	保护区内	保护区外	小计			保护区内			保护区外		
					成树	幼树	幼苗	成树	幼树	幼苗	成树	幼树	幼苗
敦煌市	沙生柽柳群系	0.01	0.01		3			3					

表3-4-39 沙生柽柳分布保护区资源情况统计表

单位：公顷、株

保护区	级别	所在县（区、市）	群落类型	面积	株数		
					成树	幼树	幼苗
敦煌西湖	国家级	敦煌市	沙生柽柳群系	0.01	3		

管理控制，通过区域管理目标的实现，使保护区整体管理经营控制在最佳状态。

（21）水青树 *Tetracentron sinense*

★ 物种简要信息：水青树科Tetracentraceae，落叶乔木，国家二级保护植物。

★ 分布：上次调查在文县、天水发现675株。

本次调查采用样方法与实测法，主要分布于秦州区、麦积区、武都区、徽县、文县、舟曲县、迭部县。水青树喜水，分布海拔在1300～2600米之间，具有喜阴、耐涝、耐寒的特点，要求土壤pH值在6～7.5之间，对土壤要求不严，萌蘖能力强，耐修剪、耐病虫害。

★ 数量：本次调查水青树分布面积2886.66公顷，调查总株数126760株。其中：保护区内1888.22公顷，108660株；保护区外998.44公顷，18100株。其中：

秦州区分布0.87公顷，1株，均在保护区外。

麦积区分布190.53公顷，119株，均在保护区外。

徽县分布85.86公顷，9株。其中：保护区内（小陇山）26.41公顷，8株；保护区外59.45公顷，1株。

文县分布1845.99公顷，107934株。其中：保护区内（白水江）1791.00公顷，107925株；保护区外54.99公顷，9株。

武都区分布64.71公顷，655株，均在保护区内（白水江、裕河）。

舟曲县分布692.56公顷，17973株。其中：保护区内（插岗梁）0.34公顷，8株；保护区外692.22公顷，17965株。

迭部县分布6.09公顷，64株。其中：保护区内（阿夏）5.71公顷，64株；保护区外0.38公顷，5株。

具体资源分布面积及资源量详见表3-4-40和表3-4-41。

★ 评价

水青树为第三纪古老子遗珍稀植物，起源古老，系统位置孤立，生态环境特殊。水青树的木材无导管，对研究古代植物区系的演化、被子植物系统起源具有重要科学价值。

Ⅰ. 资源分布及资源量对比

第一次调查水青树的分布及种群数量面积为135.00公顷，株数675株。本次调查分布面积为2886.66公顷，种群数量126760株。文县分布最多，面积1845.99公顷，株数107934株，分别占物种的63.95%、85.15%。

与第一次相比，面积增加2751.66公顷，株数增加126085株。

Ⅱ．所处典型群落对比

第一次调查结果水青树所处的典型群落是糙皮桦林和落叶阔叶杂木林。本次调查水青树所处的典型群落类型有巴山冷杉林、枫杨林、春榆水曲柳林、红桦林、黄果冷杉林、阔叶林、辽东栎林、落叶阔叶林、落叶阔叶杂木林、落叶松林、青冈落叶阔叶混交林、锐齿槲栎林、云杉林12种。分布最多的是落叶阔叶林，面积1854.00公顷，株数108555株，分别占物种的64.23%、85.64%。

Ⅲ．种群结构对比

本次调查水青树的群落有12种，乔木层主要由糙皮桦、甘肃枫杨、红桦、金钱槭、连香树、领春木、毛花槭、漆树、锐齿槲栎、山槐、水青树、五裂槭、野樱桃、冬瓜杨、泡花树、秦岭木姜子、青冈、色木槭、山核桃等约20种树种组成，灌木层主要由细梗淡红荚蒾、桦叶荚蒾、卵叶吊樟、木姜子、锐齿臭樱、铁线莲、八仙花、海州常山、青川箭竹、缺苞箭竹等约25种植物组成。草本层主要由耳蕨、革叶耳蕨、蕨、冷水花、荨麻、沿阶草、和尚菜、酢浆草等约16种植物组成。

Ⅳ．受胁因子

从水青树调查分布区（点）来看，受干扰类型以砍伐薪柴干扰方式为主，其他干扰次之；干扰强度以弱度干扰为主，无干扰次之。大部分区域属高寒阴湿区，做饭煮饲几乎全是薪柴，加之当地都有烤柴火的习惯，几乎是一年四季都在烤柴火，只不过冬天薪材的需要量比夏天大而已。生活用柴主要有做饭和取暖，户均年消耗薪柴近1万～1.5万千克，消耗量巨大。由于薪材需要的基数很大，社区居民没有节能意识，保护意识也很淡薄，只要是能烧的柴火，砍的时候也不管是不是珍稀树种，因此砍伐薪材对森林资源的消耗仍然是最大的，对珍稀濒危植物的威胁仍然是最大的。

Ⅴ．保护对策与建议

① 加大生态环境保护和野生植物资源生态功能的宣传，提高人们的生态保护意识和对野生植物资源的保护意识，杜绝砍伐薪柴活动破坏野生植物资源。

② 通过资助液化气灶、气罐，太阳灶、煤炭等，逐步改变传统的依赖薪材的生活方式。

③ 加大宣传教育力度，提高社区群众对珍稀植物的识别能力和保护意识。

表3-4-40　水青树分布县（区、市）资源情况统计表

单位：公顷、株

县（区、市）	群落类型	面积			数量								
		小计	保护区内	保护区外	小计			保护区内			保护区外		
					成树	幼树	幼苗	成树	幼树	幼苗	成树	幼树	幼苗
文县	落叶阔叶杂木林	54.99		54.99	9						9		
	落叶阔叶林	1791.00	1791.00		107925	39972	6662	107925	39972	6662			
	合计	1845.99	1791.00	54.99	107934	39972	6662	107925	39972	6662	9		
武都区	落叶阔叶林	63.00	63.00		630	7245	4568	630	7245	4568			

（续表）

县（区、市）	群落类型	面积			数量								
		小计	保护区内	保护区外	小计			保护区内			保护区外		
					成树	幼树	幼苗	成树	幼树	幼苗	成树	幼树	幼苗
武都区	青冈落叶阔叶混交林	1.42	1.42		19			19					
	红桦林	0.34	0.34		6			6					
	合计	64.76	64.76		655	7245	4568	655	7245	4568			
秦州区	锐齿槲栎林	0.87		0.87	1						1		
麦积区	锐齿槲栎林	185.74		185.74	108						108		
	落叶松林	4.80		4.80	11						11		
	合计	190.53		190.53	119						119		
徽县	春榆水曲柳林	26.41	26.41		8			8					
	枫杨林	59.45		59.45	1						1		
	合计	85.86	26.41	59.45	9			8			1		
舟曲县	春榆水曲柳林	58.50		58.50	5						5		
	红桦林	60.03		60.03	1801	29715	2701				1801	29715	2701
	辽东栎林	0.18	0.18		5	21		5	21				
	阔叶林	527.67		527.67	13398	536	5359				13398	536	5359
	云杉林	46.02		46.02	2761	17949	5523				2761	17949	5523
	黄果冷杉林	0.16	0.16		3	3		3	3				
	合计	692.56	0.34	692.22	17973	48224	13583	8	24		17965	48200	13583
迭部县	巴山冷杉林	5.71	5.71		64			64					
	云杉林	0.38		0.38	5						5		
	合计	6.09	5.71	0.38	69.00			64.00			5.00		
	总计	2886.66	1888.22	998.44	126760	95441	24813	108660	47241	11230	18100	48200	13583

（22）水曲柳 *Fraxinus mandshurica*

★ 物种简要信息：木犀科Oleaceae，落叶大乔木，国家二级保护植物。

★ 分布：上次调查在文县、康县发现126株。

表3-4-41　水青树分布保护区资源情况统计表

单位：公顷、株

保护区	级别	所在县（区、市）	群落类型	面积	株数		
					成树	幼树	幼苗
白水江	国家级	文县	落叶阔叶林	1791.00	107925	39972	6662.024
	国家级	武都区	落叶阔叶林	63.00	630	7245	4567.5
	合计			1854.00	108555	47217	11230
裕河金丝猴	省级	武都区	青冈落叶阔叶混交林	1.42	19		
	省级	武都区	红桦林	0.34	6		
	合计			1.76	25		
小陇山	国家级	徽县	春榆水曲柳林	26.41	8		
插岗梁	省级	舟曲县	辽东栎林	0.18	5	21	
	省级	舟曲县	黄果冷杉林	0.16	3	3	
	合计			0.34	8	24	
阿夏	省级	迭部县	巴山冷杉林	5.71	64		
	总计			1888.22	108660	47241	11230

本次调查采用样方法与实测法，主要分布于麦积区、武都区、徽县、两当县、文县、舟曲县、迭部县。在天然林中有少量分布，海拔1050～2730米。

★ 数量：本次调查水曲柳分布面积566.70公顷，调查总株数34389株。其中：保护区内257.51公顷，33858株；保护区外309.19公顷，531株。其中：

麦积区分布111.18公顷，397株，均在保护区外。

徽县分布314.95公顷，33834株。其中：保护区内（小陇山）160.42公顷，33808株；保护区外154.53公顷，26株。

两当县分布74.08公顷，12株。其中：保护区内（小陇山）63.13公顷，5株；保护区外10.95公顷，7株。

武都区分布3.70公顷，54株。其中：保护区内（裕河）2.96公顷，26株；保护区外0.74公顷，28株。

文县分布31.00公顷，19株，均在保护区内（白水江）。

舟曲县分布31.47公顷，70株，均在保护区外。

迭部县分布0.32公顷，3株，均在保护区外。

具体资源分布面积及资源量详见表3-4-42。

★ 评价

水曲柳材质优良，可制各种家具、乐器、体育器具、车船、机械及特种建筑材料。同时，对于研究第三纪植物区系及第四纪冰川期气候具有科学意义。

Ⅰ. 资源分布及资源量对比

第一次调查水曲柳的分布及种群数量面积是25.00公顷，株数126株。本次调查分布面积为566.70公顷，种群数量34389株。徽县分布最多，面积314.95公顷，株数33834株，分别占物种的55.58%、98.39%。与上次相比，面积增加541.70公顷，株数增加34263株。

Ⅱ. 所处典型群落对比

第一次调查结果水曲柳所处的典型群落是落叶阔时杂木林。本次调查水曲柳所处的典型群落类型有春榆水曲柳林、枫杨林、红桦林、阔叶林、落叶阔叶林、青冈落叶阔叶混交林、锐齿槲栎林、针叶林8种。分布最多的是春榆水曲柳林，株数33808株，占物种的98.39%。

Ⅲ. 种群结构对比

本次调查水曲柳的群落有8种，水曲柳的群落的乔木层优势树种为水曲柳、甘肃枫杨，灌木层优势种为楠子、细梗淡红荚蒾，草本层的优势种为蕨类和橐吾。

Ⅳ. 受胁因子

从水曲柳调查分布区（点）来看，受干扰类型以砍伐薪柴干扰方式为主，其他干扰次之；干扰强度以弱度干扰为主，无干扰次之。由于薪材需要的基数很大，社区居民没有节能意识，保护意识也很淡薄，只要是能烧的柴火，砍的时候也不管是不是珍稀树种，因此砍伐薪材对森林资源的消耗仍然是最大的，对珍稀濒危植物的威胁仍然是最大的。

Ⅴ. 保护对策与建议

① 加大生态环境保护和野生植物资源生态功能的宣传，提高人们的生态保护意识和对野生植物资源的保护意识，杜绝砍伐薪柴活动破坏野生植物资源。

② 通过资助液化气灶、气罐，太阳灶、煤炭等，逐步改变传统的依赖薪材的生活方式。

③ 加大宣传教育力度，提高社区群众对珍稀植物的识别能力和保护意识。

表3-4-42　水曲柳分布县（区、市）资源情况统计表

单位：公顷、株

县（区、市）	群落类型	面积			数量								
		小计	保护区内	保护区外	小计			保护区内			保护区外		
					成树	幼树	幼苗	成树	幼树	幼苗	成树	幼树	幼苗
文县	落叶阔叶林	31.00	31.00		19	21	12	19	21	12			
武都区	青冈落叶阔叶混交林	0.75	0.75		7			7					
	针叶林	0.74		0.74	28						28		
	红桦林	2.21	2.21		19			19					
	合计	3.70	2.96	0.74	54			26			28		
麦积区	锐齿槲栎林	111.18		111.18	397						397		

（续表）

县 （区、市）	群落类型	面积			数量								
		小计	保护 区内	保护 区外	小计			保护区内			保护区外		
					成树	幼树	幼苗	成树	幼树	幼苗	成树	幼树	幼苗
徽县	春榆水曲柳林	160.42	160.42		33808			33808					
	锐齿槲栎林	103.79		103.79	13						13		
	枫杨林	50.74		50.74	13						13		
	合计	314.95	160.42	154.53	33834			33808			26		
两当县	锐齿槲栎林	74.08	63.13	10.95	12	22		5			7	22	
舟曲县	阔叶林	31.47		31.47	70	381	207				70	381	207
迭部县	落叶阔叶林	0.32		0.32	3						3		
总计		566.70	257.51	309.19	34389	424	219	33858	21	12	531	403	207

（23）梭梭 *Haloxylon ammodendron*

★ 物种简要信息：藜科Chenopodiaceae，小乔木，省级保护植物。

★ 分布：上次调查在安西县发现1344株，敦煌市2406720株，共计发现2408064株。

本次调查采用样方法与实测法，分布在阿克塞哈萨克族自治县、肃北蒙古族自治县、敦煌市、瓜州县、玉门市、金塔县、高台县、民乐县、金川区、民勤县。梭梭抗旱、抗热、抗寒、耐盐碱性都很强，主要分布在戈壁、沙漠中。

★ 数量：本次调查梭梭分布面积736639.75公顷，调查总株数317625902株。其中：保护区内（安南坝、敦煌西湖、安西极旱荒漠、沙枣园子）22128.19公顷，4951317株；保护区外714511.56公顷，312674585株。其中：

阿克塞哈萨克族自治县分布14242.74公顷，2692147株。其中：保护区内（安南坝）13798.84公顷，2608242株；保护区外443.90公顷，83905株。

肃北蒙古族自治县分布658694.04公顷，304463021株，均在保护区外。

敦煌市分布54545.00公顷，7638119株。其中：保护区内（敦煌西湖）813.00公顷，95079株；保护区外53732.00公顷，7543041株。

瓜州县分布7300.00公顷，2139995株，均在保护区内（安西极旱荒漠）。

玉门市分布472.00公顷，159914株，均在保护区外。

金塔县分布296.54公顷，148033株。其中：保护区内（沙枣园子）216.35公顷，108002株；保护区外80.19公顷，40031株。

高台县分布1.01公顷，38株，均在保护区外。

民乐县分布40.05公顷，24030株，均在保护区外。

金川区分布53.29公顷，13642株，均在保护区外。

民勤县分布995.08公顷，346963株，均在保护区外。

具体资源分布面积及资源量详见表3-4-43和表3-4-44。

★ 评价

梭梭是遏制土地沙化，维护生态平衡，并在其根部寄生有传统的珍稀名贵补益类中药材肉苁蓉，具有很高的经济价值。梭梭为荒漠地区的优等饲用植物，骆驼在冬、春、秋季均喜食；羊也拣食落在地上的嫩枝和果实，其他家畜常不食。此外，产区内不断有人采挖寄生在梭梭根系上的肉苁蓉，使资源遭到严重破坏，严重可致植株死亡，生境呈现严重的破碎化。但随着人们保护意识的提高，随着人工培植资源的大力发展，大大降低了对野生梭梭资源的破坏力度。近几年无论从分布面积和种群数量上都有局部向好的趋势，特别是保护区内效果愈加明显。

Ⅰ. 资源分布及资源量对比

第一次调查梭梭的分布及资源量不详。本次调查分布面积为736639.75公顷，成树种群数量317625902株。其中肃北蒙古族自治县分布最多，面积为658694.04公顷，株数304463021株，分别占物种的89.42%、95.86%。

Ⅱ. 所处典型群落对比

第一次调查结果梭梭所处的典型群落不详。本次调查梭梭所处的典型群落类型有白刺花灌丛、合头草荒漠、红砂荒漠、沙拐枣群系、梭梭群系、珍珠猪毛菜荒漠5种群落。资源量最多的是合头草荒漠群系，面积为658694.04公顷，株数304463021株，分别占物种的89.42%、95.86%。

Ⅲ. 种群结构对比

本次调查梭梭作为优势种或亚优势种出现在各类荒漠植被类型中，梭梭的植丛高度和冠型变异很大，一般情况高度超过1米者，通常具有粗糙扭曲的主干、呈小乔木状；低于1米者，则无明显的主干，由基部发生分枝，形成圆丛状。种群密度变化较大，一般梭梭密度沙质地＞砂砾质地＞砾石戈壁。从梭梭株丛高度和胸径数据表现出，沙质地和砂砾质地的梭梭成龄株和幼龄株比例适中，种群繁殖能力较强；砾石戈壁群落稀疏低矮，繁殖能力较差；局部壤土地段分布的梭梭，处于衰老阶段，整个群落几乎见不到幼树和实生苗。梭梭的分布对坡向和坡位的要求不高，但总与较松散的基质和较浅的地下水位有关。

Ⅳ. 受胁因子

从梭梭调查分布区（点）来看，受干扰类型以放牧干扰方式为主，其他干扰次之；干扰强度以弱度干扰为主，无干扰次之。因近几年，国家大力扶持人工培植梭梭林，人工接种肉苁蓉产业的发展，使原本受到随意采挖的林下资源——寄生植物肉苁蓉，致使梭梭一度遭到严重破坏的境况，得以向保护和合理利用的良性方向发展。

Ⅴ. 保护对策与建议

① 加大生态环境保护和野生植物资源生态功能的宣传，提高人们的生态保护意识和对野生植物资源的保护意识，杜绝或明显减少人为破坏野生植物资源。

② 封禁管理和人工恢复梭梭组成的荒漠生态系统十分脆弱，它对人类的干扰活动极为敏感，一旦破坏，必将迅速导致旱化、沙化、风蚀、盐渍化等生境恶化的现象发生。要恢复这些退化植被，最佳的治理措施是降低或停止人为的不利干扰，增强生物多样性恢复和提高生态系统生产力的能力。对于严重退化的梭梭荒漠植被，采取一些人为的生态恢复措施恢复植被，但必须考虑该地区干旱缺水、抵御自然灾害和抗病虫害的能力，大面积的人工造林，特别是营造密度较大的林分应予以避免。

③ 加快自然保护区建设，本省已在梭梭林集中分布的地区建立了安南坝、敦煌西湖、安西极旱荒漠三个国家级自然保护区和沙枣园子省级自然保护区，加强对现有保护区的条件建设和保护区管理人员队伍建设，以最大限度地减少人为活动对梭梭荒漠植被的不利干扰。还应进一步加强自然保护区建设，将未分布在保护区内的典型群落保护起来，以便将梭梭所处的各种典型群落完好保存。

④ 加强对梭梭荒漠植被林下资源开发的管理工作，梭梭荒漠植被林下有许多可开发的生物资源。搞好这些资源的开发工作，对于拉动沙区经济起到重要作用。但在开发过程中，必须树立保护生态环境、持续利用的理念。对于肉苁蓉产业的发展，应明令禁止在梭梭天然林内接种肉苁蓉，倡导在梭梭天然林内有计划地采集肉苁蓉的种子，通过发展梭梭人工林，建设集约型经营的接种肉苁蓉基地，以减轻采挖和接种肉苁蓉对荒漠地区非常脆弱的梭梭天然林造成的不良影响。

⑤ 对物种的保护只有通过生境保护和生态系统保护才能达到更好的目的，只有弄清楚物种和生态系统之间的相互作用及其变化规律，才能维持生态系统的动态平衡，从而使物种得到有效保护。建议管理部门不仅仅是保护梭梭自身，而最应该保护的是其赖以生存的自然环境和脆弱的荒漠生态系统。

表3-4-43　梭梭分布县（区、市）资源情况统计表

单位：公顷、株

县 （区、市）	群落类型	面积			数量								
		小计	保护 区内	保护 区外	小计			保护区内			保护区外		
					成树	幼树	幼苗	成树	幼树	幼苗	成树	幼树	幼苗
阿克塞哈萨克族自治县	梭梭群系	14242.74	13798.84	443.90	2692147			2608242			83905		
肃北蒙古族自治县	合头草荒漠群系	658694.04		658694.04	304463021						304463021		
敦煌市	梭梭群系	46578.00	813.00	45765.00	5447194			95079			5352116		
	沙拐枣群系	7967.00		7967.00	2190925						2190925		
	合计	54545.00	813.00	53732.00	7638119			95079			7543041		
瓜州县	梭梭群系	7300.00	7300.00		2139995			2139995					
玉门市	梭梭群系	472.00		472.00	159914						159914		
金塔县	梭梭群系	296.54	216.35	80.19	148033			108002			40031		

（续表）

县 （区、市）	群落类型	面积			数量									
		小计	保护 区内	保护 区外	小计			保护区内			保护区外		
					成树	幼树	幼苗	成树	幼树	幼苗	成树	幼树	幼苗
高台县	珍珠猪毛菜荒漠	1.01		1.01	38						38		
民乐县	梭梭群系	40.05		40.05	24030						24030		
金川区	梭梭群系	53.29		53.29	13642						13642		
民勤县	梭梭群系	147.72		147.72	118176						118176		
	白刺花灌丛	847.36		847.36	228787						228787		
	合计	995.08		995.08	346963						346963		
总计		736639.75	22128.19	714511.56	317625902			4951317			312674585		

表3-4-44　梭梭分布保护区资源情况统计表

单位：公顷、株

保护区	级别	所在县 （区、市）	群落类型	面积	株数		
					成树	幼树	幼苗
安南坝	国家级	阿克塞哈萨 克族自治县	梭梭群系	13798.84	2608242		
敦煌西湖	国家级	敦煌市	梭梭群系	813.00	95079		
安西极旱荒漠	国家级	瓜州县	梭梭群系	7300.00	2139995		
沙枣园子	省级	金塔县	梭梭群系	216.35	108002		
合计				22128.19	4951317		

（24）西康玉兰 *Magnolia wilsonii*

★ 物种简要信息：木兰科Magnoliaceae，落叶小乔木，国家二级保护植物。

★ 分布：上次调查没有发现。本次调查采用实测法，分布于甘肃陇南文县白水江国家级自然保护区内。分布于海拔2000～3300米亚高山地带的森林和灌丛中。

★ 数量：本次调查西康玉兰分布面积5.00公顷，调查总株数1株。在白水江国家级自然保护区内。具体资源分布面积及资源量详见表3-4-45和表3-4-46。

★ 评价

西康玉兰为木兰属较原始种类，对本属的系统发育研究具有一定的科学价值，其花大而美丽可作为庭园观赏植物。

Ⅰ. 资源分布及资源量对比

第一次调查西康玉兰的分布及资源量不详。本次调查分布面积为5.00公顷，成树种群数量1株、幼树9株、幼苗3株。

Ⅱ. 所处典型群落对比

第一次调查西康玉兰所处的典型群落不详。本次调查西康玉兰所处的典型群落类型为落叶阔叶林。

Ⅲ. 种群结构对比

西康玉兰分布极为稀少，经过社区走访，查阅资料等方式，本次调查只在范坝竹园沟发现1株。生长区属落叶阔叶混交林地带，乔木层主要由枫香、枫杨等树种组成，灌木层主要由山核桃、卵叶钓樟等植物组成，草本层主要由蕨类、蒿、荨麻等植物组成。

Ⅳ. 受胁因子

从西康玉兰调查分布区（点）来看，受干扰类型主要是因花大而美丽观价赏值较高，而出现盗挖现象严重。受干扰类型以人为干扰方式为主，干扰强度以强度干扰为主，弱度干扰次之。

Ⅴ. 保护对策与建议

① 加强宣传，提高林区、周边群众对重点野生植物保护重要性的认识，牢固树立群众的保护意识，走可持续发展之路。同时进一步加强森林公安、林政稽查、植物检疫等执法队伍的建设，加大巡查力度，严格执法。

② 提高野生植物保护和管理水平，强化组织领导和机构队伍建设是实现野生植物保护的关键，在完善保护管理制度的同时，一定要注意鼓励民间组织参与的积极性，发挥民间团体的组织优势，倡导和鼓励发自民间的巨大活力；同时加强野生植物管理人员的管理和培训，全面提高管理和业务水平，使野生植物得到切实的法律保护和科学管理。

③ 应增加保护资金，配置必要的配套基础设施和技术设备，人员等方面，对西康玉兰资源进行

表3-4-45　西康玉兰分布县（区、市）资源情况统计表

单位：公顷、株

县（区、市）	群落类型	面积			数量								
		小计	保护区内	保护区外	小计			保护区内			保护区外		
					成树	幼树	幼苗	成树	幼树	幼苗	成树	幼树	幼苗
文县	落叶阔叶林	5.00	5.00		1	9	3	1	9	3			

表3-4-46　西康玉兰分布保护区资源情况统计表

单位：公顷、株

保护区	级别	所在县（区、市）	群落类型	面积	株数		
					成树	幼树	幼苗
白水江	国家级	文县	落叶阔叶林	5.00	1	9	3

有效的保护。

（25）香果树 *Emmenopterys henryi*

★ 物种简要信息：茜草科Rubiaceae，落叶大乔木，国家二级保护植物。

★ 分布：上次调查在文县、康县发现2288株。

本次调查采用实测法和样带法，分布于武都区、康县、文县。多垂直分布在海拔600～1500米之间。

★ 数量：本次调查香果树分布面积3558.88公顷，调查总株数9711株。其中：保护区内3545.17公顷，9680株；保护区外13.71公顷，31株。其中：

文县分布3387.00公顷，9145株。其中：保护区内（白水江）3375.00公顷，9134株；保护区外12.00公顷，11株。

武都区分布171.78公顷，563株。其中：保护区内（白水江、裕河）170.17公顷，545株；保护区外1.61公顷，18株。

康县分布0.10公顷，2株，均在保护区外。

具体资源分布面积及资源量详见表3-4-47和表3-4-48。

★ 评价

香果树为古老孑遗植物，中国特有单种属珍稀树种。树干高耸，花美丽，可作庭园观赏树。树皮纤维柔细，是制蜡纸及人造棉的原料。木材无边材和心材的明显区别，纹理直，结构细，供制家具和建筑用。耐涝，可作固堤植物。

Ⅰ. 资源分布及资源量对比

第一次调查香果树分布在文县和康县共计130.00公顷，2288株，以中幼树居多，大树较少。本次调查分布在武都区、康县、文县，面积为3558.88公顷，成树种群数量9711株。与上次相比，本次调查香果树面积增加3428.88公顷，株数增加7423株。

Ⅱ. 所处典型群落对比

第一次调查香果树所处的典型群落为落叶阔叶杂木林。本次调查香果树所处的典型群落类型为侧柏林、春榆水曲柳林、落叶阔叶灌丛、落叶阔叶林、落叶阔叶杂木林、农果间作型、农林间作型、青冈落叶阔叶混交林、栓皮栎林。分布最多的是落叶阔叶林，面积为3536.00公顷，株数9446株，分别占物种的99.36%、97.28%。

Ⅲ. 种群结构对比

香果树分布在9个群落中，乔木层主要由野核桃、甘肃枫杨、枫香、板栗、细叶青冈、小叶青冈、山楠、栓皮栎、糙皮桦、五裂槭、卵叶钓樟、油桐、青麸杨、臭椿、四照花、黑壳楠、青冈等树种组成，灌木层主要由卵叶钓樟、水麻、黄连木、亮叶忍冬、香叶树、青川箭竹、猫儿刺、山核桃、绢毛绣线菊、马桑、八仙花、悬钩子、光叶高粱泡、蔷薇、粗榧、火棘、云实、金丝桃、桦叶荚蒾、青荚叶等植物组成，草本层主要由蕨类、鸢尾、白酒草、沿阶草、求米草、蝴蝶花、香薷、金挖耳、蒿、马鞭草、沿阶草、冷水花、楼梯草、苔草、荨麻、益母草、天名精等植物组成。

Ⅳ．受胁因子

从香果树调查分布区（点）来看，多分布于村庄、道路及林缘，受人为砍伐的风险大，其他干扰次之；干扰强度以弱度干扰为主，无干扰次之。

Ⅴ．保护对策与建议

① 加大生态环境保护和野生植物资源生态功能的宣传，提高人们的生态保护意识和对野生植物资源的保护意识，杜绝或明显减少人为破坏野生植物资源。

② 通过资助液化气灶、气罐，太阳灶、煤炭等，逐步改变传统的依赖薪材的生活方式。

③ 加大宣传教育力度，提高社区群众对珍稀植物的识别能力和保护意识。

表3-4-47　香果树分布县（区、市）资源情况统计表

单位：公顷、株

县 （区、市）	群落类型	面积			数量								
		小计	保护 区内	保护 区外	小计			保护区内			保护区外		
					成树	幼树	幼苗	成树	幼树	幼苗	成树	幼树	幼苗
文县	落叶阔叶杂木林	12.00		12.00	11						11		
	落叶阔叶林	3375.00	3375.00		9134	1509	581	9134	1509	581			
	合计	3387.00	3375.00	12.00	9145	1509	581	9134	1509	581	11		
武都区	落叶阔叶杂木林	5.09	5.09		151	10		151	10				
	落叶阔叶林	161.00	161.00		311			311					
	侧柏林	0.03		0.03	1						1		
	春榆水曲柳林	0.04		0.04	3						3		
	农林间作型	1.59	1.59		24			24					
	青冈落叶 阔叶混交林	3.11	1.57	1.54	53			39			14		
	农果间作型	0.88	0.88		17			17					
	落叶阔叶灌丛	0.05	0.05		3			3					
	合计	171.78	170.17	1.61	563	10		545	10		18		
康县	栓皮栎林	0.10		0.10	2						2		
总计		3558.88	3545.17	13.71	9711	1519	581	9680	1519	581	31		

（26）宜昌橙 *Citrus ichangensis*

★ 物种简要信息：芸香科Rutacerae，小乔木或灌木，省级保护植物。

★ 分布：上次调查没有发现。本次调查采用实测法，主要分布于甘肃陇南文县白水江国家级自

表3-4-48　香果树分布保护区资源情况统计表

单位：公顷、株

保护区	级别	所在县（区、市）	群落类型	面积	株数		
					成树	幼树	幼苗
白水江	国家级	文县	落叶阔叶林	3375.00	9134	1509	580.5619
	国家级	武都区	落叶阔叶林	161.00	311		
	合计			3536.00	9446	1509	581
裕河金丝猴	省级	武都区	落叶阔叶杂木林	5.09	151	10	
	省级	武都区	农林间作型	1.59	24		
	省级	武都区	青冈落叶阔叶混交林	1.57	39		
	省级	武都区	农果间作型	0.88	17		
	省级	武都区	落叶阔叶灌丛	0.05	3		
	合计			9.17	234	10	
总计				3545.17	9680	1519	581

然保护区内。宜昌橙水平分布于碧口李子坝杜家院郑家沟、马家桥正水沟，分布海拔在1100～1230米。

★ 数量：本次调查宜昌橙分布面积26.00公顷，调查总株数5株。均在白水江国家级自然保护区内。具体资源分布面积及资源量详见表3-4-49和表3-4-50。

★ 评价

宜昌橙具有很高的营养价值和药用价值。维生素C含量很高，减少胆结石的发病率；常吃宜昌橙可以防癌，行气宽中。

Ⅰ. 资源分布及资源量对比

第一次调查宜昌橙的分布及资源量不详。本次调查分布在白水江国家级自然保护区内，面积为26.00公顷，成树种群数量5株。

Ⅱ. 所处典型群落对比

第一次调查宜昌橙所处的典型群落不详。本次调查宜昌橙所处的典型群落类型为落叶阔叶林。

Ⅲ. 种群结构对比

宜昌橙的生长区属于落叶阔叶混交林带，乔木层主要由化香树、八角枫、穗花杉、山楠等植物组成，灌木层由青川箭竹、悬钩子、火棘、亮叶忍冬等组成，草本层主要由蕨、蝴蝶花、楼梯草等组成。

Ⅳ. 受胁因子

从宜昌橙调查分布区（点）来看，受干扰类型以人为采挖方式为主，其他干扰次之；干扰强度以弱度干扰为主，无干扰次之。

Ⅴ．保护对策与建议

① 加大生态环境保护和野生植物资源生态功能的宣传，提高人们的生态保护意识和对野生植物资源的保护意识，杜绝或明显减少人为破坏野生植物资源。

② 加大巡护和监测力度，严厉打击各类破坏资源的违法行为。

③ 加大宣传教育力度，提高社区群众对珍稀植物的识别能力和保护意识。

表3-4-49　宜昌橙分布县（区、市）资源情况统计表

单位：公顷、株

县（区、市）	群落类型	面积			数量								
		小计	保护区内	保护区外	小计			保护区内			保护区外		
					成树	幼树	幼苗	成树	幼树	幼苗	成树	幼树	幼苗
文县	落叶阔叶林	26.00	26.00		5	7		5	7				

表3-4-50　宜昌橙分布保护区资源情况统计表

单位：公顷、株

保护区	级别	所在县（区、市）	群落类型	面积	株数		
					成树	幼树	幼苗
白水江	国家级	文县	落叶阔叶林	26.00	5	7	

（27）油樟 *Cinnamomum longepaniculatum*

★ 物种简要信息：樟科Lauraceae，乔木，国家二级保护植物。

★ 分布：上次调查在文县、康县零星发现4株。

本次调查采用样方法和实测法，分布于武都区、徽县、康县、文县。

★ 数量：本次调查油樟分布面积998.94公顷，调查总株数15015株。其中：保护区内918.76公顷，14998株；保护区外80.18公顷，17株。其中：

徽县分布100.74公顷，11株。其中：保护区内（小陇山）66.89公顷，8株；保护区外33.86公顷，3株。

康县分布0.12公顷，1株，均在保护区内（阳坝风景区）。

文县分布685.08公顷，12524株。其中：保护区内（白水江）638.88公顷，12511株；保护区外46.20公顷，13株。

武都区分布212.99公顷，2479株，均在保护区内（白水江、裕河）。

具体资源分布面积及资源量详见表3-4-51和表3-4-52。

★评价

油樟是天然香料油，不含毒素；主要产品是桉叶素，国际市场需求很大，并且是成片造林和四旁绿化的首选树种。

Ⅰ．资源分布及资源量对比

第一次调查油樟在文县、康县零星发现4株。本次调查分布在武都区、徽县、康县、文县，面积为998.94公顷，成树种群数量15015株。与上次相比，株数增加15011株。

Ⅱ．所处典型群落对比

第一次调查油樟所处的典型群落为落叶阔叶林。本次调查油樟所处的典型群落类型为常绿落叶阔叶混交林、枫杨林、落叶常绿栎类混交林、落叶阔叶林、落叶阔叶杂木林、农林间作型、青冈落叶阔叶混交林、锐齿槲栎林、栓皮栎林、一般落叶阔叶林10种。分布最多的是落叶阔叶林，14978株，占总量的99.75%。

Ⅲ．种群结构对比

本次调查油樟生长种群有10种，乔木层主要由枫香、甘肃枫杨、山核桃、板栗、灯台树、楠木、拐枣、光叶珙桐、青冈、珊瑚朴、枹栎、山楠、鹅耳枥、野樱桃、黑壳楠、青麸杨、泡桐、杜仲等树种组成，灌木层主要由黄栌、卵叶钓樟、荚蒾、香叶树、卫矛、山核桃、猫儿刺、盐肤木、光叶高粱泡、忍冬、棣棠、粉叶槭、香叶树、亮叶忍冬、连翘、悬钩子、云实等植物组成，草本层主要由蕨类、苔草、荨麻、蒿、鸢尾、蝴蝶花、牛膝、变豆菜、沿阶草、金线草、羊胡子草、益母草等植物组成。

Ⅳ．受胁因子

从油樟调查分布区（点）来看，受干扰类型以砍伐挖根熬樟木油的较多，其他干扰次之；干扰强度以弱度干扰为主，无干扰次之。

Ⅴ．保护对策与建议

① 加大生态环境保护和野生植物资源生态功能的宣传，提高人们的生态保护意识和对野生植物资源的保护意识，杜绝或明显减少人为破坏野生植物资源。

② 加大巡护和监测力度，严厉打击各类破坏资源的违法行为。

③ 加大宣传教育力度，提高社区群众对珍稀植物的识别能力和保护意识。

表3-4-51　油樟分布县（区、市）资源情况统计表

单位：公顷、株

县（区、市）	群落类型	面积			数量								
		小计	保护区内	保护区外	小计			保护区内			保护区外		
					成树	幼树	幼苗	成树	幼树	幼苗	成树	幼树	幼苗
文县	落叶阔叶杂木林	4.60		4.60	3						3		
	落叶阔叶林	638.88	638.88		12511	29814	4792	12511	29814	4792			
	落叶常绿栎类混交林	41.60		41.60	10						10		
	合计	685.08	638.88	46.20	12524	29814	4792	12511	29814	4792	13		

（续表）

县（区、市）	群落类型	面积			数量							
		小计	保护区内	保护区外	小计			保护区内			保护区外		
					成树	幼树	幼苗	成树	幼树	幼苗	成树	幼树	幼苗
武都区	落叶阔叶林	211.42	211.42		2467	32770		2467	32770				
	农林间作型	0.48	0.48		5			5					
武都区	青冈落叶阔叶混交林	1.02	1.02		5			5					
	常绿落叶阔叶混交林	0.07	0.07		2			2					
	合计	212.99	212.99		2479	32770		2479	32770				
徽县	锐齿槲栎林	17.96		17.96	2	1					2	1	
	枫杨林	15.90		15.90	1	1					1	1	
	一般落叶阔叶林	66.89	66.89		8			8					
	合计	100.74	66.89	33.86	11	2		8			3	2	
康县	栓皮栎林	0.12		0.12	1						1		
总计		998.94	918.76	80.18	15015	62587	4792	14998	62585	4792	17	2	

表3-4-52 油樟分布保护区资源情况统计表

单位：公顷、株

保护区	级别	所在县（区、市）	群落类型	面积	株数		
					成树	幼树	幼苗
白水江	国家级	文县	落叶阔叶林	638.88	12511	29814	4792
	国家级	武都区	落叶阔叶林	211.42	2467	32770	
	合计			850.30	14978	62585	4792
裕河金丝猴	省级	武都区	农林间作型	0.48	5		
	省级	武都区	青冈落叶阔叶混交林	1.02	5		
	省级	武都区	常绿落叶阔叶混交林	0.07	2		
	合计			1.57	12		
小陇山	国家级	徽县	一般落叶阔叶林	66.89	8		
总计				918.76	14998	62585	4792

第五章　人工培植资源状况

5.1　调查对象

（1）具有独立法人资质且以迁地保护、种源保存和种源培育为目的人工培植场所，如小陇山麦积植物园、民勤沙生植物园；

（2）列入实施细则附录1表1.2人工培植资源调查物种名录的所有物种。

5.2　调查方法

人工培植资源调查采用下发表格和现地抽查相结合的调查方法。对全省人工培植的物种各调查单位元进行收集材料，现地走访，详细了解栽培地点、面积、株数、产值及栽培目的，认真填写统计表。

5.3　调查物种

银杏、水杉、红豆杉、南方红豆杉、杜仲、白梭梭、梭梭、核桃（胡桃）、厚朴、凹叶厚朴、梓叶槭、庙台槭、水曲柳、肉苁蓉。

5.4　调查结果

经调查甘肃省进行人工栽培目的物种有红豆杉、厚朴、庙台槭、水曲柳4种。

红豆杉培植面积13.742公顷，株数25006株，在小陇山植物园、党川林场、观音林场。

厚朴培植面积0.035公顷，株数17株，在小陇山植物园。

庙台槭培植面积0.032公顷，株数21株，为引进种，在小陇山植物园。

水曲柳培植面积0.01公顷，株数3株，为引进种，在小陇山植物园。

第六章 保护管理状况

6.1 管理体制及机构建设

6.1.1 管理体制

根据《中华人民共和国野生植物保护条例》和《中华人民共和国森林法》的规定，县级以上地方人民政府林业主管部门主管本地区的林业工作。更是为了适应野生重点保护植物保护管理工作的新形势，建立健全野生植物资源与环境管理体制、机构、队伍，1985年甘肃省编制委员会批准成立甘肃省林业厅自然保护野生动物管理局，正县建制（甘编〔1985〕019号），为省林业厅直属单位，目前在职人员工31名。其中：管理人员5人，专业技术人员19人，工勤人员7名。在各市（州）、县（市、区）林业局也相继建立了相应的机构，并配备了专（兼）职人员。因此，本省野生植物实行分部门分级管理。其中，省林业厅野生动物管理局是全省野生植物和林区外珍贵野生树木的行政主管部门，市（州）林业行政部门主管辖区内的林区内野生植物和林区外珍贵野生树木，县（市、区）林业行政部门主管辖区内的林区内野生植物和林区外珍贵野生树木。各级有了专门从事野生动植物保护管理的工作机构，为依法开展野生动植物保护管理工作提供了组织保证。

6.1.2 机构建设

（1）省级野生植物行政主管部门

根据《中华人民共和国野生植物保护条例》和甘肃省编制委员会批准成立甘肃省林业厅自然保护野生动物管理局的文件（甘编〔1985〕019号），甘肃省林业厅设甘肃省野生动植物管理局，主管全省陆生野生动植物保护工作。管理职能是：组织指导和监督全省陆生野生动植物资源的保护和合理开发利用；承担陆生野生动物救护繁育、猎捕等监督管理工作；监督管理陆生野生动植物进出口工作；拟定及调整全省重点保护的陆生野生动物、植物名录；组织全省野生动植物资源的调查、监测、统计和建档工作；管理全省野生动物疫源疫病监测；草拟湿地保护管理的有关规划标准和工作规范；编制全省性、区域性湿地保护规划并组织实施；组织全省湿地资源调查、动态监测和统计；协调全省湿地保护管理和有关国际履约的具体工作，协助开展有关湿地保护的国际合作工作。

（2）市级野生植物管理机构

截至2017年底，全省有市级野生植物行政管理机构13个。

（3）县级野生植物管理机构

截至2017年底，全省有县级野生植物行政管理机构76个。

（4）乡级野生植物管理机构

乡级野生植物管理机构的构成比较复杂，有的是县级野生植物主管部门的派出机构，属林业部门管理，有的是县级野生植物主管部门的委托机构，属县乡双重领导或属乡镇管理。截至2017年底，全省有乡级野生植物管理机构1300个（包括林场、苗圃）。

6.1.3 队伍建设

随着野生动植物资源保护法律法规的不断完善，对野生植物资源保护意识的不断加强，经过多年的发展壮大，全省林业系统内已建立起一套比较完整的野生动植物保护管理队伍，初步形成了野生动植物保护管理网络，但管理人员的管理水平和专业技能有待进一步提高。

据不完全统计表明，本省野生动植物保护管理体系基本形成，野生动植物的保护管理队伍基本稳定并逐步发展壮大，省级、市级野生动植物管理人员多数受过野生动植物管理及相关学科的专业培训，县级、乡级的管理人员大多数未受过专业训练，缺乏相应的管理技能和专业技术知识，而且多数人员的学历较低。

6.2 法制建设

6.2.1 立法现状

作为较早一批《生物多样性公约》的缔约国，我国特别重视生物多样性保护的立法研究以及与此相关的法律制度的创建，并且中国率先完成了《中国生物多样性保护行动计划》，在国际社会中产生了积极的正面影响。鉴于我国生物多样性保护的立法研究尚未成熟，因此，我国生物多样性保护的法律制度尚未形成完整的法律法规体系，相关方面的规定也是散落在宪法、法律、行政法规、地方性法规以及规章等规范性法律文件当中，彼此之间并没有形成较强的逻辑，仅仅限于零星罗列；再一方面，由于我国生物多样性资源无比丰富，物种资源多种多样，生态系统复杂多变，因此，我国也很难一步到位制定出一部系统的基本法规，只是有针对性地就具体的某一种物种进行立法研究保护，致使我国的生物多样性保护立法范围无比广泛，涉及动物、植物、微生物、自然保护区、海洋、河流、湿地、转基因生物安全、风景名胜区、森林、草原及沙漠等。

对我国生物多样性保护的规制的成文法律形式主要有宪法、法律、行政法规、地方性法规以及规章，以地方性法规为主。涉及植物多样性保护的宪法、法律、行政法规、地方性法规以及规章如下：

6.2.1.1 宪法

宪法对我国生物多样性保护的规定极其少、极其精简、极其抽象，纵观宪法全文，只有第9条第2款、第26条对生物多样性保护作出了基础性规定。宪法规定的内容大体是保护珍贵的动植物，保护人类生存的生态环境免受污染，但是，认真审读，字里行间我们会发现宪法是为了人类利用资源才保护生物多样性的。

6.2.1.2 法律

（1）1979年7月1日第五届全国人民代表大会第二次会议通过，1979年7月6日全国人民代表大会常务委员会委员长令第五号公布，自1980年1月1日起施行《中华人民共和国刑法》；

（2）1984年9月20日第六届全国人大常委会第七次会议通过，1998年修正后颁布实施的《中华人民共和国森林法》；

（3）1985年6月制定2009年修改的《中华人民共和国草原法》；

（4）1989年颁布2014年修订的《中华人民共和国环境保护法》；

（5）《中华人民共和国海关法》由第六届全国人民代表大会常务委员会第十九次会议于1987年1月22日修订通过，自1987年7月1日起施行；

（6）《中华人民共和国进出境动植物检疫法》由1991年10月30日第七届全国人民代表大会常务委员会第二十二次会议通过，1991年10月30日中华人民共和国主席令第五十三号公布，自1992年4月1日起施行；

（7）2001年制定的《中华人民共和国防沙治沙法》。

此外，与野生植物及其生境有关的法律还有《中华人民共和国农业法》《中华人民共和国土地管理法》《中华人民共和国水土保持法》《中华人民共和国种子法》等。这些法律依据宪法第9条，第26条的说明，从不同侧面出发对我国生物多样性保护作出规定，比如保护生物资源、防止环境污染等等。这些法律的制定颁布为国务院的行政法规、地方性法规以及规章的制定提供了合法的依据，可以有效的具体地展开对我国生物多样性保护的立法工作。除此之外的一些基本法律，诸如《刑法》《刑事诉讼法》等也对我国生物多样性保护进行了规制，为我国生物多样性保护提供了实体和程序上的合法依据。

6.2.1.3 行政法规

（1）1985年6月21日经国务院批准，1985年7月6日林业部发布实行《森林和野生动物类型自然保护区管理办法》；

（2）1987年10月30日国务院颁布《野生药材资源保护管理条例》；

（3）1988年6月7日发布实施《风景名胜区管理暂行条例》，目的是加强风景名胜区的管理，更好地保护、利用和开发风景名胜资源，包括野生植物资源；

（4）1993年《水土保持法条例》及《中药品种保护条例》；

（5）1994年9月2日经国务院批准发布，1994年12月1日起实行的《中华人民共和国自然保护区条例》；

（6）1996年9月30日国务院颁布《中华人民共和国野生植物保护条例》。这是野生植物保护的唯一的专门行政法规；

（7）1997年颁布的《进出境动植物检疫法实施办法》和《植物新品种保护办法》；

（8）1999年8月4日国务院批准，国家林业局、农业部公布《国家重点保护野生植物名录（第一批）》，分一、二级；

（9）2000年1月29日国务院发布《中华人民共和国森林法实施条例》，自2000年1月29日起实施；2016年2月6日，根据《国务院关于修改部分行政法规的决定》（中华人民共和国国务院令第666号），修改了《中华人民共和国森林法实施条例》，自2016年2月6日起实施。

这些行政法规一部分或者说大多数并不是以植物生物多样性保护为目标或者以其作为立法目的的，但是，它们在一定程度上对植物生物多样性的保护起到了重要的作用。

6.2.1.4 地方性法规以及行政规章

地方性法规以及行政规章中涉及植物多样性保护的有《农业野生植物管理办法》（1987）、《植物检疫条例实施细则》（1995年）、《水生动植物自然保护区管理办法》（1997年）、《林木种质资源管理办法》（2007年）、《植物新品种保护项目管理暂行办法》（2008年）、《国家森林公园管理办法》（2011年）等。

甘肃省林业和草原局紧扣林业和环保主题，开展各种法制建设和宣传活动。近年来，累计向社会发放林业和环境保护法律法规政策汇编5500余册（份），宣传资料（图片）9000余份，张贴标语（横幅）6500余条，多次利用宣传车到各地巡回宣传，组织法律咨询260次；通过一系列的宣传活动，全省林业建设和环境保护事业取得良好社会影响。坚持 "保护与发展并重""具体问题具体分析"的原则。

目前，甘肃省关于野生植物颁布的各项法律法规有：《甘肃省野生植物保护条例》《甘肃民勤连古城国家级自然保护区管理条例》《甘肃祁连山国家级自然保护区管理条例》《甘肃尕海则岔国家级自然保护区管理条例》等。

6.2.2 执法情况

自《中华人民共和国野生植物保护条例》颁布以来，野生植物及其生境的保护管理做到了有法可依，有章可循，全省各地的野生动植物保护管理取得了明显的进展。

甘肃省主要在以下几个方面进行了严格执法：

（1）每年组织开展各辖区内野生动植物保护管理执法大检查或专项治理行动；

（2）对经营利用、繁殖野生植物的单位定期进行执法检查，严格取缔无证繁殖和打击无证经营或超额、变相经营野生植物的违法行为；

（3）对野生植物运输管理做到运输有证，证货一致，证货同行；积极协同其他交通运输部门检查野生植物运输情况；

（4）对进入集贸市场的野生植物及其产品，协同工商行政管理部门进行检查，做到野生植物定点、定量、定种经营，经营利用接受管理部门监督，对违法行为依法处罚；

（5）对野生植物的进出口贸易严格按国家规定和国际贸易公约的要求进行，杜绝非法进出口贸易。

近年来，全省各级森林公安机关按照国家林业和草原局、公安部的部署，在各地党委、政府和林业部门、公安机关的统一领导下，在各地野生动植物保护部门、公安机关各警种的密切配合下，重拳出击、连续作战，从破坏野生动植物资源违法犯罪发生的各个环节入手，打击破坏野生动植物资源的行为，不断加强对野生动植物及其栖息地的保护，取得了显著成效。

但必须清楚地认识到，由于目前在法律上缺少可实际操作的依据，多头管理体制的缺陷，加上各级政府对野生动植物保护的重视程度不够，个别执法部门有"重动物轻植物，重林木轻灌草"的思想，以及资金不足、专业技术人员缺乏等因素的影响，阻碍了野生植物保护事业的健康发展。虽然各地破坏野生植物及其生境的行为时有发生，但能给予其行政、甚至刑事处分的并不多，对案件的查处还处于抓要案、抓典型上，而且对大案的处理也主要集中在近几年，日常系统的执法和集中的打击行动尚未开展起来，野生植物行政执法尚处于起步阶段，明显滞后于资源林政和野生动物的执法。

6.3 保护区建设

就地保护是生物多样性保护最为有效的途径，也是珍稀濒危植物保护的重要手段，而建立自然保护区则是实现就地保护的最佳方式。建立自然保护区，不仅保护了自然资源和自然环境，保存了生物多样性，拯救珍稀濒危野生动植物物种，维持生态系统平衡，而且对于开展科学研究、文化教育和旅游事业，实施生态、社会、经济的可持续发展战略，有效地履行国际公约均具有重要的意义。

甘肃省政府对自然资源和自然环境保护工作非常重视，使得自然保护区建设事业发展迅速。近50多年来，经历了从无到有、从小到大的发展过程，目前已初步形成了国家级、省级、市级、县级自然保护区网络体系（表3-6-1）。

表3-6-1　甘肃省保护区统计表

序号	保护区	行政区域	面积（公顷）	主要保护对象	类型	级别	始建时间	主管部门
甘01	连城	永登县	47930	森林生态系统及祁连柏、青扦等物种	森林生态	国家级	2001-04-01	林业
甘02	兴隆山	榆中县	33301	森林生态系统及马麝等野生动物	森林生态	国家级	1986-01-11	林业
甘03	茇茇泉	金昌市金川区	51070	荒漠生态系统及野生动植物	荒漠生态	省级	2005-08-06	林业
甘04	崛吴山	白银市平川区	3715	天然次生林	森林生态	省级	2002-01-14	林业
甘05	哈思山	靖远县	8400	森林及云杉、油松	森林生态	省级	2002-01-14	林业
甘06	铁木山	会宁县	749	森林生态系统、灰雁	森林生态	省级	1992-04-01	林业
甘07	黄河石林	景泰县	3040	石林地貌	地质遗迹	省级	2001-03-05	国土
甘08	寿鹿山	景泰县	10875	森林生态系统及林麝等物种	森林生态	省级	1980-01-01	林业
甘09	秦州大鲵	天水市秦州区	2350	大鲵及其生境	野生动物	省级	2010-07-19	农业
甘10	武威沙生植物	武威市凉州区	850	沙生植物	荒漠生态	县级	1972-11-01	其他
甘11	民勤连古城	民勤县	389882.5	荒漠生态系统及黄羊等野生动物	荒漠生态	国家级	1982-01-01	林业
甘12	昌岭山	古浪县	3679	云杉及水源涵养林	森林生态	省级	1987-05-01	林业

（续表）

序号	保护区	行政区域	面积（公顷）	主要保护对象	类型	级别	始建时间	主管部门
甘13	龙首山	张掖市甘州区	2550	青海云杉及岩羊等野生动物	森林生态	县级	1990-01-01	林业
甘14	东大山	张掖市甘州区	5045	森林生态系统	森林生态	省级	1980-01-01	林业
甘15	张掖黑河湿地	高台县、张掖市甘州区、临泽县	41164.56	湿地及珍稀鸟类	内陆湿地	国家级	1992-12-10	环保
甘16	太统－崆峒山	平凉市崆峒区	16283	温带落叶阔叶林及野生动植物	森林生态	国家级	1982-01-01	林业
甘17	甘肃祁连山	武威市、张掖市、酒泉市	230000	水源涵养林及珍稀动物	森林生态	国家级	1987-01-01	林业
甘18	沙枣园子	金塔县	163404	森林生态系统	森林生态	省级	2002-01-14	林业
甘19	疏勒河中下游	瓜州县	324200	湿地生态系统及野生动植物	内陆湿地	省级	2002-01-14	林业
甘20	安西极旱荒漠	安西县	800000	荒漠生态系统及珍稀动植物	荒漠生态	国家级	1987-06-02	环保
甘21	马鬃山	肃北蒙古族自治县	480000	岩羊等野生动物	野生动物	省级	2001-04-10	林业
甘22	盐池湾	肃北蒙古族自治县	1360000	白唇鹿、野牦牛、野驴等珍稀动物及其生境	野生动物	国家级	1982-04-01	林业
甘23	小苏干湖	阿克塞哈萨克族自治县	2400	天鹅、黑颈鹤等候鸟及湖泊湿地	野生动物	省级	1982-10-11	林业
甘24	大苏干湖	阿克塞哈萨克族自治县	9640	天鹅、黑颈鹤等珍禽及其生境	野生动物	省级	1982-10-11	林业
甘25	安南坝野骆驼	阿克塞哈萨克族自治县	396000	野骆驼、野驴等野生动物及荒漠草原	野生动物	国家级	1982-12-11	林业
甘26	干海子候鸟	玉门市	300	鸟类及其生境	野生动物	省级	1982-01-01	林业
甘27	昌马河	玉门市	68250	高山荒漠	荒漠生态	省级	1996-03-21	林业
甘28	南泉湿地	玉门市	111400	湿地生态系统及荒漠动物	内陆湿地	县级	1999-01-01	林业
甘29	玉门南山	玉门市	152900	野生动物及其生境	野生动物	省级	2002-01-14	林业
甘30	敦煌雅丹	敦煌市	39840	雅丹地貌	地质遗迹	省级	2001-12-14	国土
甘31	敦煌西湖	敦煌市	660000	野生动物及荒漠湿地	野生动物	国家级	1992-12-14	林业
甘32	敦煌阳关	敦煌市	88177.71	湿地生态系统及候鸟	内陆湿地	国家级	1994-10-08	环保

（续表）

序号	保护区	行政区域	面积（公顷）	主要保护对象	类型	级别	始建时间	主管部门
甘33	合水子午岭	华池县、合水县、正宁县、宁县	242106	水源涵养林及野生动植物	森林生态	省级	2005-02-02	林业
甘34	仁寿山	陇西县	520	森林生态系统	森林生态	省级	1997-07-11	环保
甘35	贵清山	漳县	1114	野生动植物资源	野生动物	省级	1992-06-01	林业
甘36	漳县秦岭细鳞鲑	漳县	25330	细鳞鲑及其生境	野生动物	省级	2005-02-02	农业
甘37	岷县双燕	岷县	64000	森林、自然景观	森林生态	省级	2002-01-14	林业
甘38	裕河金丝猴	陇南市武都区	74944	金丝猴及森林生态系统	野生动物	省级	2002-01-14	林业
甘39	鸡峰山	成县	52441	梅花鹿及其生境	野生动物	省级	2005-01-01	林业
甘40	尖山	文县	10040	大熊猫及森林生态系统	野生动物	省级	1992-12-16	林业
甘41	文县大鲵	文县	13579	大鲵及其生境	野生动物	省级	2004-05-09	农业
甘42	博峪河	文县、舟曲县	91712	大熊猫及其生境	野生动物	省级	2006-11-21	林业
甘43	白水江	文县	183799	大熊猫、金丝猴、扭角羚等野生动物	野生动物	国家级	1978-01-01	林业
甘44	龙神沟	康县	100	白冠长尾雉等珍稀动物及其生境	野生动物	县级	1986-10-03	林业
甘45	康县大鲵	康县	10247	湿地生态系统和野生动物	野生动物	省级	2009-10-21	农业
甘46	礼县香山	礼县	11330	森林生态系统	森林生态	省级	1992-07-03	林业
甘47	小陇山	徽县、两当县	31938	扭角羚、红腹锦鸡等野生珍稀动植物	野生动物	国家级	1982-11-03	林业
甘48	黑河	两当县	3495	扭角羚等珍稀动物及自然生态系统	野生动物	省级	1982-11-03	林业
甘49	太子山	临夏回族自治州、甘南藏族自治州	84700	水源涵养林及野生动植物	森林生态	国家级	2005-01-01	林业
甘50	甘肃莲花山	康乐、临潭、卓尼、渭源、临洮等县	11691	森林生态系统	森林生态	国家级	1982-12-03	林业
甘51	刘家峡恐龙足迹群	永靖县	1500	恐龙足迹化石	古生物遗迹	省级	2001-11-23	国土
甘52	黄河三峡湿地	永靖县	19500	湿地生态系统及水生动植物	内陆湿地	省级	1995-02-10	林业
甘53	洮河	卓尼县、临潭县	287759	森林生态系统	森林生态	国家级	2005-02-02	林业

（续表）

序号	保护区	行政区域	面积（公顷）	主要保护对象	类型	级别	始建时间	主管部门
甘54	插岗梁	舟曲县	114361	野生动物及其生境	野生动物	省级	2005-06-09	林业
甘55	多儿	迭部县	55275	大熊猫及其生境	野生动物	省级	2004-10-12	林业
甘56	白龙江阿夏	迭部县	135536	大熊猫及其生境	野生动物	省级	2004-09-12	林业
甘57	玛曲青藏高原土著鱼类	玛曲县	27416	土著鱼类	野生动物	省级	2005-02-02	农业
甘58	黄河首曲湿地候鸟	玛曲县	37500	珍稀鸟类	野生动物	省级	1995-11-23	林业
甘59	尕海—则岔	碌曲县	247431	黑颈鹤等野生动物、高寒沼泽湿地森林生态系统	森林生态	国家级	1982-09-02	林业

甘肃省目前共建自然保护区46处（林业部门管理），面积6292745.5公顷。其中：国家级自然保护区14处，面积3980714.5公顷；省级自然保护区29处，面积2197981公顷；县级自然保护区3处，面积114050公顷。

本次调查物种在自然保护区中的分布情况：24个自然保护区内有物种分布。其中：国家级保护区8个，分别是安南坝、盐池湾、敦煌西湖、祁连山、连古城、小陇山、白水江、洮河；省级保护区11个，分别是安西极旱荒漠、南山、沙枣园子、鸡峰山、裕河自然保护区、黑河、尖山、阿夏、插岗梁、博峪河、多儿；风景区5个，分别是康县阳坝自然风景区、小陇山国家级森林公园、文县天池、大峡沟、腊子口。

本次自然保护区调查面积129569.04公顷，占调查总面积的6.90%；株数241257815株，占调查总株数的7.43%。

总之，本省自然保护区网络体系已基本形成，自然保护区的类型除野生动植物类型外，还包括森林生态系统、荒漠生态系统、湿地生态系统，自然保护区保护了全省大部分珍稀濒危野生动植物及其栖息地，为我国野生动植物资源保护做出了巨大贡献。

6.4 科学研究

6.4.1 科学研究体系

野生植物保护管理工作需要有科学理论来指导、做支撑。经过60多年的努力和发展，本省在植物研究方面造就了一支高素质的科学研究队伍，主要包括全省林业系统的直属科研机构和各大专院校。全省野生植物科学研究体系基本形成，主要由以下机构组成：

（1）林业系统的直属科研机构

甘肃省林业科学研究院是甘肃省林业系统的科研机构，长期以来一直从事野生植物科学研究工作。

甘肃省野生动植物保护管理局为省林业厅直属单位，自成立以来一直从事野生动植物保护与管理工作。

此外，各市（州）林科所也都开展野生植物方面的研究工作。

（2）有关大专院校

全省各大学生物系、生命科学学院、林学院、生态环境学院等均是本省野生植物研究的重要组成部分，长期以来一直从事野生植物的科学研究工作，为野生植物的科学研究工作做出了重要贡献。

6.4.2　科学研究现状

本省野生植物资源研究工作经过几代植物学工作者和林业部门的科技人员的共同努力，开展了多领域、多学科的研究，取得了丰硕成果。

（1）区域性植物分类、区系、分布的调查研究

多年来，本省的植物研究工作者不辞辛苦，踏遍全省各地，大量收集植物标本，对全省的植被进行调查研究，取得了一系列的成果。出版了《甘肃植物志》《甘肃植被》《甘肃草本植物图鉴》等，同时也出版了《甘肃省小陇山高等植物志》《甘肃盐池湾国家级自然保护区植物图鉴》《森林植物图谱——甘肃连古城国家级自然保护区》等地方性志书的编撰工作。另外，一些植物学工作者对区内部分区域植被的分类、区划、地理分布、植物区系成分及植物群落生态特征等方面做了许多研究工作。

（2）珍稀濒危植物的调查研究

全省结合本地区的植物资源情况，有针对性地开展了一系列科学研究工作，内容涉及珍稀濒危植物的资源储量调查、保护生物学研究、就地和迁地保护方式研究、引种驯化繁育培植技术研究、濒危机制的研究、开发利用途径的研究等方面。但研究的种类相对较少，仅有少数种类的国家重点保护植物在研究之列。

6.5　公众教育

野生植物保护是生物多样性和生态环境保护的重要内容之一，它是一项社会性很强的工作，需要全社会的广泛参与。因此本省非常重视公众的宣传教育。近年来，各地由各级人民政府负责、林业行政主管部门牵头、协调其他有关部门，就保护野生植物资源做了许多宣传工作，对公众起到了很好的教育作用，提高了公众保护野生植物资源的意识，促进了野生植物资源保护工作的深入开展。开展的公众教育特点如下：

6.5.1　宣传教育的形式多样

（1）野生植物保护需要大量具有专业知识的基层管理人员，而各地这方面的人员又十分缺乏，故进行专业培训显得十分必要。各级林业主管部门积极举办野生植物保护管理业务培训，采取"走出去，请进来"的办法，不断提高基层管理人员的素质。省林业厅每年都要组织大量的基层管理人员到有关大专院校、培训中心学习，或邀请专家来本地进行野生植物保护管理法律法规、野生植物保护

学、珍稀濒危植物识别、自然保护区管理学等多方面的授课培训。

（2）省内每年集中时间在辖区内各市县开展爱护野生动植物、保护大自然的宣传活动，使人们意识到保护植物与保护动物及保护自然同等重要，都是为了保护人类本身。在此期间，各地野生动植物行政主管部门及有关大学、科研院所组织宣传队，采取出动宣传车，散发各类宣传单、手册和图片，张贴宣传标语，举办野生动植物标本展览，组织有关咨询服务，开展动植物保护知识竞赛，举办绿色夏令营和骑行到保护区周围村庄与社区村民联欢、考察等方式，向广大人民群众、大中专院校、中小学校学生宣传有关法律、法规和科普知识。同时各地广播、电视、报纸、杂志等各种新闻媒体跟踪报道，扩大宣传面。

（3）各级林业行政主管部门充分利用新闻媒体信息快、覆盖面广、收效显著的优势，与电台、电视台、报纸、杂志、网络、微信公众号等新闻媒体合作，积极开展科普教育和野生植物保护宣传活动。

（4）关注并行动起来保护野生植物及其生存环境的群众团体和组织不断涌现，正形成不同层次的网络体系，协助主管部门开展工作。如甘肃省野生动植物保护协会等，它们在各个方面活动，使许多人进一步了解了野生植物保护的重要意义。

6.5.2　公众教育往往与法制教育、旅游宣传、社区管理结合进行

国家以及许多法律、规定、条例，或多或少地包含着保护野生植物资源的内容，通过对这些法律法规的普及宣传和执法工作，进行公众教育。本省在宣传国家《森林法》《野生动物保护法》《环境保护法》《水土保持法》《野生植物保护条例》《自然保护区条例》以及地方性法律法规的过程中，不仅普及了法律知识，提高了人们法律意识，同时也增强了人们保护野生植物资源的意识。另一方面，有关部门，如林业公安、林业工作站、检查站、野生动植物保护站，进行执法活动，公开报道查处的典型案件，既可以震慑违法人员，又能教育广大公众。另外，人们到植物园、树木园、标本馆、展览馆、自然保护区、森林公园、风景名胜区等参观游览的过程中，在享受大自然的同时，也接受了保护自然、保护野生植物的教育。人们生活的社区，"爱护花草树木"标牌的警示，时刻提醒人们要爱护植物，爱护大自然，爱护自身生存环境。

第七章 野生资源现状分析评价

本次全国野生植物资源调查甘肃省调查的特点是对分布在甘肃省范围内的28个国家调查种的资源量进行了定量调查，调查结果将作为今后全国和全省野生植物保护工作的科学依据，也是各级林业主管部门对资源进行开发利用的基本依据。

7.1 野生资源现状分析评价

7.1.1 概述

本省已经开展了两次全省性的重点保护野生植物资源调查，本次调查较第一次调查相比，本次增加国家调查物种13种，分别是：大果青扦、独花兰、红椿、厚朴、蒙古扁桃、庙台槭、南方红豆杉、肉苁蓉、沙拐枣、沙生柽柳、西康玉兰、宜昌橙、梓叶槭。梓叶槭在调查中均未发现野生植株。本次调查发现了大果青扦、独花兰、红椿、厚朴、蒙古扁桃、庙台槭、南方红豆杉、肉苁蓉、沙拐枣、沙生柽柳、西康玉兰、宜昌橙的分布单元和分布点。

7.1.2 种群数量和种群规模分析

每一物种均由不同规模（指个体数量）的若干种群组成，在一定地域、一定的自然环境条件下生存的个体群，完成着适应当地环境，繁衍后代的功能，称为"种群"或"居群"。同一物种在不同地区的种群，在遗传背景上基本一致，但有一定程度的差异，从而形成一定数量的"异质种群"。由于对种群（居群）的界定在我国野外调查实践中尚不明确，报告中较大范围的"分布点"来表示各个物种的地方居群大体数量，不是严格的"居群"概念。

本次共调查物种共有27种，而且每个种群的规模也不一样，存在着巨大的差异（表3-7-1）。

表3-7-1　国家重点保护野生植物种群现状统计表

种群现状	个体总数	种数	占总种数（%）
1. 野外未发现		0	0
2. 极稀有	≤10	5	18.52
3. 零星散布	11～100	1	3.70
4. 狭域散生	101～1000	4	14.81
5. 狭域散生为主	1001～5000	3	11.11

（续表）

种群现状	个体总数	种数	占总种数（%）
6. 散生为主，极少成片	5001～10000	1	3.70
7. 散生为主，有时成片	10001～50000	3	11.11
8. 散生为主，局部集中	50001～100000	0	0.00
9. 广布散生，偶尔集中成片	$10 < \sum n < 100$万	4	14.81
10. 局域广布，相对集中成片	$\sum n > 100$万	6	22.22
合计		27	100

（1）极稀有的，仅存≤10株的调查物种有大果青杆、珙桐、沙生柽柳、西康玉兰、宜昌橙5种，种群为极稀有种，株数为14株。其中大果青杆2株，分布在舟曲林业局；珙桐3株，分布在白水江国家级自然保护区；沙生柽柳3株，分布在敦煌西湖国家级自然保护区；西康玉兰1株，分布在陇南市康县；宜昌橙5株，分布在白水江国家级自然保护区内。以上物种占总种数的18.52%。因乱采盗挖，种群被分散成更小的种群，破碎化严重，更容易被消灭，亟待保护。

（2）零星散布的，仅存11～100株的调查物种只有一种，是南方红豆杉，种群为零星散布，株数为11株。其中武都区2株，两当县1株，白水江国家级自然保护区8株。以上物种占总种数的3.7%。

（3）仅存101～1000株的调查物种有独花兰、红豆树、厚朴、庙台槭4种，种群为狭域散生种，株数为1186株。其中独花兰127株，分布在陇南市康县、裕河省级自然保护区、白水江国家级自然保护区。红豆树166株，分布在陇南市康县、文县，裕河省级自然保护区，白水江国家级自然保护区。厚朴192株，分布在陇南市西和县、康县、文县，小陇山林业实验局，小陇山国家级自然保护区，白龙江林业管理局白水江林业局，裕河省级自然保护区，白水江国家级自然保护区。庙台槭701株，分布在小陇山林业实验局。以上物种占总种数的14.81%。

（4）仅存1001～5000株的调查物种仅有巴山榧树、红椿、连香树3种，种群以散生为主，极少成片，成树株数11346株。其中巴山榧树1582株，分布在陇南市成县、徽县、武都区，裕河省级自然保护区，小陇山林业实验局，小陇山国家级自然保护区，白水江国家级自然保护区。红椿2513株，分布在陇南市康县、文县，裕河省级自然保护区，白水江国家级自然保护区。连香树7251株，分布在陇南市康县、文县，小陇山林业实验局，甘南藏族自治州舟曲县、迭部县，白龙江林业管理局舟曲林业局、迭部林业局，裕河省级自然保护区，白水江国家级自然保护区。以上物种占总种数的11.11%。

（5）仅存5001～10000株的调查物种仅有香果树1种，种群以散生为主，极少成片，成树株数9711株。分布在陇南市康县、武都区、文县，裕河省级自然保护区，白水江国家级自然保护区。以上物种占总种数的3.70%。

（6）仅存10001～50000株的调查物种仅有光叶珙桐、水曲柳、油樟3种，种群以散生为主，有时成片分布，成树株数为97649株。其中光叶珙桐48245株，分布在文县，白水江自然保护区；水曲柳

34389株，分布在裕河省级自然保护区，小陇山林业实验局，小陇山国家级自然保护区，甘南藏族自治州舟曲县、迭部县、白水江国家级自然保护区。油樟15015株，分布在陇南市康县、文县，小陇山林业实验局，小陇山国家级自然保护区，裕河省级自然保护区，白水江国家级自然保护区。以上物种占总种数的11.11%。

（7）10万～100万株的调查物种有红豆杉、水青树、岷江柏木、秦岭冷杉4种，种群广布散生，偶尔集中成片，成树株数分别为474651株。其中红豆杉347891株，水青树126760株，岷江柏木（160590株），分布在陇南市武都区、文县，裕河省级自然保护区，甘南藏族自治州舟曲县，白龙江林业管理局舟曲林业局、白龙江林业局，白水江国家级自然保护区。秦岭冷杉（192733株），分布在陇南市宕昌县、文县、武都区，裕河省级自然保护区，小陇山林业实验局，小陇山国家级自然保护区，甘南藏族自治州舟曲县、迭部县，白龙江林业管理局舟曲林业局、白水江林业局、迭部林业局，白水江国家级自然保护区。以上物种占总种数的14.81%。

（8）＞100万株的共6种，种群局域广布，相对集中成片，物种（株数）依次为独叶草（2344104248株），分布在陇南市礼县、文县，甘南藏族自治州舟曲县、迭部县，白龙江林业管理局白水江林业局、迭部林业局、洮河林业局，洮河国家级自然保护区，白水江国家级自然保护区。裸果木（375380810株），分布在酒泉市瓜州县、敦煌市、玉门市、肃北蒙古族自治县、阿克塞哈萨克族自治县，安南坝国家级自然保护区，盐池湾国家级自然保护区，祁连山国家级自然保护区，连古城国家级自然保护区，张掖市肃南裕固族自治县，武威市民勤县，白银市景泰县。蒙古扁桃（46381667株），分布在酒泉市肃北蒙古族自治县，祁连山国家级自然保护区，连古城国家级自然保护区，张掖市高台县、临泽县、肃南裕固族自治县，金昌市永昌县，白银市景泰县。肉苁蓉（9685337株），分布在酒泉市肃北蒙古族自治县。沙拐枣（136534864株），分布在酒泉市肃州区、金塔县、瓜州县、敦煌市、肃北蒙古族自治县、阿克塞哈萨克族自治县，安南坝国家级自然保护区，敦煌西湖国家级自然保护区，连古城国家级自然保护区，武威市民勤县、石羊河林业总场。梭梭（317625902株），分布在酒泉市金塔县、瓜州县、敦煌市、肃北蒙古族自治县、阿克塞哈萨克族自治县，张掖市民乐县，金昌市金川区，武威市民勤县，敦煌西湖国家级自然保护区。以上物种多为异质性种群或较大规模种群的物种，其中不乏有局部地区种群和生境破碎化，建议采取必要的保护措施对它们进行有效的保护。以上物种占总种数的22.22%。

7.1.3 分布面积和分布点

表3-7-2 调查物种按所处群落面积分等级统计表

序号	数量级（公顷）	物种数（个）	比例（%）
1	不详	0	0
2	≤1	2	7.41
3	2～10	1	3.70

（续表）

序号	数量级（公顷）	物种数（个）	比例（%）
4	11～100	4	14.81
5	101～1000	8	33.33
6	1001～5000	6	18.52
7	5001～10000	1	3.70
8	10001～100000	2	7.42
9	100001～1000000	3	11.11
10	＞1000000	0	0
合计		27	100.00

（1）所处群落面积仅存≤1公顷的调查物种有大果青扦、沙生柽柳2种，分别占调查面积的0.00001%、0.000001%。所占物种数比例为7.41%。

（2）所处群落面积2～10公顷的调查物种有西康玉兰1种，占调查面积的0.0003%。所占物种数比例为3.70%。

（3）所处群落面积11～100公顷的调查物种有独花兰、珙桐、南方红豆杉、宜昌橙4种，分别占调查面积的0.002%、0.001%、0.001%、0.001%。所占物种数比例为14.81%。

（4）所处群落面积101～1000公顷的调查物种有巴山榧树、红椿、红豆树、厚朴、庙台槭、水曲柳、油樟、岷江柏木8种，分别占调查面积的0.04%、0.03%、0.33%、0.02%、0.03%、0.03%、0.06%、0.03%。所占物种数比例为29.63%。

（5）所处群落面积1001～5000公顷的调查物种有独叶草、光叶珙桐、连香树、水青树、香果树、秦岭冷杉6种，分别占调查面积的0.24%、0.06%、0.10%、0.16%、0.20%、0.07%。所占物种数比例为22.22%。

（6）所处群落面积5001～10000公顷的调查物种有红豆杉1种，占调查面积的0.33%。所占物种数比例为3.70%。

（7）所处群落面积10001～100000公顷的调查物种有蒙古扁桃、肉苁蓉2种，分别占调查面积的2.34%、2.53%。所占物种数比例为7.42%。

（8）所处群落面积100001～1000000公顷的调查物种有裸果木、沙拐枣、梭梭3种，分别占调查面积的33.92%、17.78%、41.03%。所占物种数比例为11.11%。

7.1.4 在群落中的地位

已调查的27种重点保护野生植物因其在群落中的地位和性质不同，而面临着不同的生态压力，影响着各自的生存状态，这也是每个物种的生物学特性所决定的。各物种在群落中所处地位可分为下列5种类型（表3-7-3）。

表3-7-3　各物种在群落中地位概况

群落中地位	物种名称
上层乔木（10种）	巴山榧树、大果青扦、珙桐、光叶珙桐、红椿、厚朴、岷江柏木、秦岭冷杉、水青树、水曲柳
中下层乔木（7种）	红豆杉、红豆树、连香树、庙台槭、南方红豆杉、香果树、油樟
灌丛建群种或优势种（5种）	裸果木、蒙古扁桃、沙拐枣、沙生柽柳、梭梭
林下灌木或藤本（2种）	宜昌橙、西康玉兰
林下草本（3种）	独花兰、独叶草、肉苁蓉

（1）处于森林群落上层的乔木

处于森林群落中第一层或上层的乔木种类共10种，占调查物种总数的37.04%。其中为建群种或优势种的有2种，其余8种为伴生种。这些物种均分布在山地森林中，幼苗的生长和天然更新或多或少存在着一些障碍，但幼树度过成长阶段后，将不再受压抑而处于优势地位。

（2）处于森林群落中下层乔木

处于森林群落中乔木中下层为伴生种的有7种，占总种数的25.93%。这类物种由于受到上层乔木的荫蔽，适应了较阴湿的环境，不耐直射阳光和炎热（冷冻）环境，一旦上层乔木被毁，容易连带受害。此外，这类树种的开花传粉过程在荫蔽条件下也比较脆弱，结实数量较少，故往往处于被压抑状态，实施保护时要求环境条件比较苛刻。

（3）灌丛建群种或优势种

处于灌丛植被中的灌木建群种或优势种共5种，占调查物种总数的18.52%。其中为建群种或优势种的有4种，其余1种为伴生种。这类物种均分布在荒漠地带和荒漠化草原地带，群落稀疏，种子和幼苗的更新主要受水分条件的限制。一旦度过幼苗期，形成庞大的根系后，将不再受压抑而处于优势地位。

（4）处于森林群落灌木层或层间层的灌木或藤本

处于森林群落灌木层或层间层的林下灌木共2种，占总种数的7.41%。由于长期适应于乔木层的较大荫蔽和静风、潮湿环境，大多植株分散而稀少，除能根蘖者外，繁殖能力不强；另外作为层间植物，对森林环境的依赖性很大，只有在适宜的群落环境中才能生存，一旦森林环境被破坏即很难生存，异地保护的难度也较大。

（5）处于森林群落林下的草本

林下草本植物3种，占总种数的11.11%，其中肉苁蓉多年生寄生草本，居于特定的生态位，对环境条件（如光照、光质、湿度、土壤、植被等）要求严格，在自然荫蔽条件下，开花、结实能力较差，生长速度较慢，一旦寄主植物所形成的森林环境破坏，也很容易连带受害，保护工作较难，主要是保护好寄主植物所处的森林环境。

7.1.5　年龄结构

本次调查到的27种重点保护野生植物中，12种在种群结构上均出现各式不合理状态，占总数的

44.44%，影响着它们的生存和可持续发展；种群结构基本合理，天然更新能力强、生存力旺盛的15种，占总数的55.56%（表3-7-4）。

表3-7-4　各物种种群结构情况统计简表

种群结构情况		物种名称
种群结构基本合理（15种）		巴山榧树、独叶草、红豆杉、厚朴、连香树、蒙古扁桃、庙台槭、岷江柏木、裸果木、秦岭冷杉、南方红豆杉、红豆树、水曲柳、梭梭、沙拐枣
种群结构不合理（12）	衰老型种群（10）	大果青扦、珙桐、光叶珙桐、肉苁蓉、沙生柽柳、水青树、香果树、宜昌橙、油樟、红椿
	青幼型种群（2）	独花兰、西康玉兰

（1）群落结构基本合理的种群

15种重点保护野生植物的种群结构基本合理，同时具备成株、幼株和幼苗，即天然更新能力强，生存力旺盛。

（2）"衰老型"种群

有10种的种群结构是"衰老型"的，即有成熟或过熟的母树，但幼苗和小树很少。这些植物种占调查到的物种总数的37.04%，有些是母树过于衰老，开花传粉能力差，有些虽可开花传粉，但结实能力差，成熟种子少；也有的是因为林下地被物过于稠密，使种子无法着土萌发，这种"衰老型"种群结构是重点保护植物野生植物种群结构类型中最突出和普遍的现象，影响了这些物种的生存力。

（3）"青幼型"种群

"青幼型"种群结构的物种有2种，占调查到的物种总数的7.41%。这些植物居群中幼树和小苗占很大比例，而成年母株甚少。当残存的少数母树被毁或衰亡而幼树尚未成年时，此种种群将面临一段危险期，对于一些地区来说，这是人为破坏的结果。

7.1.6　野生植物资源的外部环境状况

7.1.6.1　地理分布特点

（1）水平地带分布

调查结果显示：河西地区分布物种共6种，分别是裸果木、蒙古扁桃、肉苁蓉、沙拐枣、沙生柽柳、梭梭，占调查到物种总数的22.2%，它们构成个别森林群落或林下草本，通常是能抵抗寒冬的特殊物种，西部半干旱、干旱乃至极端干旱地区，这些物种大多数为耐旱的灌木树种。此类植物中有许多是荒漠区特有的优势种及建群种，也有不少为珍贵的药材或园林观赏植物。河东地区分布物种共21种，占调查到物种总数的77.8%，此类植物在东部湿润、半湿润地区，其中有许多是主要的建材树种、落叶阔叶林或灌木林的优势种或建群种，也有不少为珍贵的药材或园林观赏植物。这些物种此类植物中有许多可生产木材、饮料、药材等具有中国特色的资源品种。

由于本省东部地区雨热同季，西部地区干旱少雨的气候特点，故水平地带分布的差异也表明了重点保护野生植物外部生存气候环境的优劣差别。

（2）行政区域分布

从行政区域来看，国家重点保护野生植物最丰富的是陇南市和甘南州，最少的是金昌市（表3-7-5）。

表3-7-5　各市（州）调查国家重点保护野生植物物种数量统计表

市（州）	植物种数				市（州）	植物种数			
	小计	一级	二级	省级		小计	一级	二级	省级
酒泉市	6			6	白银市	2			2
张掖市	3			3	天水市	6	1	4	1
金昌市	2			2	陇南市	19	5	12	2
武威市	4			4	甘南州	9	2	7	

（3）植物区系关键地区

由于地质历史和生态环境的地域复杂性，本省存在一个全国闻名的植物区系关键地区，又称"甘肃植物王国"——陇南市文县。本次调查物种数量19种，占总调查数量的70.4%。

7.1.6.2　生态环境情况

本省范围内，干旱、半干旱地区面积虽大，但因生存环境较严酷，分布于西部干旱（半干旱）地区的重点保护野生植物种类有6种，多为能耐受干冷气候的荒漠种类，占调查到物种总数的22.2%，常为特化类群。

分布于潮湿环境中的重点保护野生植物有21种，占调查到物种总数的77.8%。由于水热条件优越，形成了茂密的森林，可生产用材、药材等，但因森林过于茂密，不少种类的种子不能正常萌发，幼苗难以顺利生长，种间斗争十分激烈，有些种的天然更新等待着林窗的形成。

7.1.6.3　社会经济环境情况

本省重点保护野生植物的绝大多数分布于社会经济欠发达或不发达的边远地区，主要存在于东部地区的山区腹地或西部地区荒漠和戈壁的中心地带。在当今人口密度越来越大，人类活动、经济开发强度日趋激烈的较发达地区，天然林覆盖率极低，生物多样性日渐匮乏。边远地区交通不发达，人口密度较低，开发程度较低的地区，已成为当代珍稀濒危植物的"避难所"。

7.2　存在问题

野生植物资源的可持续发展，是人类共同追求的目标。要实现植物资源可持续发展，首先必须保护好现有的植物资源，特别是濒临灭绝的重点保护野生植物。而要做好野生植物资源的拯救和保护工作，必须了解致濒机制和原因。就当前而言，实现全国重点保护野生植物资源的可持续发展所面临的主要问题，可归纳为以下几方面。

7.2.1 物种自身生存机能的问题

大果青扦调查中未发现有幼树或幼苗，种子亦不能正常的萌发，生殖机能趋于下降，即便是植物体能够产生饱熟种子，因林下枯枝落叶层厚的环境，种子难于接触到土壤而萌发，整个种群处于衰老而"后继无苗"状态。这是生活机能衰退的一个例子。

调查显示独花兰种群数量十分稀少，除去人为破坏的作用，其生物学特性决定了它在自然界存在的情况，本来就是稀而且少的，加上自身繁殖能力又低下、对环境条件要求苛刻、生长发育缓慢等因素，因而这类植物内在因素决定了它的濒危程度。

7.2.2 环境压力问题

从本次调查物种的各种类群表现情况可以看出，环境压力有持续性、系统性，也有突发性、灾害性。前者指宏观环境的气候变化，但气候变暖，干旱化的持续影响也已在当代逐渐可以判明，如河西戈壁滩风电项目的快速发展，使沙拐枣+肉苁蓉分布面积减少；沙生柽柳在敦煌西湖土梁道保护站分布的消失或减少，这些例证较明显地证明了干旱化对它们生存繁衍的影响。

7.2.3 人类活动影响的作用问题

我国重点保护野生植物资源当前所受的威胁，最强大和最致命的因素是人类活动，尤其是经济活动所导致的直接破坏和间接影响。各类珍稀物种在自然条件下生存了千年万年，至今大部分虽保持着一定的活力和对环境的适应力，但都经不起现代超强度的人为活动所致的整个地球景观、生态系统的大规模变化。人类对野生植物的威胁表现在对植物资源的直接破坏和对其生存环境的破坏两个方面，其原因是复杂的，但主要可归结为人为不合理的经济活动，造成人口—资源—环境关系的失调。

人为过度开发利用使植物遭到极大破坏，这是导致植物濒危的主要原因，也是最直接的原因。由于人口的增长，对植物等自然资源的压力日益增大，造成人口—资源—环境关系的失调，各类资源难以获得充裕的恢复更新机会。

（1）人口增长对土地的压力，是造成植物生境恶化的直接原因。由于经济发展，人口增加以及缺乏合理的土地利用政策，造成了大规模的城市建设和大面积在林区项目建设，致使天然植被面积的急剧减少，野生植物的生存环境丧失或生境片断化，而大部分野生植物因自身生物学特性的原因无法或难以及时适应新的环境，最终造成种群数量减少，发育不良，难以为继。如河西地区大面积风电项目建设，对在此分布的大面积沙拐枣群落，造成毁灭性的推挖；过度放牧使草原区、荒漠区牲畜超载、生境退化严重。此外，以前祁连山保护区等地矿产的开采，造成蒙古扁桃、梭梭等重点保护植物生境的大面积毁坏，分布面积和种群数量急剧减少。

（2）市场需求过大导致过度利用，是野生植物资源面临濒危的重要原因。由于本次调查的物种大多具有重要的经济价值，如提供优质的木材、药材和工业原料，或作为优良的观赏植物等。且多分布于经济相对落后的边远地区，因经济发展和增加收入的需要，往往忽视资源的永续利用。本次调查显示，有7种野生植物因市场需求过大，不能满足社会需求，导致野生资源过度利用。这7种野生植物为：独花兰、红豆杉、南方红豆杉、岷江柏木、秦岭冷杉、肉苁蓉、梭梭。

（3）乱砍滥伐是导致植物资源锐减的主要原因。省级检查验收之时，发现已记录的样方中，红豆杉的树干有遭到环割而死和遭砍伐而消失的现象。肉苁蓉（梭梭）资源也一定程度遭到滥砍盗伐的影响，种群数量急剧减少。

7.2.4　优先保护序列的确定问题

对野生重点保护植物进行优先保护序列的确定，一方面是能对物种的濒危现状和生存前景给予一个客观的评价，并提供一个相互比较的基础；另一方面能将物种按其受威胁的严重程度和灭绝的危险程度分等级归类，简明地显示物种的濒危状态，提供开展物种保护的依据。长期以来，对野生植物重点保护问题都是在一定程度上根据以往调查和采集经验汇总的基础上做出的，常常是定性的，带有一些主观性的随意性，不能客观、精确、全面反映一个物种的濒危程度。世界自然保护联盟（IUCN）濒危等级标准的定量指标很好地解决了此问题，但在具体划分归类过程中，由于对需要保护物种调查研究不够，本底不清，常常造成有些极濒危的物种得不到优先保护，而少数生命力较强的异质种群列入优先保护范畴。因此，衡量和选择优先保护的物种，确定野生植物的优先保护序列仍是当前的一项重要工作。本次调查是甘肃省第二次对重点保护野生植物资源的数量、分布面积及生境等方面进行全面系统的调查，同时对这些野生植物资源的分布范围、分布格局、种群数量、种群变化趋势、种群特性、栖息地类型和情况、致濒原因等对比分析研究。本次报告对所有调查物种、根据其数量指标，按照世界自然保护联盟（IUCN）濒危等级标准，初步评定了等级，有望在进一步调查并充实数据的基础上，制定本省重点保护野生植物濒危等级的行业标准。

7.3　解决措施

7.3.1　让全社会认识野生植物资源的地位、作用，以及保护的重要意义

要实现国家重点保护野生植物资源的可持续经营，首先必须对其地位与作用有一个清醒的认识和正确的定位，这个认识不光是林业行业的认识，应该让全社会、全人类认识到。国家重点保护野生植物资源的地位与作用可以概括为以下几个方面：

（1）从国家层面而论，许多关键类群的严重濒危将削减我国植物区系组成的特色和优势；从全省角度而论，关键种类群的濒危将失去本省植物区系物种起源的古老性、孑遗性的特色。

（2）大部分重点保护植物有很高的经济价值和开发前景。要实现国家重点保护野生植物资源的可持续经营，必须要站在国家发展战略高度来看待野生植物保护的重要意义。当前本省在野生植物保护工作和全国在保护工作的某些环节尚显不足，如不引起重视，可能会导致以下负面影响：

① 将削减本省物质资源的储备和选择空间。现如今在不同行业、不同自然和经济区域需要不同性质的木材资源、药用资源和轻化工资源，要选择多种多样的材料进行生态建设，众多物种的濒危将限制此种储备和选择，从而影响全省的发展战略。

② 将影响科技的发展和竞争力。本省植物学家和生态学家曾凭借自己特有的植物类群、植物区系和植物群落做出了令全国瞩目的成果，取得了一定的声望和影响力。如果失去自己特有的、关键的物种，就没有了自己特有的研究材料和工作对象，在本省科技实力落后于先进省份的情况下，将无任何优势可言，从而处于更加不利的竞争地位。

③ 将对生态文明建设不利。目前落后地区的群众仍不十分了解可持续发展对全省各民族未来的重要性，且无法将其与自己的切身利益、日常生活及伦理观念相联系，对野生植物资源的自觉保护意识不够，导致对野生植物的破坏行为屡禁不止，不利于全省的生态文明建设。

7.3.2　制定自然资源的可持续利用政策

人类的发展需要足够的资源，而"我们只有一个地球"，其陆地、海洋、水源、热量都是有限的。人的发展对自然界（包括植物）施加了强大的压力，而自然资源的短缺又反过来对人类施加了巨大的压力。所以必须自觉地找到一个平衡点，即人类要控制自己的发展和需求，给自然界的生物留下足够的生存空间和发展环境，才能做到人类社会的可持续发展。对于国家来说，要从宏观上进行综合规划，保持山水林田湖草的生态平衡，兼顾人们高质量生存所需的多样化资源。大部分国家重点保护野生植物物种都可提供优质资源，却都面临着濒危的境地，国家应该通过法律的手段，禁止盲目开发和毁坏野生植物资源的行为，给这些优质资源创造生存空间和发展条件。

全省社会各阶层人士，都应该有长远的眼光，杜绝因追求短期利益而破坏自然资源的盲目行为，形成人与自然和谐共处、持续发展、共同繁荣的文明意识及伦理观念和法制环境，在保护资源的前提下，合理规划，科学培育人工资源，以保障社会需求，从而实现全社会的可持续发展。

7.3.3　科学制定物种优先保护方案，有效开展物种资源的保护

国家建设需要种类和数量越来越多的植物资源，保护的目的就是开发利用，但开发利用的前提首先是各种资源的存在。在国家制定的在保护的前提下开发利用的可持续发展政策背景下，本省目前的条件下，要对每一个物种都进行全面保护尚有困难，因此有必要对一些需要重点保护的野生植物制定优先保护方案。优先保护方案的制定主要包括两方面：

首先是对优先保护区域的确定，制定优先保护区域主要是解决客观评价有关区域的物种多样性以及需要重点保护植物的数量和受威胁情况，对各个区域的综合保护价值进行排序，然后优先保护排序靠前的区域，达到利用有限的区域保护最多、最有价值物种的目的。

其次是要解决如何客观、全面、精确地评估一个物种，尤其是对需要重点保护的野生植物进行濒危程度、濒危机制、保护价值及灭绝危险等做出科学的排序，然后把有限的资金投入到最需要保护的物种上去。由濒危程度比较分析，及时调整本省重点保护野生植物名录，为国家制定和调整全国重点保护野生植物名录提供科学的依据。此外，从保护措施的优先顺序来看，还应把因开发利用过度而陷于濒危或极危的一些种类提升保护级别，并建议将已确定陷于濒危状态的物种纳入国家重点保护植物名录中。随着定期的调查、监测和有关专项调查的深入，还应根据实际情况对重点保护野生植物的名录和优先顺序做出适当调整。

7.3.4　实行分类指导，保护与开发利用相结合

对不同濒危等级的物种应采取不同的保护对策。本次调查的27种国家重点保护野生植物中，对于现存种群数量不足1000株的物种，应采取紧急拯救措施，修复拯救种群，除保护母树外，应实行有性繁殖和无性繁殖"双管齐下"的方法扩大其种群数量。对于现存种群数量介于5001～100万的物种，其资源存量可允许适量的开发利用，但资源供给需要建立在人工培植的基础上。对于有些暂时尚

无价值开发利用，且生境特殊，所受压力不大的物种可暂不采取特殊措施，以便集中人力、物力、财力保护好其他更重要、面临威胁也更大的物种上。

保护应与开发利用相结合，对不同利用价值的物种也应采取不同的开发利用与保护对策。在本次调查物种中，有多数物种可以进行人工培植，用于生产木材的优良树种，应及时采种育苗，根据适地适树的原则，在各区域建立良种基地，把野生植物资源的保护和人工培植结合起来；对于本次调查中的一些药用植物、园林绿化植物用植物资源，市场需求迫切，价格也较高，具有很好的开发前景，需根据各物种的具体情况进行人工培植技术的研究或扩大人工培植资源量，并进行合理的开发利用。对于红豆杉，现有野生种群很小，但其人工培植的面积和规模已很大，技术也很成熟，已经完全有能力发展人工培植产业，在人工培植条件下长期维持各物种的生存和可持续发展。

7.3.5 保护野生植物生存所必需的适宜环境

在自然状态下，一些重点保护植物由于受到外部环境压力很大，表现出生长不良，天然更新困难，生存繁衍明显受到障碍，种群呈现衰退。因此，要进一步加快保护区、保护小区、保护点的建设步伐，加强重要物种集中分布地的原生境保护，促进野生植物生境的恢复和改善，切实使野外种群得到良好保护。在逐个物种地分析其分布情况和生境情况的基础上，从确保野生植物生存繁衍的要求出发，在其原生地或集中分布区域，抢救性地抓紧建立一批保护区、保护小区和保护点，实行抢救性保护，要通过加强和完善保护区体系建设，对野生植物实行最积极、最直接、最有效的保护。凡已经建立的各种类型的保护区、保护小区，要组织清查区内珍稀野生植物种类、数量和分布情况，建立资源档案，纳入保护区保护管理的重点目标，严加保护。对零星分布的珍稀野生植物，应划定保护点加以保护管理。同时，结合天然林资源保护、退耕还林（草）等其他林业工程，加强野生植物的就地保护建设。

7.3.6 人力修复野生植物天然更新

本次调查物种数尚少，不能保证在尚未调查的国家重点保护物种中，还是否存在着更多的潜在的濒危物种。鉴于本省重点保护物种中濒危物种的数量正呈上升趋势，联系到本省生态环境恶化及人口压力增大的情况尚未扭转，野生植物资源所面临的风险程度尚在加大，为了使这些宝贵资源存在并发展下去以造福子孙后代，必须采取坚决的态度和有效的措施迅速切实开展保护工程，在野生植物种群范围内，进行松土除草、平茬或断根复状、除蘖间苗等措施促进物种树的幼苗幼树生长发育。其次人工恢复并扩大它们的天然种群及所在的群落环境，力争近期内扭转形势，使本省在新时期打开野生植物资源保护和发展的新局面。目前，有关技术大多已经试验成功，关键在于及时行动，有效保护。

7.3.7 积极开展野生植物保护的基础研究工作

概括起来，急需开展的野生植物保护基础研究工作主要有以下几个方面：

（1）受威胁物种的繁殖生物学特性的研究

要使各生物学特性不同的物种在适宜的环境中长期生存下去，首先要了解各物种的繁殖过程、繁殖特性、开花、传粉、受精、胚胎发育、果实（种子）生存力和发芽生长条件等，人们对于目前受威胁的许多野生植物的了解还远远不够，必须在尚能得到其实验材料的时候及时开展研究工作，以避免研究材料都无法找到的局面出现。

（2）各物种种群结构和动态的研究

目前，国际上和国内专家致力于"最小可存活种群"的具体规模和"最小生存面积"的具体大小的研究，但仍处于不确定的阶段。本省植物学工作者应选择一些较有把握的物种进行实验生态学和实验遗传学的定点研究，以提高本省保护生物学的研究水平，并为人工修复和自然保护区（小区）规划提供理论依据。

（3）各物种生活史、物候学及生存环境条件的研究。

（4）有开发利用前景物种的人工繁殖、培植技术、产品开发及市场培育途径的研究。

（5）基因库、种子库、组织培养等现代活体保存技术的研究应用。

第八章　资源利用现状分析评价

物种保护的最终目的在于可持续利用。本次野生植物资源调查的物种在不同程度上都是具有较高的开发利用价值，其中一些药用和材用树种开发利用历史悠久。自20世纪90年代，野生植物资源开发利用的技术已有新突破，在注重传统产品的同时，已开始重视新产品的升级换代。但是由于受社会经济发展水平、培植利用习惯、生产经营水平和物种自身的生物学特性限制以及经济价值等因素的影响，目前本省各地区的野生植物资源的开发利用无论是在利用种类、利用形式与结构、利用手段与方式上，还是在开发程度、效益与产业地位方面都存在很大差异。纵观本省的重点保护野生植物资源的开发利用情况，目前总体上还处在较为原始落后的初级阶段，科学地开发利用与经营体系尚未全面形成。

8.1　资源利用现状分析评价

8.1.1　利用形式与结构

野生植物价值、用途的多样性以及人们开发利用目的的多样性，决定了开发利用形式与结构的多样性。但就目前的经济发展水平而言，经济利用培植仍然是植物资源开发利用最主要的形式，其中人工培植以材用、药用、观赏、食用植物为主。社会、生态效益为目的的利用形式多样，地位日增。

（1）人工培植以经济利用为主要形式，尤其是以材用、药用和观赏用植物为主体

野生植物的经济利用培植仍然是目前最主要的利用形式。就人工培植而言，通过生产木材、药材、种子和培育苗木以获取经济利益是培植的主要目的。

（2）生态、社会效益培植物种日益广泛，地位渐增

国家重点保护野生植物中有许多具有很高的观赏价值、防护效益。近年来，随着人们生活水平的提高和观念的转变，野生植物引入园林已成时尚，利用形式也多种多样。据本次调查统计，本省作为生态效益和社会效益培植的国家重点保护物种仅有4种，培植面积13.82公顷，25047株，但是作为生态效益和社会效益培植的非国家重点保护物种多样，且多数为大规模的培植。另外，近些年来，随着生态环境逐渐恶化的趋势，人们已经意识到保护生态的重要意义在于搞好绿化，还祖国大好河山生机盎然，由此，大量的生态、社会效益植物资源培植多以散户培植为主。由于野生植物资源的逐年减少和随着国家、地方有关野生植物资源保护法律法规的严格执行，目前对于经济类植物资源的利用已转入以人工培植为主，它们对于促进当地的经济发展具有重要的作用，同时也带来了良好的社会、生态效益。随着社会经济的发展和人类文明程度的提高，以生态、社会效益为主要目的的物种培植与开

发利用地位逐渐提高。

8.1.2 利用方式与手段

本省现有的植物资源开发利用手段较为原始，资源综合利用率低；加工技术落后，初级产品比重大，附加值低；直接利用的落后方式在一些地区仍在延续。

（1）开发利用手段较为原始，资源综合利用率低

目前，本省个别地方植物资源的开发利用手段还较为原始与落后，特别是在一些偏远贫困的地区。限于社会经济的发展水平、传统的开发利用习惯以及受经济利益驱使，利用方式具有掠夺性，如对肉苁蓉、红豆杉等药用植物掠夺式盗采，导致野生资源减少。另一方面，一些有价值的植物，因群众不认识或无人收购，在森林更新、抚育、药材种植等生产活动和日常生活被当作杂树、杂草毁掉，如刺五加。原始的开发利用手段使得资源利用效率极低，破坏、浪费现象严重。天然林资源保护工程开展后，这种现象在绝大多数地区已得到有效遏制。但在社会经济总体水平尚未发展到一个较高水平之前，经济文化落后地区的这种粗放的、低层次的开发利用方式仍将在今后很长的一个时期内延续。

（2）直接利用的落后方式在一些地区仍在延续

在部分地区，直接利用野生植物依然是群众重要的经济来源。部分物种人工资源远远不能满足日益增长的社会需求，如肉苁蓉、红豆杉以利用野生资源为主，这些资源由于野生资源长期过度利用，环境恶化，造成野生资源量下降，加上人工培植发展滞后原因，所以年产量、收购量也大幅下降。另外一些物种则因目前人工培植在技术上有一定难度，培植成本较高，产区群众仍以直接利用野生资源为主，造成野生资源破坏严重。此外，近年来在城镇园林绿化当中，为了见效快或经济利益驱使，个别地方出现上山挖掘大树或幼树以替代城镇绿化用苗现象。

8.1.3 开发利用成效

野生植物资源的开发利用成效、因物种、地区的不同而存在很大的差异。目前，本省植物资源开发利用具有一定的特色，一些地区已初步探索出一条适合自身发展的道路，但就总体水平而言，产业化成功开发的种类还较少，经济效益不稳定，各地区开发利用成效悬殊。现有的开发利用经营体制发育不完善，科学地开发利用经营体系尚未全面形成。

（1）在植物资源的开发利用过程中，本省根据自己的自然条件、社会经济情况和植物资源特点，开创了富有区域特色产品，并已形成或在部分地区形成规模生产，取得了巨大的经济效益，同时也促进了新产品的开发，带动了其他相关产业和周边地区经济的发展，取得了良好的社会及生态效益。如陇南、天水地区的红豆杉产业。

（2）一些地区已初步探索出一条适合自身发展的道路

一些地区根据当地的自然条件、社会经济情况和植物资源特点，按照社会主义市场经济建设的要求，已初步探索出一条适合自身发展的道路，并初步形成各自的培植与销售的开发利用经营体系。在这一方面，尤以红豆杉等的开发最具代表性，业已成为该物种产区的种植业及当地老乡脱贫致富的主要途径，在满足社会需求并带来巨大经济效益的同时，也带来了良好的社会、生态效益。

（3）产业化成功开发的种类还较少，经济效益不稳定

植物资源的开发利用在一些物种，一些地区虽然取得了一定的成效，为社会经济的发展做出了重要贡献，但从整体上来看，产业化成功开发的物种还较少。一些利用价值高、开发前景好的新开发利用物种，如肉苁蓉，目前基本处于增繁阶段，经济效益尚未形成或不明显。真正达到产业化开发的、经济效益好的人工培植种类更少，基本上都是药用、食用植物，用材类等，其他树种基本未投产而形成效益。

规模经营、综合利用、深度加工可以带来较好的经济效益，但这种巨额投资，较长时间才获得经济回报的经营方式，并非个体小农经济所能做到的。即使是一些开发利用历史悠久的物种，由于缺乏龙头企业和深加工技术、新产品开发的依托，加上培植技术的缺乏，培植规模不大，达不到集约化、规范化、科学化经营管理的建设要求，以及产品多以原材料及初级产品的形式流通，贮藏包装运输和销售手段落后，其经济效益受市场供求关系的波动影响较大，规避市场风险的能力差，经济效益不稳定，大多数物种没有形成很好的经济效益。

（4）地区间开发利用成效悬殊

从本次调查的情况来看，各地区对重点保护物种的培植、开发利用水平不一，成效差距悬殊。就规模培植而言，陇南市、天水市等地区规模培植、开发经营较好，其人工培植面积、培植株数、投产面积产值均占全省的80%以上，人工培植开发利用的种类很少。其他多数地区甚至没有培植资源，更谈不上种类的多寡和成效。

8.2 存在问题

8.2.1 资源方面

资源是开发利用的基础。没有资源，开发利用也就成了无米之炊。就本省目前的情况来说，由于历史上开发利用过度，可直接开发利用的天然资源几近枯竭；人工培植资源发展滞后，后备资源匮乏；现有人工资源普遍存在着结构不合理，产品质量差等问题；此外，迁地保护尚未发展，种质资源保存堪忧。

（1）开发过度，可直接开发利用的资源枯竭

资源是开发利用的基础要素之一。重点保护野生植物种类虽多，但林木生长周期较长，大部分物种现有的资源数量有限，不适应进行直接的开发利用，过去人们为了满足社会需求量的增加，在野生植物的开发利用过程中，一味追求经济利益，完全依赖野生资源，重采不重养，未能保护好种源和扩大种群数量，在20世纪末市场需求旺盛时被大量利用，导致现在可直接利用的资源枯竭，无材可采、无药可挖，制约了开发利用的发展。

（2）人工培植资源发展滞后、后备资源匮乏

野生植物永续利用的唯一途径是大力开展人工培植。在野生植物的开发利用过程中，追求短期利益太重，对野生植物后续资源的培育不够重视，加上培植受市场供求关系影响很大，人工引种培植技术薄弱，野生转家种的工作严重滞后。此外，现在各种用途树种的苗木生产基地虽然规模较大，但

种类较单一，且涉及重点保护植物种类的少之又少，还不能完全满足社会对培植资源的需要，规模培植发展结构失调，也是导致后备资源不足的重要原因之一。目前已培植利用的植物种类还较少，多为传统植物；一些植物的培植总数量虽然已经达到一定的规模，但收购运输成本高，或品质不均一，无法满足现代深加工的需要，也在一定程度上制约了产品的开发与利用。人工资源的不足，已成为开发利用的严重障碍。

（3）人工资源结构不合理，产品质量差

国家重点保护野生植物几乎都具有观赏价值、防护效益。但是，在现行的植物资源开发利用过程中，受利益驱使。人们大多数只重视野生植物的经济价值，而忽略了其重要的社会、生态价值。如蒙古扁桃在一些地区被利用，但由于近年引种驯化工作在许多科研单位几乎陷于停顿，保护植物总体上被开发利用不够，许多有重要观赏价值和良好效益的物种有待开发、引种驯化。此外，苗木供应商唯利是图，单一发展，也是导致苗木品种日益单调的主要原因之一。

由于近年受市场经济大潮的冲击，许多科研单位、技术推广单位，林木引种驯化、良种选育、繁殖等基础性研究，规模培植、标准化生产和集约化经营等适用技术研究与技术推广等工作在许多地区基本陷于停滞，导致现有培植资源品种单一、退化、品质下降，经济效益低下，广大农牧区居民分散经营的物种更是如此。

8.2.2 技术与研究方面

从总体上来看，现有的野生植物资源开发利用技术发展与研究仍处在较为落后的初级阶段，开发利用各主要环节的技术水平较为落后，研究滞后，主要表现为繁育培植、加工利用技术落后，管理粗放；资源综合利用率低，浪费严重；加工程度低，附加值不高，经济效益差；开发利用的基础性研究薄弱，适用技术研究与推广工作滞后。

（1）繁育培植技术落后，管理粗放

目前，野生植物的经济培植还以分散经营为主要形式，受制于传统生产经营习惯和社会经济发展水平，繁育技术较为落后。一方面，自由、分散的经营方式与多头管理，也使得一些先进的繁育培植技术难以推广。多数地区无论是对用材树种还是药用植物，在人工培植中也都存在着管理松散、技术水平低、生产力不高的现象，造林、营林中造而不管，管而不严、保存率低、林地生产力低下的现象普遍，经济效益差。

（2）资源综合利用率低，浪费严重

目前我国植物资源的开发利用尚处在发展中的初级阶段，许多地方的开发利用手段还较为原始与落后。限于社会经济的发展水平、传统的开发利用习惯、利用价值和加工技术研究与推广等因素的制约，开发利用手段较为原始，普遍具有掠夺性，使得资源利用率较低，破坏、浪费严重、野生植物的真正价值远未发掘出来。在社会经济总体水平尚未发展到一个较高的水平之前，经济文化落后地区的这种粗放的、低层次的开发利用方式仍将在今后很长的一个时期内延续。

（3）加工程度和深度开发水平较低，经济收益差

在植物资源开发利用中，随着资源—初级产品—初加工产品—精加工产品的转化，产品价格成

倍甚至几十倍地增加，而且同样的经济收入所消耗的资源量大幅度下降，有利于减轻资源所承受的压力。近几年来，野生植物资源的利用虽注重了综合利用和新产品的开发，然而，现有的加工技术还较为落后，产品加工程度普遍较低，附加值不高。产品的开发、生产以传统的初级产品为主，缺乏高技术含量和高附加值的深层次产品开发，市场竞争力不强。这是植物资源优势与自然环境优势难以转化为经济优势的致命弱点。

（4）开发利用的基础研究薄弱

本省野生植物资源开发利用的基础研究，主要表现为科技力量不足，科研队伍不稳定。虽有一定的植物或林业科研机构和科研队伍，但由于植物特别是林木研究周期长，难以短期见效等原因，在市场经济的大环境中，无法持续潜心于重点保护野生植物资源开发利用、保护方面的基础研究工作，科技队伍不稳定。另一方面，许多植物资源开发利用、保护方面的研究工作属于公益性的基础研究，短期内不能用经济指标衡量；一些适用性技术的服务对象主要是广大农牧区的群众而非企业集团，推广工作难以为继。

8.2.3 经营与管理方面

总体来看，本省尚未形成科学的开发利用经营管理体系，主要表现有经营管理形式落后，调控和管理困难；野生植物的开发利用缺乏全面科学的具体发展规划；政府及有关部门对开发利用项目的引导不够，缺乏必要的技术、信息服务于政策引导；保护管理的组织机构与法律法规不健全，行政执法力度不够，破坏资源的现象屡有发生。

（1）经营管理形式落后，调控和管理困难

野生资源开发利用经营体制落后，开发利用多为在经济利益驱动下的自发行为，野生资源利用处于自发、自由阶段，野生植物资源采集，加工及购销仍处于无序状态，经营尚无具体的管理办法和措施，无章可循，管理和调控十分困难。药材在山区广泛培植，但受传统经济影响，以分散经营为主，数量少，规模小，多数皆在房前屋后，小片山地种植；有关新品种引种、培植管理、病虫害防治、加工利用等技术缺乏，产品产量低，成本高，质量差，深度加工不够，科技含量低，加上市场信息不灵，销售渠道不畅，经济效益差。久而久之，农民的种植积极性受到影响。

（2）野生植物的开发和利用缺乏全面科学的统一规划

政府及有关部门对野生植物的开发利用缺乏全面的、科学的、统一的具体发展规划。由于发展缺乏正确的指导思想，没有制定总体发展目标和分阶段具体目标，更未落实具体的发展，引导措施与政策，在市场货源供不应求、经济利益好的年份各地一窝蜂式地盲目发展，最终导致产品市场不稳定，效益下滑。另一方面，缺乏统一的发展规划，也是目前人工培植资源结构不合理，产品类型单一，缺乏地方性特色，是导致大量重点保护野生植物资源遭受破坏的原因之一。

（3）政府对开发利用项目的监管、服务引导力度不够

对新建、改建和扩建的植物资源开发利用项目，政府与有关部门给予的监管、服务与指导力度不够。由于管理体制方面的原因，一些企业的植物资源开发利用建设项目，未经专家论证和林业主管部门审批就仓促上马，全然不顾对环境可能造成的负面影响，以及对野生资源造成的压力与破坏。由

于农牧区群众缺乏必要的技术和政策引导，市场信息不灵，对产品行情了解少，对培植物种、品种的选择，培植时间、立地的确定等带有普遍的盲目性和随从性，缺乏市场和龙头企业的依托，加上经营管理技术落后，投资难以得到好的回报。

（4）保护管理力度不够，破坏资源的现象屡有发生

近年来虽加强了野生植物资源的保护管理，广大干部群众的保护意识大有提高，但保护管理力度不够，长期以来"野生无主，谁采谁用"的劣习在部分林农头脑中根深蒂固，加之经济利益的驱动和法制观念、保护意识的淡薄，随意乱采滥挖、超量采挖现象仍较为普遍，许多地区一些有重要经济价值的野生植物资源采集，加工及购销仍处于无序状态。原有生态系统遭到了人为的严重干扰与破坏，这种掠夺式的利用方式，对部分野生植物资源造成了严重破坏，是造成种群衰落、资源枯竭以致物种灭绝的主要原因。而一些破坏国家重点保护植物案件没有及时制止和查处，是导致野生植物资源过度利用的症结所在。

8.3　解决措施

野生植物资源是一种再生资源，是人类赖以生存的重要的物质基础。野生植物的利用涉及到种植业、加工业、旅游业、医药业等行业，对于促进当地的经济发展具有重要的作用，也是农林牧区群众脱贫致富的重要途径，其产品地位不容忽视。新时期，人类如何利用其再生性和正确处理好科学保护与合理利用之间的关系，使其为地方经济发展创造更多的经济效益，为人类做出更大的贡献，是摆在每一个科研工作者、政府工作人员和公民面前所要研究和解决的紧迫问题。针对目前野生植物资源利用工作中存在的突出问题，需要在加强宣传、提高认识的基础上，增加投入，加快规模化生产水平的人工引种驯化、繁殖培育、开发利用技术的研究与推广应用进程，逐步建立一个强有力的植物资源开发利用的科学技术支撑体系；加快管理体制改革和管理体系建设，依靠科技进步协调保护与合理利用之间的关系，提高开发利用与经营管理水平，建立一个科学的可持续经营管理体系；加快法律法规建设，及时完善相应的法律法规，建立一个强有力的适应社会主义市场经济要求的法律保障体系。近期重点做好以下几方面的具体工作。

8.3.1　建立引种驯化、繁育基地，大力培植后备资源

自从《中华人民共和国野生植物保护条例》和《国家重点保护野生植物名录》（第一批）颁布之后，直接利用野生植物资源开发受到限制。因此，通过人工培植扩大后备资源是开发利用的必由之路。除了少量的传统药用、食用、原料植物和用材树种之外，目前本省的培植工作滞后，培植资源十分匮乏，植物开发利用对野生资源的压力依然很大。为此，需要通过以下途径确保植物资源开发利用事业的稳定、持续协调发展。

（1）大力推进企业基地建设

采取有效措施，督促、扶持、引导以野生珍稀植物资源为原料的深加工企业，以优势产区为依托建立人工种植基地，将山区资源优势和劳动力优势与企业的经济、科技优势结合起来，互利互惠，建立公司—基地—农户的产业链，大力培植人工后备资源，以保证企业生产需求。

（2）建立省级野生植物引种驯化、繁育基地

在资源调查的基础上，充分依靠科学，通过全面合理区划，依托甘肃省现有大型骨干场圃，分区域建立若干个省级野生植物引种、驯化、繁育基地，通过人工引种、驯化、繁殖研究，扩大种源，为人工规模培植提供优质种苗和技术。

（3）积极改造现有基地

充分利用区域自然环境优势，有组织、有计划地引进一些优良的、经济价值高的外地物种、品种，对现有基地进行改造、提高，扩大生产规模，增强资源后劲。

（4）加强人工规模培植技术研究与推广工作

林业、农业技术推广部门应积极引进、推广新品种、新产品与新型适用技术，尤其是闲置资源综合开发利用技术。如红豆杉紫杉醇提取加工技术，提高资源综合利用率，提高产品品质和产量。充分利用自然保护区实验示范基地、科研单位培植试验基地、现代企业种植基地和种植大户的示范作用，通过宣传教育，举办适用技术培训班、现场示范等多种形式，向广大山区农林牧民推荐市场需要、生产技术成熟、因地制宜的优良物种、品种，传授先进的培植管理技术与经验，引导山区农林牧人员从过去的单纯利用野生植物资源向现代的人工定向培育资源的转变。

8.3.2 积极开展科学研究，为野生植物资源的可持续利用提供强有力的技术支撑体系

新时期，科学技术在野生植物资源的开发利用与保护方面的作用同样显得越来越重要。只有生产力发展了，对资源利用才会更具合理性，从而也更有利于野生资源的保护。当前政府及有关部门所急需采取的措施是：

（1）制定保护性政策，采取切实有效措施，稳定植物资源开发利用研究机构，林业技术推广机构与队伍，重视人才培养，努力提高科技人员待遇；引导竞争创新机制，对重大课题实行全社会公开招标制度。

（2）加大对重点保护野生植物开发研究的投入，特别是应重点加大对以下几方面的科学研究与基础设施建设的投入：①省级珍稀濒危植物种质资源保存中心建设与种质资源保存技术研究。"皮之不存，毛将焉附"。由于开发利用不当，一个物种很有可能在人类还没有充分认识到它的重要性之前，就已经灭绝。为此，在进一步加大宣传与保护力度，牢固树立可持续发展的观念，建立保护区或保护小区，对国家重点保护野生植物及其栖息地采取有效的就地保护的同时，还必须进一步开展种质资源调查，收集与保存技术研究。在合理区划的基础上，依托现有条件优越的植物园、树木园，分区域建立若干省级的珍稀濒危野生植物种植资源保存中心或基地，同时积极开展物种生物学、生态学、濒危机制、遗传育种、迁地保护技术等方面的科学研究，通过人工培植繁殖或其他人工促进措施，使其种群数量得以恢复，让这些十分重要的种质资源更好地服务和造福于人类。只有这样，人类的可持续利用才能成为可能。②野生资源利用新途径的基础研究。野生植物的价值是人们在不断的实践和研究中逐渐发现的，基于野生植物的多用途特性，应进一步开展野生资源利用新途径方面的基础研究，包括野生植物内含物的分析、提取技术与用途研究，药物有效成分研究，人工合成替代品研究等，不断开发其新的应用价值，从而为实现产品的更新换代，提高资源综合利用率，实现植物资源合理利用奠定基础，将传统的"单一"的开发转变为全面的、综合的、科学的开发利用，确保珍稀濒危植物资

源的永续利用，使一些珍稀濒危植物更好地为经济建设服务。③人工引种、驯化、繁殖研究。建立省级人工引种、驯化、繁殖研究基地，重点加强有重大经济价值和有市场开发前景的药用植物、观赏植物、珍贵用材树种、食用类植物资源的研究，包括选种、育种、引种、驯化、繁殖技术研究，大力开发、推广经济价值高、用途广泛、市场需求量大、培植管理简单、经济效益好的培植物种、品种，为人工规模培植提供优质种苗和技术。④规模培植、持续经营技术研究。开展规模培植、标准化生产、持续经营技术研究，加大人工种植规模，提高培植生产力，尽快扩大人工培植后备资源，以人工培植产品替代野生资源，满足工业化大生产对原料的需求。⑤新产品开发、深加工及综合利用研究。依靠科技手段提高现有加工企业的加工技术，提高产品品质、技术含量与资源综合利用率。在此基础上，继续加大新产品的开发力度，运用高新技术大力开发适销对路、低资源消耗、高附加值的产品、绿色或有机产品，注重深加工、精加工，尽早改变过去那种以初级产品为主的局面。⑥市场开发研究。市场是刺激或制约生产发展速度、规模、结构的主要机制，市场的大小和类型决定技术的选择和资源开发利用的方向。应加强国内、国际市场研究与预测，建立植物资源产品市场调查和预测数据库，并依此进行科学预测、指导植物资源的开发利用。以市场为导向，选择适销对路、利用价值高的目的物种进行有计划地开发利用。

8.3.3 加快法治建设步伐，为野生植物资源的合理开发利用提供有效的法律保障

市场经济是法制经济，野生植物资源的开发利用必须纳入法制管理的轨道。为此，必须高度重视法律、法规和政策对野生植物资源开发利用的引导，推进和保障作用，制定统一、明确、稳定、强制的法律来规范人们的行为。

现行的《中华人民共和国野生植物保护条例》已不能完全适应植物利用开发事业的发展，建议对现有保护条例中的部分条款进行修改、完善，增强其可操作性；尽早出台破坏野生植物案件的立案标准的司法解释，可以在刑法中单独设立有关破坏生物资源的罪名，以增大对犯罪分子的威慑力。建议省政府、人大，结合本省的实际情况，及时更换植物保护名录；加大对违法者的约束力和制裁力度，使行政执法有法可依。

野生资源开发利用须履行相应的审批程序，开发利用应以资源可持续利用为目标，树立资源有价观念，完善资源有偿使用政策，对野生植物资源的开发利用进行合理定价、有偿使用，所得收入用于野生植物资源保护与基础性研究，加强贸易管制，控制资源利用量，杜绝野生植物资源及其产品随意流入人工培植资源与产品贸易市场，实行植物资源管理标识制度。加强源头管理，对出口野生植物及其产品实行许可证制度。

林业、农业、医药等部门应尽快完善严密的、可操作性强的有关科学开发、持续利用和有效保护的行业管理办法和技术规程，明确规定有关野生植物合理开发利用的技术要求、标准，保障开发利用事业健康、稳定、有序地发展。

加大宣传，强化执法力度，严格行政执法，对破坏国家重点保护野生植物资源的案件及时进行坚决的查处和严厉打击，杜绝一切非法采集、采伐、违法收购、非法经营、破坏栖息地等违法犯罪行为；此外，应加强林业、农业、中医药、水利、城建、交通、外贸、海关、工商、公安等各行业、部门之间的组织协调合作。

8.3.4　建立健全野生植物资源开发利用监督、管理与调控体系

野生植物资源开发利用涉及面广泛，环节多。各级政府及有关部门必须重视野生植物开发利用的监督管理工作，坚决"加强保护、积极发展、合理利用"的指导方针，切实发挥林业部门的主管作用，通过行政监督、管理与调控等手段，引导市场健康发展，鼓励合法培植和经营，达到合理利用资源的目的。

（1）严格项目审批程序与制度

对新建、扩建、改建以野生植物资源为原料的加工企业，必须通过专家论证，并经林业主管部门审核同意后才能立项。

（2）实行许可制度

将生产、经营、加工、销售国家重点保护野生植物及其产品的单位、个人纳入统一管理的轨道。

（3）实行分类指导、严格限额管理

对国家一级重点保护的野生植物资源，严禁商业性采集利用；针对国家二级重点保护野生植物的经营利用，实行限额管理和宏观调控。并根据各地的资源状况和管理水平，按物种逐一核定资源消耗限量，防止不合理的消费刺激资源消耗。

（4）尽快建立野生植物资源监测体系

建立资源动态监测机构，落实人员经费，定期开展包括利用经营状况在内的动态监测，及时为政府及林业主管部门提供决策依据。

（5）建立健全野生植物资源保护与开发利用监管组织与机构

对国家重点保护野生植物的开发利用，要从生产（采集、引种、培植、采伐、加工）、运输、经营（收购、出售）等环节来进行全面的、严格的监督管理。

（6）制定优惠政策，鼓励科学开发与合理利用

科学开发利用野生植物资源是山区群众脱贫致富的重要途径。政府应广辟资金渠道，大力招商引资，制定鼓励科学开发、持续利用野生资源的经济优惠政策，明确具体的资金扶持和减免税收等，对资源的采购、引种培植、产品价格，新产品和新技术专利等制定保护政策，为企业创造良好的创业环境，鼓励科学开发与合理利用。

（7）省政府应对加工、生产企业进行适当引导，对有开发前景的项目，通过专家论证后立项，并在资金、技术和政策上给予优惠，有组织、有计划地实施，在提供平等竞争机会的基础上，制定优惠政策，加大对高新企业的扶持力度，尽可能扶持有人工培植基地和有一定科研能力的大型企业，扶持技术成熟的、高附加值产品的开发，不断提高其经营利用水平和产品综合开发能力，保障企业健康发展。

（8）统一规划、合理开发，有序发展

在清查资源的基础上，做好科学规划。根据市场需求和发展前景，确定开发重点，对开发区域、范围、对象、时间、产品、手段、程度做出科学的规定，有计划、有步骤地开发；妥善安排开发与农、林、牧生产的关系；对不合理的开发形式做出严格的规定和说明，避免短期行为和盲目开发利用而造成资源枯竭。

第九章 保护管理现状分析评价

9.1 保护管理现状分析评价

9.1.1 分布面积和种群数量

本次调查野生资源分布的物种共27种，其中大果青扦、独花兰、珙桐、光叶珙桐、红椿、南方红豆杉、沙生柽柳、西康玉兰、宜昌橙9种物种分布面积和种群数量全部处于保护状态。说明这些物种在全省范围内得到了很好的保护。

肉苁蓉分布面积和种群数量全部未处于保护状态，说明肉苁蓉在全省范围内没有得到保护。

其他均部分处于受保护的状态。其中分布面积保护比例占50%以上的有巴山榧树（86.0%）、大果青扦（100%）、独花兰（99.1%）、珙桐（100%）、光叶珙桐（100%）、红椿（100%）、厚朴（83.4%）、连香树（56.7%）、南方红豆杉（100%）、沙生柽柳（100%）、水青树（65.4%）、西康玉兰（100%）、香果树（99.6%）、宜昌橙（100%）、油樟（92.0%）15种，说明这些物种在全省范围内得到了有效的保护；分布面积保护比例在10%～50%之间的有独叶草（15.5%）、红豆杉（17.7%）、红豆树（35.3%）、蒙古扁桃（16.0%）、水曲柳（45.4%）5种，说明这些物种在全省范围内得到较为有效的保护；在0.1%～10%以下的裸果木（9.9%）、岷江柏木（0.1%）、秦岭冷杉（1.4%）、沙拐枣（8.2%）、梭梭（3.0%）5种；说明这些物种在全省范围内得到有效的保护的力度甚微。没有得到保护的树种有庙台槭、肉苁蓉2种，这两种目的物种急需进行保护。

9.1.2 所处自然保护区

本次调查的目的物种均不同程度地处于保护状态，这与本省近几十年来批建的大量保护区息息相关，从1978年经国务院批准建立了本省第一个国家级自然保护区——白水江国家级自然保护区以来，形成了林业、农牧、国土资源等部门分管和环保部门综合管理的管理模式，甘肃省保护区的基础管护设施不断完善，制度逐步健全，有效防止了乱垦滥占、乱砍滥伐、乱捕滥猎现象，一批珍稀濒危物种栖息环境得到有效保护。目前，已建成国家级自然保护区17个，面积9820113.54公顷；省级自然保护区38个，面积2321803公顷；县级自然保护区4个，面积114900公顷。这些保护区保护了甘肃省90%的珍稀野生动植物种群和80%的湿地生态环境，使大熊猫、金丝猴、野骆驼、白唇鹿、雪豹等珍稀濒危野生动物免于灭绝，并且种群数量稳步发展。同时，有效地保护了森林、草原、湿地等典型生态系统。

在自然保护区内，白水江国家级自然保护区分布调查物种最多，高达20个，占调查到物种的

74.07%；居第二位的裕河金丝猴省级自然保护区，分布14个调查物种，占调查到物种的51.85%；居第三位的是小陇山国家级自然保护区，分布7个调查物种，占调查到物种的25.93%；阿夏省级自然保护区分布5个调查物种；安南坝、博峪河、敦煌西湖、尖山、连古城均分布3个调查物种；安西极旱荒漠、鸡峰山、祁连山、沙枣园子、玉门南山均分布2个调查物种，其他仅分布1个调查物种（表3-9-1）。

表3-9-1　目的物种保护现状情况汇总

物种	保护区	级别	分布面积	资源量（成树）	群落类型		
					受保护	未受保护	
						个数	群落名称
巴山榧树	鸡峰山	省级	0.09	2	1	6	锐齿槲栎林、油松林、白皮松林、侧柏林、春榆水曲柳林、马桑灌丛
	裕河金丝猴	省级	0.10	5	3		
	小陇山	国家级	77.48	14	4		
	白水江	国家级	472.00	1506	1		
	合计		549.67	1527	9	6	
大果青扦	插岗梁	省级	0.11	2	1		
独花兰	裕河金丝猴	省级	15.52	94	1		
	白水江	国家级	17	32	1		
	合计		32.52	126	2		
独叶草	多儿	省级	79.20	12252859	1	3	冷杉林、红桦林、青海云杉林
	博峪河	省级	28.46	7873174	1		
	阿夏	省级	10.05	1554735	1		
	洮河	国家级	313.20	71946514	1		
	白水江	国家级	243.48	40067069	1		
	合计		674.39	133694351	5	3	
珙桐	白水江	国家级	24.00	3	1		
光叶珙桐	白水江	国家级	1013.56	48245	1		
红椿	裕河金丝猴	省级	0.17	19	2	1	栓皮栎林
	尖山	省级	1.00	1	1		
	白水江	国家级	507.83	2492	1		
	康县大鲵	省级	0.1	1	1		
	合计		509.10	2513	5	1	

（续表）

物种	保护区	级别	分布面积	资源量（成树）	群落类型		
					受保护	未受保护	
						个数	群落名称
红豆杉	鸡峰山	省级	361.99	80434	1	23	白皮松林、春榆水曲柳林、红豆杉群系、华山松林、阔叶林、辽东栎林、落叶阔叶杂木林、麻栎林、马桑灌丛、农果间作型、农林间作型、漆树林、槭树林、青冈落叶阔叶混交林、锐齿槲栎林、色木紫椴糠椴林、山核桃林、栓皮栎林、温性针阔叶混交林、油松林、榆树疏林、针叶林、云杉林
	小陇山	国家级	91.64	27	2		
	尖山	省级	114.26	232	1		
	插岗梁	省级	0.07	8	3		
	白水江	国家级	490.12	717	1		
	合计		1058.08	81418	8	23	
红豆树	裕河金丝猴	省级	2.39	98	2	1	落叶阔叶杂木林
	白水江	国家级	34.00	5	1		
	合计		36.39	103	3	1	
厚朴	裕河金丝猴	省级	0.24	8	2	5	温性针阔叶混交林、农林间作型、锐齿槲栎林、落叶阔叶杂木林、春榆水曲柳林
	小陇山	国家级	12.53	8	1		
	白水江	国家级	212.00	131	2		
	合计		224.77	147	5	5	
连香树	裕河金丝猴	省级	3.49	134	1	5	栓皮栎林、锐齿槲栎林、落叶阔叶杂木林、阔叶林、连香树群系
	插岗梁	省级	0.45	6	3		
	阿夏	省级	2.11	81	1		
	白水江	国家级	1077.53	6117	14		
	合计		1083.58	6338	19	5	
裸果木	安南坝	国家级	34687.68	16616778	2	5	裸果木荒漠、合头草荒漠、红砂荒漠、膜果麻黄荒漠、珍珠猪毛菜荒漠
	安西极旱荒漠	省级	194.00	30419	1		
	玉门南山	省级	6867.22	26275300	1		
	祁连山	国家级	2372.83	1810766	1		
	盐池湾	国家级	17243.61	30045266	2		
	连古城	国家级	520.50	569635	1		
	合计		61885.84	75348164	8	5	

（续表）

物种	保护区	级别	分布面积	资源量（成树）	群落类型		
					受保护	未受保护	
						个数	群落名称
蒙古扁桃	玉门南山	省级	579.00	115800	1	5	珍珠猪毛菜荒漠、戈壁针茅群系、戈壁针茅草原、霸王荒漠群落、红砂荒漠群落
	祁连山	国家级	2070.93	2848025	12		
	连古城	国家级	4059.69	2016854	1		
	合计		6709.62	4980679	14	5	
庙台槭						2	锐齿槲栎林、枫杨林
岷江柏木	裕河金丝猴	省级	0.10	2	2	4	白桦林、落叶阔叶林、柏木林、黄蔷薇灌丛
	博峪河	省级	7.58	700	1		
	白水江	国家级	23.98	2765	1		
	合计		31.66	3467	4	4	
南方红豆杉	裕河金丝猴	省级	0.03	2	1		
	黑河	省级	0.47	1	1		
	白水江	国家级	11.00	8	1		
	合计		11.50	11	3		
秦岭冷杉	小陇山	国家级	385.66	19327	3	7	白桦林、红桦林、岷江冷杉林、冷杉林、云杉林、秦岭冷杉群系、针叶林
	尖山	省级	6.47	4	1		
	插岗梁	省级	0.54	17	1		
	博峪河	省级	82.40	15590	1		
	阿夏	省级	36.74	251	1		
	白水江	国家级	107.00	12	1		
	合计		618.81	35201	8	7	
肉苁蓉						1	合头草荒漠群系
沙拐枣	安南坝	国家级	16491.89	5845459	1	6	齿叶白刺荒漠、合头草荒漠群系、红砂荒漠、膜果麻黄荒漠、沙拐枣群系、梭梭群系
	敦煌西湖	国家级	1.22	50	1		
	沙枣园子	省级	599.11	556049	1		
	连古城	国家级	9244.35	15535438	1		
	合计		26336.57	21936996	4.00	6	
沙生柽柳	敦煌西湖	国家级	0.01	3	1		

（续表）

物种	保护区	级别	分布面积	资源量（成树）	群落类型		
					受保护	未受保护	
						个数	群落名称
水青树	裕河金丝猴	省级	1.76	25	2	5	枫杨林、落叶阔叶杂木林、落叶松林、水青树群系
	小陇山	国家级	26.41	8	1		
	阿夏	省级	5.71	4	2		
	插岗梁	省级	0.34	8	3		
	白水江	国家级	1854.00	108555	2		
	合计		1888.22	108600	10	5	
水曲柳	裕河金丝猴	省级	2.96	26	3	4	枫杨林、锐齿槲栎林、水曲柳群系、落叶阔叶林
	小陇山	国家级	223.55	33813	2		
	白水江	国家级	31.00	19	1		
	合计		257.51	33858	6	4	
梭梭	安南坝	国家级	13798.84	2608242	1	5	白刺群系、梭梭群系、合头草荒漠群系、沙拐枣群落、珍珠猪毛菜荒漠
	敦煌西湖	国家级	813.00	95079	1		
	安西极旱荒漠	省级	7300.00	2139995	1		
	沙枣园子	省级	216.35	108002	1		
	合计		22128.19	4951318	4	5	
西康玉兰	白水江	国家级	5.00	1	1		
香果树	裕河金丝猴	省级	9.17	234	5	4	栓皮栎林、春榆水曲柳林、侧柏林、落叶阔叶杂木林
	白水江	国家级	3536.00	9446	2		
	合计		3545.17	9680	7	4	
宜昌橙	白水江	国家级	26.00	5	1		
油樟	裕河金丝猴	省级	1.57	12	3	4	锐齿槲栎林、杨树林、落叶阔叶杂木林、落叶常绿栎类混交林
	小陇山	国家级	66.89	8	2		
	白水江	国家级	850.30	14978	2		
	合计		918.76	14998	7	4	

1997年颁布施行的《中华人民共和国野生植物保护条例》，标志着我国野生植物物保护工作进入了一个新的时期。国家对野生植物资源实行"加强保护、积极发展、合理利用"的方针。鼓励开展野生动植物科学研究。同时，这部法规明确规定了野生植物资源属于国家所有，禁止任何组织或个人

侵占、哄抢、私分、截留和破坏。

9.2 存在问题

本省的野生植物物种较丰富，区系成分复杂，植被类型多样。前些年开始林业六大工程实施以来，我国野生动植物保护管理的法律制度不断健全，执法能力不断加强，管理人员的素质不断提高，野生植物资源及其生存环境保护的管理体系日趋完善，为社会可持续发展做出了巨大贡献。但是，野生植物资源管理，仍然存在一些问题和不足。

9.2.1 管理机构相对薄弱，管理水平和专业技能有待提高

21世纪以来，遵循着国家的脚步，甘肃不断加强野生植物保护管理管理体系建设，野生植物保护管理网络体系基本形成，甚至很多市、县建立了野生植物保护管理机构，均设置了野生植物专职管理人员，本省的野生植物管理体系逐渐完善。虽然建立了相当数量的自然保护区，但是相对于重点保护野生植物分布广、生境类型多样的特点，仅靠自然保护区难以完成野生植物的保护任务，很多重点保护以及濒危野生植物的生境或典型群落类型没有专门的管理机构和人员，管理相当薄弱，急需加强完善。

虽然野生植物管理人员基本能适应工作需要，但基层管理人员的管理水平和专业技能有待进一步提高。调查表明，省级以上野生植物管理人员大多受过野生植物管理及相关学科的专业培训，市级、县级的管理人员近几年才开始接受专业训练，一定程度上缺乏相应的管理技能和专业技术知识，而且多数人员的学历较低。

9.2.2 法律法规体系不够健全，对破坏野生植物的行为打击不力

一方面野生植物资源保护法律法规相应的配套规章还没有健全，诸如野生植物刑事立案标准等有关规定尚未出台，不能完全做到有法可依，有章可循；另一方面现有法律法规条文中，原则性规定的内容多，可操作的内容少，违法者责任不清或偏轻，民事责任、刑事责任规定不健全等，造成保护管理、具体执法上有一定难度。颁布的《国家重点保护植物名录》已不能完全概括业已濒危的植物，亟待更新。已出台的《中华人民共和国野生植物保护条例》中缺少有偿使用野生植物资源的明文规定，虽然甘肃省已出台相应的政策，但均已乔木灌木为主，对林下资源也未明确涉及如何保护管理，使得有些地区的林下资源破坏严重。在执法方面，虽然取得了显著成效，但对破坏野生植物的行为打击仍很不够，盗采盗挖野生植物，非法收购、贩卖野生植物及其产品的现象时有发生，造成部分物种资源枯竭，面临濒危。

9.2.3 资源调查不足，监测工作尚未全面开展，科学研究滞后

野生植物种类数量不清，资源本底不明一直制约着本省野生植物保护事业的健康发展。虽然本省主管部门和有关机构先后组织了一系列野生植物资源调查，但这些调查大多为局部的、区域性的区系调查或仅针对少数物种的数量调查，不能反映本省野生植物资源的整体状况。本次调查仅对27个物种进行了全面调查，初步了解了本省野生植物资源本底，但相对于本省丰富的野生植物资源，调查种类仍然十分不够。本省野生植物监测工作刚刚起步，野生植物资源监测体系初步建立。政府主管部门难以及时全面了解野生植物资源状况及其发展趋势，野生植物保护管理决策的制定缺乏科学的理论依据。

在科学研究方面，现行的科研体制不能很好地适应市场经济发展的要求，科研经费不足，科研人才流失较严重，野生植物生态保护管理方面的研究机构屈指可数。由于受设备、人员、技术水平的限制，很多重大急需的研究课题难以顺利完成。在研究项目方面，基础理论研究不够，各个物种之间的研究不平衡，珍稀濒危物种的研究相对较多，而非国家重点保护物种的研究较少，关于物种生态习性方面的观察研究相对较多，而关于物种保护、生境恢复技术的研究较少。研究项目相互独立，缺少经过充分协调组织的重大科研项目的高技术成果。总之，科学研究严重滞后，难以适应当代的野生植物保护要求，也是本省野生植物保护管理缺乏科学依据的重要原因。

9.2.4　保护经费不足

保护经费成为制约本省植物保护工作顺利进行的"瓶颈"。如一些宣传、救护、执法检查、人员培训、监测、科研等活动因经费不足而无法很好地开展。

9.2.5　其他相关问题

环境方面：污染和破坏环境的现象没有从根本上得到解决，开发和保护的矛盾依然尖锐。

执法方面：基层专业技术人员缺乏，执法者当中不认识保护物种的情况比较普遍。

大众意识方面：只是从理论上认识到保护，而在实际行动上缺乏有效措施。

管理层次方面：不同地区、部门之间缺乏统一认识和行动，制度还不够细致。

资源利用方面：片面强调保护，对于合理利用方面的研究不够，致使具体保护工作缺乏动力，措施流于口号和单纯的处罚。

技术方面：对于每个受到保护的物种调查不够，宣传不够，很多资料来自多年前，一直没有更新，不能反映目前的真实状况，给政策制定、执法操作和宣传等措施的落实带来困难。

9.3　解决措施

野生植物资源是自然资源的重要组成部分。野生植物资源是生物多样性保护的主要内容，其对我国经济、社会、生态可持续发展有着极其重要的意义。针对野生植物资源所面临的形势，今后将进一步加强野生植物资源调查与监测，掌握野生植物资源动态，加大资源保护管理力度，健全保护管理机构，促进自然保护区工程建设。具体要做到以下几点：

9.3.1　强化原生地保护管理，促进生境恢复和改善

本省自然保护区对野生植物及其原生地的保护发挥了重要作用，今后将在继续加强自然保护区建设的同时，注重自然保护区外野生植物生境的建设，建设多层次野生植物生境的保护管理体系。根据本次调查结果，分析各物种的分布和生境状况，根据野生植物生存繁衍的要求，在保护区外的重点分布区域（目的物种新分布记录点和未受保护的所处典型群落类型）抢救性地建设一批保护区、保护小区和保护站点，实行抢救性保护。采取有效措施，完善保护区布局和网络体系建设，通过增建保护区或保护小区，扩大、改善野生植物生境等措施，促使破碎化的生境连接成片。

9.3.2　强化综合管理，实行全面保护

野生植物保护管理是综合性、系统性很强的工作，今后甘肃将综合运用法律、行政和经济的手段，多管齐下，强化野生植物资源保护管理，工作重点逐步实现由重点物种的抢救保护向所有物种的

全面保护转变，由濒危物种的抢救性保护向预防性保护转变。在资源调查的基础上，逐步开展珍稀濒危野生植物的濒危等级划分和评定工作，根据调查结果，将生境或种群破坏严重、资源量较少的非重点保护野生植物上升为国家重点保护野生植物进行严格管理。强化依法管理，从生态优先、保护第一的要求出发，进一步规范和处理好保护与利用、保护与发展之间的关系，严格限制或禁止利用直接来源于野外的野生植物，对即使是允许适当利用的野生植物，也将实行限额管理和地域管理。在资源出口方面，根据各地的资源状况和管理水平，分市（州）按物种逐一核定资源消耗限额，充分估计省内资源消耗量，合理确定出口限额，做到既要正确引导国内需求以免过度消耗资源，也要防止国际需求的刺激对资源带来的冲击。依法强化对野生植物的采集、收购、运输、加工和经营的监督管理。既要严厉打击盗采盗挖行为，加强野生植物保护的源头管理，也要加强对野生植物利用的执法监管，努力避免无节制的消费对野生植物资源的破坏。加强法制建设，确保有关保护管理的法律、法规和政策在基层得到落实。同时，加强野生植物保护宣传教育，提高全社会保护意识和法制观念，使全社会都意识到保护野生植物的重要意义。

9.3.3 加强濒危物种的拯救繁育工作，确保物种不灭绝

采取有效措施，进一步加强濒危野生植物的拯救繁育工作，积极发展人工种群，确保物种不灭绝。对于濒危的物种，研究致濒因子，在强化生境保护的同时，采取措施，加强种源繁育和基因保护工作，应用先进技术和科学手段，按物种系统地研究和实施物种拯救、繁育、回归驯化技术，促进物种的生存和发展。根据本次资源调查结果，深入分析各物种的濒危程度，研究生境恢复对种群存活的重要性，逐一确定必须立即辅以人工繁育以免灭绝的物种列入全国野生植物自然保护区建设工程，予以布局和实施。

9.3.4 加强野生植物人工培育工作，逐步实现由利用野外资源向利用人工资源转变

加强野生植物人工培植工作，不断扩大野生植物人工种群是解决社会发展对野生植物及其产品的需求日益增长、缓解野生植物野外资源保护压力的根本出路和当务之急。今后将依据本次调查结果，研究制定促进野生植物人工培植的政策机制，努力实现由利用野外资源向利用人工资源转变。经过多年的努力，各地已逐步积累了丰富的培植技术和管理经验，进一步解放思想，创新机制，制定野生植物人工培植的鼓励扶持政策，鼓励社会资金向野生植物培植业注入，促进野生植物人工培育种植业的进一步发展。从管理上、政策上、机制上为人工培植创造一个良好的发展环境。同时，对社会和经济需求量大的野生植物，建立一批野生植物种源培育基地，向社会提供优质的野生植物种源，并推广培育技术，以促进野生植物人工培育利用业的发展。通过政府引导、财政扶持和执法监管，实现野生植物人工培植和经营利用的规模化、集约化、现代化，促进利用野外资源向利用人工培植资源的转变，使人工培植资源逐步满足日益增长的社会需求。

9.3.5 加大人才培养，完善保护管理体系

管理机构和管理队伍建设是野生植物管理的必备条件。今后，本省将在继续加强管理体系建设，完善野生植物保护管理体系的同时，重点加强基层保护管理机构建设，建立健全县、乡级保护管理机构，使野生植物保护管理工作深入到基层，做到所有的野生植物都有机构负责，有人抓，有人管。在不断加强自然保护区建设的同时，加强保护小区、保护点的建设和管理。加大人才培养力度，

强化队伍培训，尤其是要加强基层管理队伍的培训工作，使野生植物保护管理工作深入基层，确保国家有关野生植物保护管理的法律法规能够得到全面贯彻落实。

9.3.6 完善法律法规，严厉打击破坏野生植物及其生境的行为

完善的法律制度是野生植物保护工作的根本保障。在本省公众保护意识仍然比较淡薄、人口日益增多、社会经济快速发展、人与野生植物的矛盾仍然比较突出的今天，实行依法保护显得尤为重要。从国家层面而论，应加快有关立法工作，推进野生植物保护管理法律制度的建立和完善。首先要加快野生植物保护条例的修改进程，尽快修订《国家重点保护野生植物名录》。继续加大执法力度，对非法盗采、收购、运输野生植物及其产品和破坏野生植物生境的违法犯罪行为给予坚决打击。加强执法队伍的能力建设，杜绝有法不依、执法不严、知法犯法的行为发生，为野生植物资源的保护和合理利用创造良好的社会环境。

9.3.7 继续开展资源调查

本次调查，限于资金、人员的限制，仅仅调查了27种野生植物，仅仅是本省极少代表，大量的野生植物，尤其是国家重点保护的野生植物尚未进行调查，而且很多物种从未进行过全面性或区域性的资源调查或研究。这次调查，虽然初步了解了本省野生植物资源的本底，但离全面掌握本省野生植物资源现状还有一定的距离。因此，在今后相当长时期内，继续开展野生植物资源调查，了解各物种的种群数量及变动趋势，仍是本省野生植物工作的重要任务。我们将在这次调查的基础上，总结经验，吸取教训，应用先进手段，提高调查水平，逐步开展有关物种调查工作，以全面掌握本省野生植物资源状况和变动趋势。实践证明，专项调查，容易组织和管理，技术路线针对性强，是野生植物资源调查的有效方法。因此，今后将结合野生植物资源监测体系的建立，继续开展有关物种的专项调查，为全面保护、合理利用本省的野生植物资源提供科学依据。

9.3.8 尽快建立资源监测体系，实现对资源的动态监测

野生植物资源调查和监测是野生植物保护管理的基础，本省将以这次调查为契机，尽快建立健全野生植物资源监测体系。首先进一步完善野生植物资源监测站和监测分站，建立各县（市、区）监测点，划定监测样地，制定监测技术标准，逐步开展全省范围内的国家重点保护野生植物的监测。对野生植物的种群状况及其影响因素、生境状况及其影响因素、人工培植及利用状况等进行动态监测，掌握野生植物资源的消长变化趋势及影响因素，为甘肃省野生植物的有效保护和合理利用提供科学依据，提高野生植物保护管理决策的科学性。

9.3.9 加强科学研究，建立科技支撑体系

针对甘肃省野生植物科研力量薄弱，科研手段落后，人才流失严重的现状，本省将逐渐培育完善适合社会主义经济发展的野生植物科学研究机制，加大科研投入，改善科研条件，组建一支具有献身精神的高素质的野生植物科学研究队伍，建立野生植物科技支撑体系。在研究项目方面，除继续加强基础研究外，还将对野生植物的保护拯救技术、繁育技术、生境恢复技术等方面进行技术攻关，加强具有较高经济价值物种的人工繁育技术研究，对珍稀濒危物种，除继续加强抢救性保护等方面的研究外，还要注意种群恢复、野外回归等方面的研究。加强协调、组织优势力量，集中攻关，完成一批全国乃至国际领先的研究项目，为有效保护和科学利用野生植物提供科技支撑。

第十章 资源监测方案

10.1 资源监测总体设想

在甘肃省林业厅强有力的领导下，在保护处大力支持下，甘肃省野生动植物管理局建立重点保护野生植物监测站，在市（州）野生动植物管理局（站）建立监测分站，在重点保护植物分布的县（市、区）林业局建立监测点，从而形成全省的重点保护野生植物三级监测体系。

省监测站，其职责是专门负责组织和协调全省重点保护野生植物资源调查与监测工作；定期向国家林业局野生植物监测中心上报监测材料；检查督促各监测分站和监测点按照有关规定和要求做好定期监测工作。

监测分站，其职责是按照国家林业局野生植物监测中心的有关要求，收集、处理和汇总各监测点的信息，并将规范化的表格填写数据上报省林业监测站。

监测点所在的县（市、区），要在掌握重点植物的分布情况和代表性的基础上划定监测区，并通过自省林业厅和市（州）林业局在监测区内综合确定县级监测点。监测点要作为一级组织机构设在所属县林业局，而且要配备专门技术人员。各监测点负责日常有关监测信息的采集，发现重大变化及时上报监测分站和监测站，同时协助配合监测分站对监测区的定期监测工作。

通过以上三级监测体系的运作，即可对本省重点保护野生植物资源实施动态监测，从而为国家和省林业主管部门提供准确的监测数据，以便及时采取合理的保护对策。

10.2 监测物种选择

10.2.1 选择原则

根据《第二次全国重点保护野生植物资源调查技术规程》的要求，本省在征求国家林业局野生动植物保护司和部分有关专家意见的基础上，确定本次调查物种共计28种，在调查过程中，一种没有找到。尽管这些物种均符合《技术规程》的要求，都属于国家或省级重点保护野生植物或有重大科研、文化价值的植物或濒危植物，但实施全部监测也没有太大必要，因此提出以下物种监测要求：

（1）对列入"第二次全国重点保护野生植物资源调查名录"的分布区域狭小或种群数量在5万株以下的全部监测；

（2）种群数量在50001～100万株之间的物种，根据区域分布每种选择性监测；

（3）坚持选择自然更新条件较差的物种；

（4）总体上坚持珍稀、珍贵和濒危统筹兼顾原则。

10.2.2 选择物种

按照上述原则第一条，选择监测物种有巴山榧树、大果青扦、独花兰、珙桐、红椿、红豆树、厚朴、连香树、庙台槭、南方红豆杉、沙生柽柳、水曲柳、西康玉兰、香果树、宜昌橙、油樟16种。

按照上述原则第二条，选择监测物种有光叶珙桐、红豆杉、水青树3种。

按照上述原则第三条，选择监测物种有肉苁蓉、梭梭2种。

对独叶草进行区域性监测。虽然独叶草株数较多，但面积呈减少趋势。

10.3 监测样地选择

10.3.1 选择原则

（1）监测样地的选择必须满足能够客观反映监测物种在数量上的变化要求，也就是要在典型的群落中选择样地。

（2）监测样地的选择应充分利用本次调查样地，并以本次调查样地作为初查对照样本，以获取对比监测资料。

（3）为对国家重点保护野生植物进行重点监测，以本次调查样地为基础，全部调查物种监测样地抽取强度为：不同物种在不同调查单元中的所有类型的典型群落均分别选取3个样地作为监测样地，不足3个全部作为监测样地。

10.3.2 监测样地分布

按照上述原则，并结合本次调查选取样地，监测样地分布如下：

巴山榧树：白水江国家级自然保护区3个、小陇山头二三滩国家级自然保护区3个、裕河金丝猴省级自然保护区2个、徽县3个。

大果青扦：舟曲林业局2个。

独花兰：白水江国家级自然保护区3个、裕河金丝猴省级自然保护区3个、康县1个。

独叶草：白水江国家级自然保护区1个、洮河国家级自然保护区1个、阿夏省级自然保护区1个、礼县2个。

珙桐：白水江国家级自然保护区4个。

光叶珙桐：白水江国家级自然保护区4个。

红椿：白水江国家级自然保护区3个、裕河金丝猴省级自然保护区2个、康县1个。

红豆杉：秦州区3个、麦积区3个、西和县3个、徽县3个、武都区3个、两当县3个、舟曲县3个、文县3个。

红豆树：白水江国家级自然保护区2个、文县2个、裕河金丝猴省级自然保护区4个。

厚朴：白水江国家级自然保护区3个、文县1个、裕河金丝猴省级自然保护区2个、康县1个、武都区1个、舟曲县1个。

连香树：白水江国家级自然保护区2个、文县2个、裕河金丝猴省级自然保护区4个、麦积区3个、舟曲县3个、迭部县3个。

庙台槭：麦积区（小陇山林业实验局）6个。

南方红豆杉：白水江国家级自然保护区2个、裕河金丝猴省级自然保护区2个、两当县2个。

肉苁蓉：肃北蒙古族自治县4个。

沙生柽柳：敦煌西湖国家级自然保护区2个。

水青树：白水江国家级自然保护区2个、文县1个、裕河金丝猴省级自然保护区2个、麦积区2个、舟曲县2个、迭部县2个。

水曲柳：白水江国家级自然保护区2个、裕河金丝猴省级自然保护区2个、小陇山头二三滩国家级自然保护区3个、舟曲县2个、迭部县1个。

梭梭：阿克塞哈萨克族自治县1个、肃北蒙古族自治县1个、敦煌市1个、金塔县1个、金川区1个、民勤县3个。

西康玉兰：白水江国家级自然保护区2个。

香果树：白水江国家级自然保护区4个、裕河金丝猴省级自然保护区4个。

宜昌橙：白水江国家级自然保护区4个。

油樟：白水江国家级自然保护区4个、裕河金丝猴省级自然保护区4个、小陇山头二三滩国家级自然保护区2个。

10.4 监测方法

采取监测分站组建专业调查监测队伍进行定期监测和监测点进行日常监测相结合的方法。定期监测方法，原则上要和本次调查方法一致，发现有重大差异时，适当要增加样地数量。日常监测主要是收集当地开发利用、人为破坏、自然灾害等对物种的影响资料，以及气象、水文等自然条件的变化数据。群落面积的监测，利用最新高清影像判读现地校正。采用上述方法所获得的数据、资料、内容应与本次调查一致。

10.5 监测时间和周期

10.5.1 监测时间

根据监测物种分布的不同自然地理环境，宜选择在能够准确鉴定其生长发育的时期进行监测，具体物种监测时间见表3-10-1。

表3-10-1 物种监测时间

中文名	国家保护等级	监测时间	生活型
巴山榧树	国家二级	5～7月	乔木
大果青杆	国家二级	5～7月	乔木
独花兰	省级	3～5月	陆生兰

（续表）

中文名	国家保护等级	监测时间	生活型
独叶草	国家一级	5～8月	草本
珙桐	国家一级	4～10月	乔木
光叶珙桐	国家一级	4～10月	乔木
红椿	国家级二级	4～11月	乔木
红豆杉	国家一级	5～7月	乔木
红豆树	国家二级	4～11月	乔木
厚朴	国家二级	5～10月	乔木
连香树	国家二级	4～8月	乔木
庙台槭	省级	5～9月	乔木
南方红豆杉	国家一级	5～7月	乔木
肉苁蓉	省级	5～8月	草本
沙生柽柳	省级	7～9月	大灌木
水青树	国家二级	6～10月	乔木
水曲柳	国家二级	4～9月	乔木
梭梭	省级	6～10月	小乔木
西康玉兰	国家二级	5～10月	小乔木
香果树	国家二级	6～11月	乔木
宜昌橙	省级	5～11月	小乔木
油樟	国家二级	5～9月	乔木

10.5.2 监测周期

重点保护野生植物资源监测每5年进行一次。

【参考文献】

[1] 中国科学院植物研究所. 中国高等植物图鉴[M]. 北京：科学出版社，1972.

[2] 中国科学院中国植物志编辑委员会. 中国植物志[M]. 北京：科学出版社，2004.

[3] 国家林业局. 中国重点保护野生植物调查[M]. 北京：中国林业出版社，2009.

[4] 中国科学院中国植物志编辑委员会. 中国植物志[M]. 北京：科学出版社，2004.

[5] 甘肃省地方史志编纂委员会，甘肃省林业志编辑委员会. 甘肃省志·林业志[M]. 兰州：甘肃人民出版社，1999.

第四部分

调查表

表4-1 野生植物资源省级样地汇总表（按调查单元）

调查单元				统计条件		主副样方数及出现现度				样地		更新情况				成树株数密度（株/hm²）			计算条件
序号	县（保护区）	保护区所在县	中文名	调查方法	群落/生境类型	出现样方数 n	主样方 N_1	副样方 N_2	出现度 F	面积（m²）	样木（实测+未测）	幼木株数	幼木率 %	幼苗株数	幼苗率 %	理论值 X_1	调整系数	实际值 X_1	
1	文县	文县	香果树	实测法	落叶阔叶杂木林						11					11.00	1.00	11.00	文县-香果树-实测法-落叶阔叶杂木林
2	文县	文县	香果树	典型抽样之样带法	落叶阔叶林					872000	236	39	0.17	15	0.06	2.71	1.00	2.71	文县-香果树-典型抽样之样带法-落叶阔叶林
3	文县	文县	红豆杉	典型抽样之样带法	落叶阔叶杂木林					64000	13					2.03	1.00	2.03	文县-红豆杉-典型抽样之样带法-落叶阔叶杂木林
4	文县	文县	红豆杉	典型抽样之样带法	落叶阔叶林					82000	12	16	1.33			1.46	1.00	1.46	文县-红豆杉-典型抽样之样带法-落叶阔叶林
5	文县	文县	水青树	典型抽样之样带法	落叶阔叶林	43	17	68	0.51	6800	81	30	0.37	5	0.06	60.26	1.00	60.26	文县-水青树-典型抽样之样带法-落叶阔叶林
6	文县	文县	水青树	实测法	落叶阔叶杂木林						9					9.00	1.00	9.00	文县-水青树-实测法-落叶阔叶杂木林
7	文县	文县	秦岭冷杉	典型抽样之样带法	巴山冷杉林	22	5	20	0.88	2000	43					189.20	1.00	189.20	文县-秦岭冷杉-典型抽样之样带法-巴山冷杉林

（续表）

调查单元				统计条件		主副样方数及出现度				样地		更新情况				成树株数密度（株/hm²）			计算条件
序号	县（保护区）	保护区所在县	中文名	调查方法	群落/生境类型	出现样方 n	主样方 N1	副样方 N2	出现度 F	面积（m²）	样木（实测+未测）	幼木株数	幼木率 %	幼苗株数	幼苗率 %	理论值 Xt	调整系数	实际值 Xt	
8	文县	文县	秦岭冷杉	实测法	温性针叶阔叶混交林						18	6	0.33			18.00	1.00	18.00	文县-秦岭冷杉-实测法-温性针叶阔叶混交林
9	文县	文县	岷江柏木	典型抽样之样带法	柏木林	18	8	32	0.45	3200	82	55	0.67			115.31	1.00	115.31	文县-岷江柏木-典型抽样之样带法-柏木林
10	文县	文县	岷江柏木	实测法	落叶阔叶杂木林						3					3.00	1.00	3.00	文县-岷江柏木-实测法-落叶阔叶杂木林
11	文县	文县	岷江柏木	实测法	侧柏林						1					1.00	1.00	1.00	文县-岷江柏木-实测法-侧柏林
12	文县	文县	岷江柏木	实测法	圆柏林						9					9.00	1.00	9.00	文县-岷江柏木-实测法-圆柏林
13	文县	文县	厚朴	实测法	落叶阔叶杂木林						10					10.00	1.00	10.00	文县-厚朴-实测法-落叶阔叶杂木林
14	文县	文县	厚朴	实测法	落叶阔叶林						48	25	0.52	9	0.19	48.00	1.00	48.00	文县-厚朴-实测法-落叶阔叶林
15	文县	文县	独叶草	典型抽样之样带法	岷江冷杉林	10	2	8	1.00	2	86					430000.00	1.00	430000.00	文县-独叶草-典型抽样之样带法-岷江冷杉林

第四部分
调查表

（续表）

序号	县（保护区）	保护区所在县	中文名	调查方法	群落/生境类型	出现样方 n	主样方 N_1	副样方 N_2	出现度 F	面积 (m²)	样木（实测+未测）	幼木株数	幼木率 %	幼苗株数	幼苗率 %	理论值 X_1	调整系数	实际值 X_1	计算条件
16	文县	文县	独叶草	典型抽样之样带法	寒温性针叶林	34	10	40	0.68	10	242					164560.00	1.00	164560.00	文县-独叶草-典型抽样之样带方法-寒温性针叶林
17	文县	文县	巴山榧树	典型抽样之样带法	落叶阔叶林					50600	20	17	0.85			3.95	1.00	3.95	文县-巴山榧树-典型抽样之样带法-落叶阔叶林
18	文县	文县	红豆树	实测法	落叶阔叶杂木林						56					56.00	1.00	56.00	文县-红豆树-实测法-落叶阔叶杂木林
19	文县	文县	红豆树	实测法	落叶阔叶林						5	17	3.40			5.00	1.00	5.00	文县-红豆树-实测法-落叶阔叶林
20	文县	文县	红椿	实测法	温性针阔叶混交林						1					1.00	1.00	1.00	文县-红椿-实测法-温性针阔叶混交林
21	文县	文县	红椿	典型抽样之样带法	落叶阔叶林	12	12	48	0.20	108000	53	43	0.81			4.91	1.00	4.91	文县-红椿-典型抽样带法-落叶阔叶林
22	文县	文县	油樟	典型抽样方法	落叶阔叶林					4800	47	112	2.38	18	0.38	19.58	1.00	19.58	文县-油樟-典型抽样方法-落叶阔叶林
23	文县	文县	油樟	实测法	落叶阔叶杂木林						3					3.00	1.00	3.00	文县-油樟-实测法-落叶阔叶杂木林

（续表）

调查单元				统计条件		主副样方数及出现现度				样地		更新情况				成树株数密度（株/hm²）			计算条件
序号	县（保护区）	保护区所在县	中文名	调查方法	群落/生境类型	出现样方 n	主样方 N₁	副样方 N₂	出现度 F	面积（m²）	样木（实测+未测）	幼木株数	幼木率 %	幼苗株数	幼苗率 %	理论值 X₁	调整系数	实际值 X₁	
24	文县	文县	油樟	实测法	落叶、常绿栎类混交林						10					10.00	1.00	10.00	文县-油樟-实测法-落叶、常绿栎类混交林
25	文县	文县	连香树	典型抽样之样带法	落叶阔叶杂木林					148000	44					2.97	1.00	2.97	文县-连香树-典型抽样之样带法-落叶阔叶杂木林
26	文县	文县	连香树	典型抽样之样带法	落叶阔叶林					262400	151	183	1.21	38	0.25	5.75	1.00	5.75	文县-连香树-典型抽样之样带法-落叶阔叶林
27	文县	文县	独花兰	实测法	落叶阔叶林						32					32.00	1.00	32.00	文县-独花兰-实测法-落叶阔叶林
28	文县	文县	南方红豆杉	实测法	落叶阔叶林						8	5	0.63	6	0.75	8.00	1.00	8.00	文县-南方红豆杉-实测法-落叶阔叶林
29	文县	文县	水曲柳	实测法	落叶阔叶林						19	21	1.11	12	0.63	19.00	1.00	19.00	文县-水曲柳-实测法-落叶阔叶林
30	文县	文县	光叶珙桐	典型抽样之样方方法	落叶阔叶林	14	10	40	0.28	4000	68	28	0.41	8	0.12	47.60	1.00	47.60	文县-光叶珙桐-典型抽样之样方方法-落叶阔叶林
31	文县	文县	珙桐	实测法	落叶阔叶林						3					3.00	1.00	3.00	文县-珙桐-实测法-落叶阔叶林

（续表）

序号	调查单元				统计条件		主副样方数及出现度				样地		更新情况				成树株数密度（株/hm²）			计算条件
	县（保护区）	保护区所在县	中文名		调查方法	群落/生境类型	出现样方 n	主样方 N₁	副样方 N₂	出现度 F	面积（m²）	样木（实测+未测）	幼木株数	幼木率 %	幼苗株数	幼苗率 %	理论值 X₁	调整系数	实际值 X₁	
32	文县	文县	宜昌橙		实测法	落叶阔叶林						5	7	1.40			5.00	1.00	5.00	文县-宜昌橙-实测法-落叶阔叶林
33	文县	文县	西康玉兰		实测法	落叶阔叶林						1	9	9.00	3	3.00	1.00	1.00	1.00	文县-西康玉兰-实测法-落叶阔叶林
34	武都区	武都区	香果树		实测法	落叶阔叶杂木林						151	10	0.07			151.00	1.00	151.00	武都区-香果树-落叶阔叶杂木林
35	武都区	武都区	香果树		实测法	春榆、水曲柳林						3					3.00	1.00	3.00	武都区-香果树-实测法-春榆、水曲柳林
36	武都区	武都区	香果树		实测法	农、林间作型						24					24.00	1.00	24.00	武都区-香果树-实测法-农、林间作型
37	武都区	武都区	香果树		实测法	青冈、落叶阔叶混交林						53					53.00	1.00	53.00	武都区-香果树-落叶阔叶混交林
38	武都区	武都区	香果树		实测法	农、果间作型						17					17.00	1.00	17.00	武都区-香果树-农、果间作型
39	武都区	武都区	香果树		实测法	侧柏林						1					1.00	1.00	1.00	武都区-香果树-实测法-侧柏林

（续表）

序号	县（保护区）	保护区所在县	中文名	调查方法	群落/生境类型	出现样方 n	主样方 N₁	副样方 N₂	出现度 F	面积（m²）	样木（实测+未测）	幼木株数	幼木率%	幼苗株数	幼苗率%	理论值 X_i	调整系数	实际值 X_i	计算条件
40	武都区	武都区	香果树	实测法	落叶阔叶灌丛						3					3.00	1.00	3.00	武都区-香果树-实测法-落叶阔叶灌丛
41	武都区	武都区	香果树	典型抽样之样带法	落叶阔叶林					72400	14					1.93	1.00	1.93	武都区-香果树-典型抽样之样带法-落叶阔叶林
42	武都区	武都区	红豆杉	实测法	春榆、水曲柳林						3					3.00	1.00	3.00	武都区-红豆杉-实测法-春榆、水曲柳林
43	武都区	武都区	红豆杉	实测法	青冈、落叶阔叶混交林						5					5.00	1.00	5.00	武都区-红豆杉-实测法-青冈、落叶阔叶混交林
44	武都区	武都区	红豆杉	实测法	农、果间作型						3					3.00	1.00	3.00	武都区-红豆杉-实测法-农、果间作型
45	武都区	武都区	红豆杉	实测法	针叶林						17	20	1.18	50	2.94	17.00	1.00	17.00	武都区-红豆杉-实测法-针叶林
46	武都区	武都区	水青树	典型抽样之样带方法	落叶阔叶林	2	2	8	0.20	800	4	46	11.50	29	7.25	10.00	1.00	10.00	武都区-水青树-典型抽样方法-落叶阔叶林
47	武都区	武都区	水青树	实测法	红桦林						6					6.00	1.00	6.00	武都区-水青树-实测法-红桦林

（续表）

调查单元				统计条件		主副样方数及出现频度				样地		更新情况				成树株数密度（株/hm²）			计算条件
序号	县（保护区）	保护区所在县	中文名	调查方法	群落/生境类型	出现样方数 n	主样方 N₁	副样方 N₂	出现频度 F	面积（m²）	样木（实测+未测）	幼木株数	幼木率 %	幼苗株数	幼苗率 %	理论值 X₁	调整系数	实际值 X₁	
48	武都区	武都区	水青树	实测法	青冈、落叶阔叶混交林						19					19.00	1.00	19.00	武都区-水青树-实测法-青冈、落叶阔叶混交林
49	武都区	武都区	秦岭冷杉	实测法	农、果间作型						1					1.00	1.00	1.00	武都区-秦岭冷杉-实测法-农、果间作型
50	武都区	武都区	岷江柏木	实测法	落叶阔叶林						2					2.00	1.00	2.00	武都区-岷江柏木-实测法-落叶阔叶林
51	武都区	武都区	岷江柏木	实测法	农、林间作型						1					1.00	1.00	1.00	武都区-岷江柏木-实测法-农、林间作型
52	武都区	武都区	岷江柏木	实测法	农、果间作型						4					4.00	1.00	4.00	武都区-岷江柏木-实测法-农、果间作型
53	武都区	武都区	厚朴	实测法	落叶阔叶林						83	23	0.28	5	0.06	83.00	1.00	83.00	武都区-厚朴-实测法-落叶阔叶林
54	武都区	武都区	厚朴	实测法	农、林间作型						8					8.00	1.00	8.00	武都区-厚朴-实测法-农、林间作型
55	武都区	武都区	厚朴	实测法	青冈、落叶阔叶混交林						2					2.00	1.00	2.00	武都区-厚朴-实测法-青冈、落叶阔叶混交林

（续表）

调查单元 序号	县（保护区）	保护区所在县	中文名	调查方法	群落/生境类型	出现样方 n	主样方 N₁	副样方 N₂	出现度 F	面积(m²)	样木(实测+未测)	幼木株数	幼木率%	幼苗株数	幼苗率%	理论值 X₁	调整系数	实际值 X₁	计算条件
56	武都区	武都区	巴山榧树	实测法	落叶阔叶杂木林						1					1.00	1.00	1.00	武都区-巴山榧树-实测法-落叶阔叶杂木林
57	武都区	武都区	巴山榧树	实测法	山杨林						3					3.00	1.00	3.00	武都区-巴山榧树-实测法-山杨林
58	武都区	武都区	巴山榧树	实测法	春榆、水曲柳林						6					6.00	1.00	6.00	武都区-巴山榧树-实测法-春榆、水曲柳林
59	武都区	武都区	巴山榧树	实测法	针叶林						1					1.00	1.00	1.00	武都区-巴山榧树-实测法-针叶林
60	武都区	武都区	巴山榧树	典型抽样之样带法	落叶阔叶林					34200	8					2.34	1.00	2.34	武都区-巴山榧树-典型抽样之样带法-落叶阔叶林
61	武都区	武都区	红豆树	实测法	青冈、落叶阔叶混交林						87					87.00	1.00	87.00	武都区-红豆树-实测法-青冈、落叶阔叶混交林
62	武都区	武都区	红豆树	实测法	云杉、冷杉林						11					11.00	1.00	11.00	武都区-红豆树-实测法-云杉、冷杉林
63	武都区	武都区	红椿	实测法	马桑灌丛						2					2.00	1.00	2.00	武都区-红椿-实测法-马桑灌丛

（续表）

序号	县（保护区）	保护区所在县	中文名	调查方法	群落/生境类型	出现样方数 n	主样方数 N₁	副样方数 N₂	出现度 F	面积（m²）	样木（实测+未测）	幼木株数	幼木率 %	幼苗株数	幼苗率 %	理论值 Xᵢ	调整系数	实际值 Xᵢ	计算条件
64	武都区	武都区	红椿	实测法	青冈、落叶阔叶混交林						17					17.00	1.00	17.00	武都区-红椿-实测法-青冈、落叶阔叶混交林
65	武都区	武都区	油樟	典型抽样之样方法	落叶阔叶林	3	3	12	0.20	1200	7	93	13.29			11.67	1.00	11.67	武都区-油樟-典型抽样之样方法-落叶阔叶林
66	武都区	武都区	油樟	实测法	农、林间作型						5					5.00	1.00	5.00	武都区-油樟-实测法-农、林间作型
67	武都区	武都区	油樟	实测法	青冈、落叶阔叶混交林						5					5.00	1.00	5.00	武都区-油樟-实测法-青冈、落叶阔叶混交林
68	武都区	武都区	油樟	实测法	常绿、落叶阔叶混交林						2					2.00	1.00	2.00	武都区-油樟-实测法-常绿、落叶阔叶混交林
69	武都区	武都区	连香树	实测法	青冈、落叶阔叶混交林						134					134.00	1.00	134.00	武都区-连香树-实测法-青冈、落叶阔叶混交林
70	武都区	武都区	连香树	典型抽样之样带法	落叶阔叶林					28400	14					4.93	1.00	4.93	武都区-连香树-典型抽样之样带法-落叶阔叶林

（续表）

调查单元			统计条件			主副样方数及出现度				样地		更新情况				成树株数密度（株/hm²）			
序号	县（保护区）	保护区所在县	中文名	调查方法	群落/生境类型	出现样方 n	主样方 N₁	副样方 N₂	出现度 F	面积（m²）	样木（实测+未测）	幼木株数	幼木率%	幼苗株数	幼苗率%	理论值 X₁	调整系数	实际值 X₁	计算条件
71	武都区	武都区	独花兰	实测法	青冈、落叶阔叶混交林						94					94.00	1.00	94.00	武都区-独花兰-实测法-青冈、落叶阔叶混交林
72	武都区	武都区	南方红豆杉	实测法	温性针阔叶混交林						2					2.00	1.00	2.00	武都区-南方红豆杉-实测法-温性针阔叶混交林
73	武都区	武都区	水曲柳	实测法	红桦林						19					19.00	1.00	19.00	武都区-水曲柳-实测法-红桦林
74	武都区	武都区	水曲柳	实测法	青冈、落叶阔叶混交林						7					7.00	1.00	7.00	武都区-水曲柳-实测法-青冈、落叶阔叶混交林
75	武都区	武都区	水曲柳	实测法	针叶林						28					28.00	1.00	28.00	武都区-水曲柳-实测法-针叶林
76	阿克塞哈萨克族自治县	阿克塞哈萨克族自治县	裸果木	典型抽样之样方法	合头草荒漠	6	2	8	0.60	50	11					1320.00	1.00	1320.00	阿克塞哈萨克族自治县-裸果木-典型抽样之样方法-合头草荒漠
77	阿克塞哈萨克族自治县	阿克塞哈萨克族自治县	裸果木	典型抽样之样方法	膜果麻黄荒漠	24	8	32	0.60	200	22					660.00	1.00	660.00	阿克塞哈萨克族自治县-裸果木-典型抽样之样方法-膜果麻黄荒漠

（续表）

序号	调查单元				统计条件		主副样方数及出现度				样地		更新情况				成树株数密度（株/hm²）			计算条件
	县（保护区）	保护区所在县	中文名		调查方法	群落/生境类型	出现样方 n	主样方 N₁	副样方 N₂	出现度 F	面积（m²）	样木（实测+未测）	幼木株数	幼木率 %	幼苗株数	幼苗率 %	理论值 X₁	调整系数	实际值 X₁	
78	阿克塞哈萨克族自治县	阿克塞哈萨克族自治县	裸果木		典型抽样之样方法	裸果木荒漠	20	8	32	0.50	200	18					450.00	1.00	450.00	阿克塞哈萨克族自治县-裸果木-典型抽样之样方法-裸果木荒漠
79	阿克塞哈萨克族自治县	阿克塞哈萨克族自治县	梭梭		典型抽样之样方法	梭梭群系	35	11	44	0.64	2525	75					189.02	1.00	189.02	阿克塞哈萨克族自治县-梭梭-典型抽样之样方法-梭梭群系
80	阿克塞哈萨克族自治县	阿克塞哈萨克族自治县	沙拐枣		典型抽样之样方法	合头草荒漠	1	1	4	0.20	25	1					80.00	1.00	80.00	阿克塞哈萨克族自治县-沙拐枣-典型抽样之样方法-合头草荒漠
81	阿克塞哈萨克族自治县	阿克塞哈萨克族自治县	沙拐枣		典型抽样之样方法	膜果麻黄荒漠	1	1	4	0.20	25	1					80.00	1.00	80.00	阿克塞哈萨克族自治县-沙拐枣-典型抽样之样方法-膜果麻黄荒漠
82	阿克塞哈萨克族自治县	阿克塞哈萨克族自治县	沙拐枣		典型抽样之样方法	梭梭群系	1	1	4	0.20	25	3					240.00	1.00	240.00	阿克塞哈萨克族自治县-沙拐枣-典型抽样之样方法-梭梭群系

（续表）

调查单元 序号	县（保护区）	保护区所在县	中文名	统计条件 调查方法	群落/生境类型	出现样方数 n	主样方数 N₁	副样方数 N₂	出现度 F	面积 (m²)	样木（实测+未测）	幼木株数	幼木率 %	幼苗株数	幼苗率 %	理论值 X_l	调整系数	实际值 X_l	计算条件
83	阿克塞哈萨克族自治县	阿克塞哈萨克族自治县	沙拐枣	典型抽样之样方法	沙拐枣群系	29	12	48	0.48	300	22					354.44	1.00	354.44	阿克塞哈萨克族自治县-沙拐枣-典型抽样之样方法-沙拐枣群系
84	阿克塞哈萨克族自治县	阿克塞哈萨克族自治县	裸果木	典型抽样之样方法	合头草荒漠	66	20	80	0.66	500	132					1742.40	1.00	1742.40	肃北蒙古族自治县-裸果木-典型抽样之样方法-合头草荒漠
85	阿克塞哈萨克族自治县	阿克塞哈萨克族自治县	裸果木	典型抽样之样方法	合头草荒漠群系	50	16	64	0.63	400	33					515.63	1.00	515.63	肃北蒙古族自治县-裸果木-典型抽样之样方法-合头草荒漠群系
86	肃北蒙古族自治县	肃北蒙古族自治县	梭梭	典型抽样之样方法	合头草荒漠群系	78	27	108	0.58	675	54					462.22	1.00	462.22	肃北蒙古族自治县-梭梭-典型抽样之样方法-合头草荒漠群系
87	肃北蒙古族自治县	肃北蒙古族自治县	沙拐枣	典型抽样之样方法	合头草荒漠群系	27	13	52	0.42	325	16					204.50	1.00	204.50	肃北蒙古族自治县-沙拐枣-典型抽样之样方法-合头草荒漠群系

（续表）

序号	调查单元 县（保护区）	调查单元 保护区所在县	中文名	统计条件 调查方法	统计条件 群落/生境类型	主副样方数及出现现度 出现样方 n	主副样方数及出现现度 主样方 N_1	主副样方数及出现现度 副样方 N_2	主副样方数及出现现度 出现现度 F	样地 面积（m^2）	样地 样木（实测+未测）	更新情况 幼木株数	更新情况 幼木率 %	更新情况 幼苗株数	更新情况 幼苗率 %	成树株数密度（株/hm^2） 理论值 X_1	成树株数密度 调整系数	成树株数密度 实际值 X_1	计算条件
88	肃北蒙古族自治县	肃北蒙古族自治县	蒙古扁桃	典型抽样之样方法	合头草荒漠群系	8	5	20	0.32	125	11					281.60	1.00	281.60	肃北蒙古族自治县-蒙古扁桃-典型抽样之样方法-合头草荒漠群系
89	肃北蒙古族自治县	肃北蒙古族自治县	肉苁蓉	典型抽样之样方法	合头草荒漠群系	6	6	24	0.20	150	16					213.33	1.00	213.33	肃北蒙古族自治县-肉苁蓉-典型抽样之样方法-合头草荒漠群系
90	敦煌市	敦煌市	裸果木	典型抽样之样方法	红砂荒漠	18	10	40	0.36	250	11					158.40	1.00	158.40	敦煌市-裸果木-典型抽样之样方法-红砂荒漠
91	敦煌市	敦煌市	梭梭	典型抽样之样方法	梭梭群系	91	24	96	0.76	6225	96					116.95	1.00	116.95	敦煌市-梭梭-典型抽样之样方法-梭梭群系
92	敦煌市	敦煌市	梭梭	典型抽样之样方法	沙拐枣群系	11	4	16	0.55	100	5					275.00	1.00	275.00	敦煌市-梭梭-典型抽样之样方法-沙拐枣群系
93	敦煌市	敦煌市	沙拐枣	典型抽样之样方法	沙拐枣群系	20	4	16	1.00	100	10					1000.00	1.00	1000.00	敦煌市-沙拐枣-典型抽样之样方法-沙拐枣群系

（续表）

调查单元			中文名	统计条件		主副样方数及出现度				样地		更新情况				成树株数密度（株/hm²）			计算条件
序号	县（保护区）	保护区所在县		调查方法	群落/生境类型	出现样方数 n	主样方 N₁	副样方 N₂	出现度 F	面积（m²）	样木（实测+未测）	幼木（幼木株数 / 幼木率%）		幼苗（幼苗株数 / 幼苗率%）		理论值 X₁	调整系数	实际值 X₁	
94	敦煌市	敦煌市	沙拐枣	典型抽样之样方法	红砂荒漠	11	10	40	0.22	250	10					88.00	1.00	88.00	敦煌市-沙拐枣-典型抽样之样方法-红砂荒漠
95	敦煌市	敦煌市	沙拐枣	实测法	沙拐枣群系						50					50.00	1.00	50.00	敦煌市-沙拐枣-实测法-沙拐枣群系
96	敦煌市	敦煌市	沙生柽柳	实测法	沙生柽柳群系						3					3.00	1.00	3.00	敦煌市-沙生柽柳-实测法-沙生柽柳群系
97	瓜州县	瓜州县	裸果木	典型抽样之样方法	膜果麻黄荒漠	7	5	20	0.28	125	7					156.80	1.00	156.80	瓜州县-裸果木-典型抽样之样方法-膜果麻黄荒漠
98	瓜州县	瓜州县	梭梭	典型抽样之样方法	梭梭群系	41	10	40	0.82	4000	143					293.15	1.00	293.15	瓜州县-梭梭-典型抽样方法-梭梭群系
99	瓜州县	瓜州县	沙拐枣	典型抽样之样方法	沙拐枣群系	19	10	40	0.38	250	15					228.00	1.00	228.00	瓜州县-沙拐枣-典型抽样之样方法-沙拐枣群系
100	玉门市	玉门市	裸果木	典型抽样之样方法	膜果麻黄荒漠	34	10	40	0.68	250	35					952.00	1.00	952.00	玉门市-裸果木-典型抽样之样方法-膜果麻黄荒漠

（续表）

序号	县(保护区)	保护区所在县	中文名	调查方法	群落/生境类型	出现样方 n	主样方 N₁	副样方 N₂	出现频度 F	面积 (m²)	样木(实测+未测)	幼木株数	幼木率 %	幼苗株数	幼苗率 %	理论值 X₁	调整系数	实际值 X₁	计算条件
101	玉门市	玉门市	裸果木	典型抽样之样方法	红砂荒漠	36	12	48	0.60	300	60					1200.00	1.00	1200.00	玉门市-裸果木-典型抽样之样方法-红砂荒漠
102	玉门市	玉门市	裸果木	典型抽样之样方法	裸果木荒漠	98	20	80	0.98	500	226					4429.60	1.00	4429.60	玉门市-裸果木-典型抽样之样方法-裸果木荒漠
103	玉门市	玉门市	裸果木	典型抽样之样方法	珍珠猪毛菜荒漠	16	5	20	0.64	125	26					1331.20	1.00	1331.20	玉门市-裸果木-典型抽样之样方法-珍珠猪毛菜荒漠
104	玉门市	玉门市	梭梭	典型抽样之样方法	梭梭群系	22	5	20	0.88	2000	77					338.80	1.00	338.80	玉门市-梭梭-典型抽样之样方法-梭梭群系
105	玉门市	玉门市	沙拐枣	典型抽样之样方法	沙拐枣群系	12	5	20	0.48	125	25					960.00	1.00	960.00	玉门市-沙拐枣-典型抽样之样方法-沙拐枣群系
106	玉门市	玉门市	蒙古扁桃	典型抽样之样方法	裸果木荒漠	20	5	20	0.80	2000	50					200.00	1.00	200.00	玉门市-蒙古扁桃-典型抽样之样方法-裸果木荒漠
107	肃州区	肃州区	沙拐枣	典型抽样之样方法	沙拐枣群系	31	8	32	0.78	200	19					736.25	1.00	736.25	肃州区-沙拐枣-典型抽样之样方法-沙拐枣群系

（续表）

调查单元			中文名	统计条件		主副样方数及出现度				样地		更新情况				成树株数密度（株/hm²）			
序号	县（保护区）	保护区所在县		调查方法	群落/生境类型	出现样方 n	主样方 N₁	副样方 N₂	出现度 F	面积（m²）	样木（实测+未测）	幼木株数	幼木率 %	幼苗株数	幼苗率 %	理论值 X₁	调整系数	实际值 X₁	计算条件
108	肃州区	肃州区	沙拐枣	典型抽样之样方法	齿叶白刺荒漠	4	2	8	0.40	50	7					560.00	1.00	560.00	肃州区-沙拐枣-典型抽样之样方法-齿叶白刺荒漠
109	金塔县	金塔县	梭梭	典型抽样之样方法	梭梭群系	12	5	20	0.48	125	13					499.20	1.00	499.20	金塔县-梭梭-典型抽样之样方法-梭梭群系
110	金塔县	金塔县	沙拐枣	典型抽样之样方法	沙拐枣群系	45	16	64	0.56	400	66					928.13	1.00	928.13	金塔县-沙拐枣-典型抽样之样方法-沙拐枣群系
111	高台县	高台县	裸果木	实测法	珍珠猪毛菜荒漠						116					116.00	1.00	116.00	高台县-裸果木-实测法-珍珠猪毛菜荒漠
112	高台县	高台县	梭梭	实测法	珍珠猪毛菜荒漠						38					38.00	1.00	38.00	高台县-梭梭-实测法-珍珠猪毛菜荒漠
113	高台县	高台县	蒙古扁桃	实测法	珍珠猪毛菜荒漠						174					174.00	1.00	174.00	高台县-蒙古扁桃-实测法-珍珠猪毛菜荒漠
114	临泽县	临泽县	蒙古扁桃	典型抽样之样方法	珍珠猪毛菜荒漠	39	30	120	0.26	750	82					284.27	1.00	284.27	临泽县-蒙古扁桃-典型抽样之样方法-珍珠猪毛菜荒漠

（续表）

序号	调查单元 县（保护区）	保护区所在县	中文名	统计条件 调查方法	群落/生境类型	主副样方数及出现度 出现样方n	主样方N₁	副样方N₂	出现度F	样地 面积（m²）	样木（实测+未测）	更新情况 幼木株数	幼木率%	幼苗株数	幼苗率%	成树株数密度（株/hm²） 理论值X₁	调整系数	实际值X₁	计算条件
115	民乐县	民乐县	梭梭	典型抽样之样方法	梭梭群系	18	6	24	0.60	150	15					600.00	1.00	600.00	民乐县-梭梭-典型抽样之样方法-梭梭群系
116	肃南裕固族自治县	肃南裕固族自治县	裸果木	典型抽样之样方法	合头草荒漠	37	16	64	0.46	400	66					763.13	1.00	763.13	肃南裕固族自治县-裸果木-典型抽样方法之样-合头草荒漠
117	肃南裕固族自治县	肃南裕固族自治县	蒙古扁桃	典型抽样之样方法	合头草荒漠	6	5	20	0.24	125	21					403.20	1.00	403.20	肃南裕固族自治县-蒙古扁桃-典型抽样之样方法-合头草荒漠
118	肃南裕固族自治县	肃南裕固族自治县	蒙古扁桃	典型抽样之样方法	戈壁针茅草原	61	23	92	0.53	575	190					1752.74	1.00	1752.74	肃南裕固族自治县-蒙古扁桃-典型抽样方法之样-戈壁针茅草原
119	肃南裕固族自治县	肃南裕固族自治县	蒙古扁桃	典型抽样之样方法	甘藏锦鸡儿灌丛	63	22	88	0.57	550	145					1509.92	1.00	1509.92	肃南裕固族自治县-蒙古扁桃-典型抽样方法之-甘藏锦鸡儿灌丛
120	肃南裕固族自治县	肃南裕固族自治县	蒙古扁桃	典型抽样之样方法	金露梅灌丛	13	5	20	0.52	125	23					956.80	1.00	956.80	肃南裕固族自治县-蒙古扁桃-典型抽样之样方法-金露梅灌丛

（续表）

调查单元			中文名	统计条件		主副样方数及出现现度				样地		更新情况						成树株数密度（株/hm²）			计算条件
序号	县（保护区）	保护区所在县		调查方法	群落/生境类型	出现样方 n	主样方 N₁	副样方 N₂	出现度 F	面积（m²）	样木（实测+未测）	幼木株数	幼木率 %	幼苗株数	幼苗率 %			理论值 X₁	调整系数	实际值 X₁	
121	肃南裕固族自治县	肃南裕固族自治县	蒙古扁桃	典型抽样之样方法	中亚紫菀木荒漠	17	7	28	0.49	175	70							1942.86	1.00	1942.86	肃南裕固族自治县-蒙古扁桃-典型抽样之样方法-中亚紫菀木荒漠
122	肃南裕固族自治县	肃南裕固族自治县	蒙古扁桃	典型抽样之样方法	亚菊、灌木亚菊荒漠	15	5	20	0.60	125	14							672.00	1.00	672.00	肃南裕固族自治县-蒙古扁桃-典型抽样之样方法-亚菊、灌木亚菊荒漠
123	肃南裕固族自治县	肃南裕固族自治县	蒙古扁桃	典型抽样之样方法	川青锦鸡儿荒漠	38	15	60	0.51	375	59							797.16	1.00	797.16	肃南裕固族自治县-蒙古扁桃-典型抽样之样方法-川青锦鸡儿荒漠
124	肃南裕固族自治县	肃南裕固族自治县	蒙古扁桃	典型抽样之样方法	灌木亚菊荒漠	12	5	20	0.48	125	34							1305.60	1.00	1305.60	肃南裕固族自治县-蒙古扁桃-典型抽样之样方法-灌木亚菊荒漠
125	肃南裕固族自治县	肃南裕固族自治县	蒙古扁桃	典型抽样之样方法	木霸王荒漠	11	5	20	0.44	125	21							739.20	1.00	739.20	肃南裕固族自治县-蒙古扁桃-典型抽样之样方法-木霸王荒漠

调查单元				统计条件		主副样方数及出现现度				样地		更新情况				成树株数密度（株/hm²）			
序号	县（保护区）	保护区所在县	中文名	调查方法	群落/生境类型	出现样方数 n	主样方 N_1	副样方 N_2	出现度 F	面积（m²）	样木（实测+未测）	幼木株数	幼木率 %	幼苗株数	幼苗率 %	理论值 X_1	调整系数	实际值 X_1	计算条件
126	山丹县	山丹县	蒙古扁桃	典型抽样之样方法	甘藏锦鸡儿灌丛	45	20	80	0.45	500	99					891.00	1.00	891.00	山丹县-蒙古扁桃-典型抽样之样方法-甘藏锦鸡儿灌丛
127	山丹县	山丹县	蒙古扁桃	典型抽样之样方法	金露梅灌丛	11	5	20	0.44	125	37					1302.40	1.00	1302.40	山丹县-蒙古扁桃-典型抽样之样方法-金露梅灌丛
128	永昌县	永昌县	蒙古扁桃	典型抽样之样方法	金露梅灌丛	6	5	20	0.24	125	18					345.60	1.00	345.60	永昌县-蒙古扁桃-典型抽样之样方法-金露梅灌丛
129	永昌县	永昌县	蒙古扁桃	实测法	珍珠猪毛菜荒漠						23					23.00	1.00	23.00	永昌县-实测法-珍珠猪毛菜荒漠
130	永昌县	永昌县	蒙古扁桃	实测法	木霸王荒漠						5					5.00	1.00	5.00	永昌县-实测法-木霸王荒漠
131	甘州区	甘州区	蒙古扁桃	典型抽样之样方法	戈壁针茅草原	17	5	20	0.68	125	33					1795.20	1.00	1795.20	甘州区-蒙古扁桃-典型抽样之样方法-戈壁针茅草原
132	金川区	金川区	梭梭	典型抽样之样方法	梭梭群系	16	5	20	0.64	125	5					256.00	1.00	256.00	金川区-梭梭-典型抽样之样方法-梭梭群系

（续表）

调查单元			中文名	统计条件		主副样方数及出现度				样地		更新情况				成树株数密度（株/hm²）			
序号	县（保护区）	保护区所在县		调查方法	群落/生境类型	出现样方数 n	主样方 N₁	副样方 N₂	出现度 F	面积（m²）	样木（实测+未测）	幼木株数	幼木率 %	幼苗株数	幼苗率 %	理论值 X₁	调整系数	实际值 X₁	计算条件
133	民勤县	民勤县	裸果木	典型抽样之样方法	裸果木荒漠	19	5	20	0.76	125	18					1094.40	1.00	1094.40	民勤县-裸果木-典型抽样之样方法-裸果木荒漠
134	民勤县	民勤县	裸果木	典型抽样之样方法	红砂荒漠	12	5	20	0.48	125	10					384.00	1.00	384.00	民勤县-裸果木-典型抽样之样方法-红砂荒漠
135	民勤县	民勤县	梭梭	典型抽样之样方法	梭梭群系	5	2	8	0.50	50	8					800.00	1.00	800.00	民勤县-梭梭-典型抽样之样方法-梭梭群系
136	民勤县	民勤县	梭梭	典型抽样之样方法	白刺花灌丛	18	8	32	0.45	200	12					270.00	1.00	270.00	民勤县-梭梭-典型抽样之样方法-白刺花灌丛
137	民勤县	民勤县	沙拐枣	典型抽样之样方法	沙拐枣群系	137	30	120	0.91	750	138					1680.53	1.00	1680.53	民勤县-沙拐枣-典型抽样之样方法-沙拐枣群系
138	民勤县	民勤县	蒙古扁桃	典型抽样之样方法	裸果木荒漠	23	10	40	0.46	250	27					496.80	1.00	496.80	民勤县-蒙古扁桃-典型抽样之样方法-裸果木荒漠
139	景泰县	景泰县	裸果木	实测法	红砂荒漠						20					20.00	1.00	20.00	景泰县-裸果木-实测法-红砂荒漠

（续表）

调查单元				统计条件		主副样方数及出现度				样地		更新情况				成树株数密度（株/hm²）			计算条件
序号	县（保护区）	保护区所在县	中文名	调查方法	群落/生境类型	出现样方 n	主样方 N₁	副样方 N₂	出现度 F	面积（m²）	样木（实测+未测）	幼木株数	幼木率 %	幼苗株数	幼苗率 %	理论值 X₁	调整系数	实际值 X₁	
140	景泰县	景泰县	蒙古扁桃	实测法	红砂荒漠						126					126.00	1.00	126.00	景泰县-蒙古扁桃-实测法-红砂荒漠
141	秦州区	秦州区	红豆杉	实测法	油松林						37					37.00	1.00	37.00	秦州区-红豆杉-实测法-油松林
142	秦州区	秦州区	红豆杉	实测法	辽东栎林						1					1.00	1.00	1.00	秦州区-红豆杉-实测法-辽东栎林
143	秦州区	秦州区	红豆杉	实测法	锐齿槲栎林						28					28.00	1.00	28.00	秦州区-红豆杉-实测法-锐齿槲栎林
144	秦州区	秦州区	水青树	实测法	锐齿槲栎林						1					1.00	1.00	1.00	秦州区-水青树-实测法-锐齿槲栎林
145	秦州区	秦州区	庙台槭	实测法	锐齿槲栎林						25					25.00	1.00	25.00	秦州区-庙台槭-实测法-锐齿槲栎林
146	秦州区	秦州区	庙台槭	实测法	枫杨林						39					39.00	1.00	39.00	秦州区-庙台槭-实测法-枫杨林
147	麦积区	麦积区	红豆杉	实测法	油松林						3					3.00	1.00	3.00	麦积区-红豆杉-实测法-油松林
148	麦积区	麦积区	红豆杉	实测法	春榆、水曲柳林						10					10.00	1.00	10.00	麦积区-红豆杉-实测法-春榆、水曲柳林

（续表）

调查单元			中文名	统计条件		主副样方数及出现度				样地		更新情况				成树株数密度（株/hm²）			计算条件
序号	县（保护区）	保护区所在县		调查方法	群落/生境类型	出现样方 n	主样方 N₁	副样方 N₂	出现度 F	面积（m²）	样木（实测+未测）	幼木 幼木株数	幼木 幼木率 %	幼苗 幼苗株数	幼苗 幼苗率 %	理论值 X₁	调整系数	实际值 X₁	
149	麦积区	麦积区	红豆杉	实测法	麻栎林						1					1.00	1.00	1.00	麦积区-红豆杉-实测法-麻栎林
150	麦积区	麦积区	红豆杉	实测法	色木、紫椴、糠椴林						6					6.00	1.00	6.00	麦积区-红豆杉-实测法-色木、紫椴、糠椴林
151	麦积区	麦积区	红豆杉	实测法	栓皮栎林						14	9	0.64			14.00	1.00	14.00	麦积区-红豆杉-实测法-栓皮栎林
152	麦积区	麦积区	红豆杉	实测法	锐齿槲栎林						689					689.00	1.00	689.00	麦积区-红豆杉-实测法-锐齿槲栎林
153	麦积区	麦积区	红豆杉	实测法	散生木						2					2.00	1.00	2.00	麦积区-红豆杉-实测法-散生木
154	麦积区	麦积区	红豆杉	实测法	榆树疏林						216					216.00	1.00	216.00	麦积区-红豆杉-实测法-榆树疏林
155	麦积区	麦积区	水青树	实测法	锐齿槲栎林						108					108.00	1.00	108.00	麦积区-水青树-实测法-锐齿槲栎林
156	麦积区	麦积区	水青树	实测法	落叶松林						11					11.00	1.00	11.00	麦积区-水青树-实测法-落叶松林
157	麦积区	麦积区	秦岭冷杉	典型抽样之样方方法	冷杉林	5	1	4	1.00	400	7	1	0.14			175.00	1.00	175.00	麦积区-秦岭冷杉-典型抽样之样方方法-冷杉林

（续表）

序号	县(保护区)	保护区所在县	中文名	调查方法	群落/生境类型	出现样方数 n	主样方 N₁	副样方 N₂	出现度 F	面积(m²)	样木(实测+未测)	幼木株数	幼木率%	幼苗株数	幼苗率%	理论值 X₁	调整系数	实际值 X₁	计算条件
158	麦积区	麦积区	秦岭冷杉	实测法	红桦林						1					1.00	1.00	1.00	麦积区-秦岭冷杉-实测法-红桦林
159	麦积区	麦积区	秦岭冷杉	实测法	冷杉林						11					11.00	1.00	11.00	麦积区-秦岭冷杉-实测法-冷杉林
160	麦积区	麦积区	连香树	实测法	锐齿槲栎林						68					68.00	1.00	68.00	麦积区-连香树-实测法-锐齿槲栎林
161	麦积区	麦积区	水曲柳	实测法	锐齿槲栎林						397					397.00	1.00	397.00	麦积区-水曲柳-实测法-锐齿槲栎林
162	麦积区	麦积区	庙台槭	实测法	锐齿槲栎林						637	190	0.30			637.00	1.00	637.00	麦积区-庙台槭-实测法-锐齿槲栎林
163	西和县	西和县	红豆杉	实测法	温性针阔叶混交林						90	53	0.59			90.00	1.00	90.00	西和县-红豆杉-实测法-温性针阔叶混交林
164	西和县	西和县	红豆杉	实测法	农、林间作型						85	12	0.14			85.00	1.00	85.00	西和县-红豆杉-实测法-农、林间作型
165	西和县	西和县	厚朴	实测法	温性针阔叶混交林						17	6	0.35			17.00	1.00	17.00	西和县-厚朴-实测法-温性针阔叶混交林
166	西和县	西和县	厚朴	实测法	农、林间作型						2					2.00	1.00	2.00	西和县-厚朴-实测法-农、林间作型

（续表）

序号	县(保护区)	保护区所在县	中文名	调查方法	群落/生境类型	出现样方 n	主样方 N₁	副样方 N₂	出现度 F	面积 (m²)	样木(实测+未测)	幼木株数	幼木率 %	幼苗株数	幼苗率 %	理论值 X₁	调整系数	实际值 X₁	计算条件
167	礼县	礼县	独叶草	典型抽样之样方方法	灌丛和灌草丛	25	5	20	1.00	5	322					644000.00	1.00	644000.00	礼县-独叶草-典型抽样之样方方法-灌丛和灌草丛
168	成县	成县	红豆杉	典型抽样之样方方法	温性针阔叶混交林	11	5	20	0.44	2000	101	32	0.32	41	0.41	222.20	1.00	222.20	成县-红豆杉-典型抽样之样方方法-温性针阔叶混交林
169	成县	成县	巴山榧树	实测法	温性针阔叶混交林						2					2.00	1.00	2.00	成县-巴山榧树-实测法-温性针阔叶混交林
170	徽县	徽县	红豆杉	典型抽样之样方方法	马桑灌丛	23	5	20	0.92	2000	158					726.80	1.00	726.80	徽县-红豆杉-典型抽样之样方方法-马桑灌丛
171	徽县	徽县	红豆杉	实测法	油松林						165	8	0.05			165.00	1.00	165.00	徽县-红豆杉-实测法-油松林
172	徽县	徽县	红豆杉	实测法	栓皮栎林						10					10.00	1.00	10.00	徽县-红豆杉-实测法-栓皮栎林
173	徽县	徽县	红豆杉	实测法	白皮松林						52					52.00	1.00	52.00	徽县-红豆杉-实测法-白皮松林
174	徽县	徽县	红豆杉	实测法	锐齿槲栎林						276	29	0.11			276.00	1.00	276.00	徽县-红豆杉-实测法-锐齿槲栎林

（续表）

序号	调查单元 县（保护区）	调查单元 保护区所在县	中文名	统计条件 调查方法	统计条件 群落/生境类型	主副样方数及出现频度 出现样方 n	主副样方数及出现频度 主样方 N₁	主副样方数及出现频度 副样方 N₂	主副样方数及出现频度 出现频度 F	样地 面积（m²）	样地 样木（实测+未测）	更新情况 幼木 幼木株数	更新情况 幼木 幼木率 %	更新情况 幼苗 幼苗株数	更新情况 幼苗 幼苗率 %	成树株数密度（株/hm²） 理论值 X₁	成树株数密度（株/hm²） 调整系数	成树株数密度（株/hm²） 实际值 X₁	计算条件
175	徽县	徽县	红豆杉	实测法	华山松松林						54	1	0.02			54.00	1.00	54.00	徽县-红豆杉-实测法-华山松松林
176	徽县	徽县	红豆杉	实测法	漆树林						3					3.00	1.00	3.00	徽县-红豆杉-实测法-漆树林
177	徽县	徽县	红豆杉	实测法	一般落叶阔叶林						9					9.00	1.00	9.00	徽县-红豆杉-实测法-一般落叶阔叶林
178	徽县	徽县	水青树	实测法	春榆、水曲柳林						8					8.00	1.00	8.00	徽县-水青树-实测法-春榆、水曲柳林
179	徽县	徽县	水青树	实测法	枫杨林						1					1.00	1.00	1.00	徽县-水青树-实测法-枫杨林
180	徽县	徽县	秦岭冷杉	典型抽样之样方法	秦岭冷杉林	14	3	12	0.93	1200	17					132.22	1.00	132.22	徽县-秦岭冷杉-典型抽样方法-秦岭冷杉林
181	徽县	徽县	秦岭冷杉	实测法	白桦林						22					22.00	1.00	22.00	徽县-秦岭冷杉-实测法-白桦林
182	徽县	徽县	秦岭冷杉	实测法	红桦林						10					10.00	1.00	10.00	徽县-秦岭冷杉-实测法-红桦林
183	徽县	徽县	秦岭冷杉	实测法	秦岭冷杉林						72					72.00	1.00	72.00	徽县-秦岭冷杉-实测法-秦岭冷杉林

（续表）

调查单元			中文名	统计条件		主副样方数及出现度				样地		更新情况				成树株数密度（株/hm²）			计算条件
序号	县（保护区）	保护区所在县		调查方法	群落/生境类型	出现样方 n	主样方 N₁	副样方 N₂	出现度 F	面积 (m²)	样木（实测+未测）	幼木 幼木株数	幼木率 %	幼苗 幼苗株数	幼苗率 %	理论值 X₁	调整系数	实际值 X₁	
184	徽县	徽县	厚朴	实测法	一般落叶阔叶林						8					8.00	1.00	8.00	徽县-厚朴-实测法-一般落叶阔叶林
185	徽县	徽县	巴山榧树	实测法	油松林						6	3	0.50			6.00	1.00	6.00	徽县-巴山榧树-实测法-油松林
186	徽县	徽县	巴山榧树	实测法	马桑灌丛						22					22.00	1.00	22.00	徽县-巴山榧树-实测法-马桑灌丛
187	徽县	徽县	巴山榧树	实测法	栓皮栎林						8					8.00	1.00	8.00	徽县-巴山榧树-实测法-栓皮栎林
188	徽县	徽县	巴山榧树	实测法	侧柏林						11	6	0.55			11.00	1.00	11.00	徽县-巴山榧树-实测法-侧柏林
189	徽县	徽县	巴山榧树	实测法	白皮松林						2	6	3.00			2.00	1.00	2.00	徽县-巴山榧树-实测法-白皮松林
190	徽县	徽县	巴山榧树	实测法	锐齿槲栎林						8	1	0.13			8.00	1.00	8.00	徽县-巴山榧树-实测法-锐齿槲栎林
191	徽县	徽县	油樟	实测法	锐齿槲栎林						2	1	0.50			2.00	1.00	2.00	徽县-油樟-实测法-锐齿槲栎林
192	徽县	徽县	油樟	实测法	枫杨林						1	1	1.00			1.00	1.00	1.00	徽县-油樟-实测法-枫杨林
193	徽县	徽县	油樟	实测法	一般落叶阔叶林						8					8.00	1.00	8.00	徽县-油樟-实测法-一般落叶阔叶林

（续表）

序号	调查单元 县(保护区)	调查单元 保护区所在县	中文名	统计条件 调查方法	统计条件 群落/生境类型	主副样方数及出现度 出现样方数 n	主副样方数及出现度 主样方数 N₁	主副样方数及出现度 副样方数 N₂	主副样方数及出现度 出现度 F	样地 面积(m²)	样地 样木数(实测+未测)	更新情况 幼木 幼木株数	更新情况 幼木 幼木率%	更新情况 幼苗 幼苗株数	更新情况 幼苗 幼苗率%	成树株数密度(株/hm²) 理论值 X₁	成树株数密度(株/hm²) 调整系数	成树株数密度(株/hm²) 实际值 X₁	计算条件
194	徽县	徽县	水曲柳	典型抽样之样方法	春榆、水曲柳林	12	3	12	0.80	1200	38					253.33	1.00	253.33	徽县-水曲柳-典型抽样之样方法-春榆、水曲柳林
195	徽县	徽县	水曲柳	实测法	春榆、水曲柳林						1					1.00	1.00	1.00	徽县-水曲柳-实测法-春榆、水曲柳林
196	徽县	徽县	水曲柳	实测法	锐齿槲栎林						13					13.00	1.00	13.00	徽县-水曲柳-实测法-锐齿槲栎林
197	徽县	徽县	水曲柳	实测法	枫杨林						13					13.00	1.00	13.00	徽县-水曲柳-实测法-枫杨林
198	康县	康县	香果树	实测法	栓皮栎林						2					2.00	1.00	2.00	康县-香果树-实测法-栓皮栎林
199	康县	康县	红豆杉	实测法	栓皮栎林						1					1.00	1.00	1.00	康县-红豆杉-实测法-栓皮栎林
200	康县	康县	厚朴	实测法	栓皮栎林						6					6.00	1.00	6.00	康县-厚朴-实测法-栓皮栎林
201	康县	康县	红豆树	实测法	栓皮栎林						7					7.00	1.00	7.00	康县-红豆树-实测法-栓皮栎林
202	康县	康县	红椿	实测法	栓皮栎林						1					1.00	1.00	1.00	康县-红椿-实测法-栓皮栎林

（续表）

序号	县（保护区）	保护区所在县	中文名	调查方法	群落/生境类型	出现样方 n	主样方 N₁	副样方 N₂	出现度 F	面积（m²）	样木（实测+未测）	幼木株数	幼木率 %	幼苗株数	幼苗率 %	理论值 X₁	调整系数	实际值 X₁	计算条件
203	康县	康县	油樟	实测法	栓皮栎林						1					1.00	1.00	1.00	康县-油樟-实测法-栓皮栎林
204	康县	康县	连香树	实测法	栓皮栎林						1					1.00	1.00	1.00	康县-连香树-实测法-栓皮栎林
205	康县	康县	独花兰	实测法	栓皮栎林						1					1.00	1.00	1.00	康县-独花兰-实测法-栓皮栎林
206	宕昌县	宕昌县	秦岭冷杉	典型抽样之样方法	岷江冷杉林	25	5	20	1.00	2000	96	69	0.72			480.00	1.00	480.00	宕昌县-秦岭冷杉-典型抽样之样方法-岷江冷杉林
207	两当县	两当县	红豆杉	典型抽样之样方法	栓皮栎林	45	9	36	1.00	3600	135					375.00	1.00	375.00	两当县-红豆杉-典型抽样之样方法-栓皮栎林
208	两当县	两当县	红豆杉	实测法	油松林						1					1.00	1.00	1.00	两当县-红豆杉-实测法-油松林
209	两当县	两当县	红豆杉	实测法	栓皮栎林						4					4.00	1.00	4.00	两当县-红豆杉-实测法-栓皮栎林
210	两当县	两当县	红豆杉	实测法	锐齿槲栎林						373	4	0.01			373.00	1.00	373.00	两当县-红豆杉-实测法-锐齿槲栎林
211	两当县	两当县	秦岭冷杉	实测法	红桦林						1					1.00	1.00	1.00	两当县-秦岭冷杉-实测法-红桦林

（续表）

序号	调查单元 县(保护区)	保护区所在县	中文名	统计条件 调查方法	群落/生境类型	出现样方 n	主样方 N₁	副样方 N₂	出现度 F	样地 面积(m²)	样木(实测+未测)	幼木株数	幼木率%	幼苗株数	幼苗率%	成树株数密度(株/hm²) 理论值 X₁	调整系数	实际值 X₁	计算条件
212	两当县	两当县	秦岭冷杉	实测法	锐齿槲栎林						4					4.00	1.00	4.00	两当县-秦岭冷杉-实测法-锐齿槲栎林
213	两当县	两当县	厚朴	实测法	锐齿槲栎林						7					7.00	1.00	7.00	两当县-厚朴-实测法-锐齿槲栎林
214	两当县	两当县	巴山榿树	实测法	油松林						4					4.00	1.00	4.00	两当县-巴山榿树-实测法-油松林
215	两当县	两当县	巴山榿树	实测法	锐齿槲栎林						1					1.00	1.00	1.00	两当县-巴山榿树-实测法-锐齿槲栎林
216	两当县	两当县	巴山榿树	实测法	华山松林						1					1.00	1.00	1.00	两当县-巴山榿树-实测法-华山松林
217	两当县	两当县	南方红豆杉	实测法	油松林						1					1.00	1.00	1.00	两当县-南方红豆杉-实测法-油松林
218	两当县	两当县	水曲柳	实测法	锐齿槲栎林						12	22	1.83			12.00	1.00	12.00	两当县-水曲柳-实测法-锐齿槲栎林
219	武山县	武山县	秦岭冷杉	典型抽样之样方法	冷杉林	7	2	8	0.70	800	17	17	1.00			148.75	1.00	148.75	武山县-秦岭冷杉-典型抽样之样方法-冷杉林
220	舟曲县	舟曲县	红豆杉	实测法	红桦林						1					1.00	1.00	1.00	舟曲县-红豆杉-实测法-红桦林

（续表）

序号	调查单元 县(保护区)	保护区所在县	中文名	统计条件 调查方法	群落/生境类型	主副样方数及出现度 出现样方数 n	主样方数 N₁	副样方数 N₂	出现度 F	样地 面积(m²)	样木(实测+未测)	更新情况 幼木株数	幼木率%	幼苗株数	幼苗率%	成树株数密度(株/hm²) 理论值 X₁	调整系数	实际值 X₁	计算条件
221	舟曲县	舟曲县	红豆杉	实测法	辽东栎林						6					6.00	1.00	6.00	舟曲县-红豆杉-实测法-辽东栎林
222	舟曲县	舟曲县	红豆杉	实测法	华山松林						97	306	3.15	184	1.90	97.00	1.00	97.00	舟曲县-红豆杉-实测法-华山松林
223	舟曲县	舟曲县	红豆杉	实测法	阔叶林						40	121	3.03	83	2.08	40.00	1.00	40.00	舟曲县-红豆杉-实测法-阔叶林
224	舟曲县	舟曲县	红豆杉	实测法	云杉林						2	8	4.00	27	13.50	2.00	1.00	2.00	舟曲县-红豆杉-实测法-云杉林
225	舟曲县	舟曲县	红豆杉	实测法	黄果冷杉林						1					1.00	1.00	1.00	舟曲县-红豆杉-实测法-黄果冷杉林
226	舟曲县	舟曲县	水青树	典型抽样之样方法	红桦林	3	1	4	0.60	400	2	33	16.50	3	1.50	30.00	1.00	30.00	舟曲县-水青树-典型抽样方法-红桦林
227	舟曲县	舟曲县	水青树	典型抽样之样方法	阔叶林	13	8	32	0.33	3200	25	1	0.04	10	0.40	25.39	1.00	25.39	舟曲县-水青树-典型抽样方法-阔叶林
228	舟曲县	舟曲县	水青树	典型抽样之样方法	云杉林	3	1	4	0.60	400	4	26	6.50	8	2.00	60.00	1.00	60.00	舟曲县-水青树-典型抽样方法-云杉林

（续表）

序号	县（保护区）	保护区所在县	中文名	调查方法	群落/生境类型	出现样方 n	主样方 N1	副样方 N2	出现度 F	面积 (m²)	样木（实测+未测）	幼木株数	幼木率 %	幼苗株数	幼苗率 %	理论值 X1	调整系数	实际值 X1	计算条件
229	舟曲县	舟曲县	水青树	实测法	辽东栎林						5	21	4.20			5.00	1.00	5.00	舟曲县-水青树-实测法-辽东栎林
230	舟曲县	舟曲县	水青树	实测法	春榆、水曲柳林						5					5.00	1.00	5.00	舟曲县-水青树-实测法-春榆、水曲柳林
231	舟曲县	舟曲县	水青树	实测法	黄果冷杉林						3	3	1.00			3.00	1.00	3.00	舟曲县-水青树-实测法-黄果冷杉林
232	舟曲县	舟曲县	秦岭冷杉	实测法	云杉林						222	191	0.86	95	0.43	222.00	1.00	222.00	舟曲县-秦岭冷杉-实测法-云杉林
233	舟曲县	舟曲县	岷江柏木	典型抽样之样方法	柏木林	34	7	28	0.97	2800	116	121	1.04	15	0.13	402.45	1.00	402.45	舟曲县-岷江柏木-典型抽样之样方法-柏木林
234	舟曲县	舟曲县	岷江柏木	典型抽样之样方法	黄蔷薇灌丛	19	5	20	0.76	2000	54	35	0.65			205.20	1.00	205.20	舟曲县-岷江柏木-典型抽样之样方法-黄蔷薇灌丛
235	舟曲县	舟曲县	岷江柏木	典型抽样之样方法	方枝圆柏林	14	5	20	0.56	2000	33					92.40	1.00	92.40	舟曲县-岷江柏木-典型抽样之样方法-方枝圆柏林
236	舟曲县	舟曲县	厚朴	实测法	春榆、水曲柳林						1					1.00	1.00	1.00	舟曲县-厚朴-实测法-春榆、水曲柳林

（续表）

序号	县（保护区）	保护区所在县	中文名	调查方法	群落生境类型	出现样方n	主样方N₁	副样方N₂	出现度F	面积（m²）	样木（实测+未测）	幼木株数	幼木率%	幼苗株数	幼苗率%	理论值X₁	调整系数	实际值X₁	计算条件
237	舟曲县	舟曲县	独叶草	典型抽样之样方法	红桦林	11	3	12	0.73	3	209					510888.89	1.00	510888.89	舟曲县-独叶草-典型抽样之样方方法-红桦林
238	舟曲县	舟曲县	独叶草	典型抽样之样方法	岷江冷杉林	19	5	20	0.76	5	182					276640.00	1.00	276640.00	舟曲县-独叶草-典型抽样之样方法-岷江冷杉林
239	舟曲县	舟曲县	独叶草	典型抽样之样方法	冷杉林	38	10	40	0.76	10	870					661200.00	1.00	661200.00	舟曲县-独叶草-典型抽样之样方法-冷杉林
240	舟曲县	舟曲县	连香树	实测法	红桦林						11	4	0.36	2	0.18	11.00	1.00	11.00	舟曲县-连香树-实测法-红桦林
241	舟曲县	舟曲县	连香树	实测法	辽东栎林						3					3.00	1.00	3.00	舟曲县-连香树-实测法-辽东栎林
242	舟曲县	舟曲县	连香树	实测法	华山松林						19	15	0.79	1	0.05	19.00	1.00	19.00	舟曲县-连香树-实测法-华山松林
243	舟曲县	舟曲县	连香树	实测法	阔叶林						364	240	0.66	87	0.24	364.00	1.00	364.00	舟曲县-连香树-实测法-阔叶林
244	舟曲县	舟曲县	连香树	实测法	云杉林						40	33	0.83			40.00	1.00	40.00	舟曲县-连香树-实测法-云杉林

（续表）

序号	县（保护区）	保护区所在县	中文名	调查方法	群落/生境类型	出现样方 n	主样方 N₁	副样方 N₂	出现度 F	面积(m²)	样木（实测+未测）	幼木株数	幼木率%	幼苗株数	幼苗率%	理论值 X₁	调整系数	实际值 X₁	计算条件
245	舟曲县	舟曲县	连香树	实测法	黄果冷杉林						1					1.00	1.00	1.00	舟曲县-连香树-实测法-黄果冷杉林
246	舟曲县	舟曲县	连香树	实测法	黄蔷薇灌丛						2					2.00	1.00	2.00	舟曲县-连香树-实测法-黄蔷薇灌丛
247	舟曲县	舟曲县	水曲柳	实测法	阔叶林						70	381	5.44	207	2.96	70.00	1.00	70.00	舟曲县-水曲柳-实测法-阔叶林
248	舟曲县	舟曲县	大果青杆	实测法	农、林间作型						2					2.00	1.00	2.00	舟曲县-大果青杆-实测法-农、林间作型
249	迭部县	迭部县	红豆杉	实测法	云杉林						18					18.00	1.00	18.00	迭部县-红豆杉-实测法-云杉林
250	迭部县	迭部县	水青树	实测法	云杉林						5					5.00	1.00	5.00	迭部县-水青树-实测法-云杉林
251	迭部县	迭部县	水青树	实测法	巴山冷杉林						64					64.00	1.00	64.00	迭部县-水青树-实测法-巴山冷杉林
252	迭部县	迭部县	秦岭冷杉	实测法	油松林						39					39.00	1.00	39.00	迭部县-秦岭冷杉-实测法-油松林
253	迭部县	迭部县	秦岭冷杉	实测法	针叶林						11			5	0.45	11.00	1.00	11.00	迭部县-秦岭冷杉-实测法-针叶林

（续表）

序号	县（保护区）	保护区所在县	中文名	调查方法	群落/生境类型	出现样方 n	主样方 N₁	副样方 N₂	出现度 F	面积（m²）	样木（实测+未测）	幼木株数	幼木率 %	幼苗株数	幼苗率 %	理论值 X₁	调整系数	实际值 X₁	计算条件
254	迭部县	迭部县	秦岭冷杉	实测法	巴山冷杉林						212	46	0.22	34	0.16	212.00	1.00	212.00	迭部县-秦岭冷杉-实测法-巴山冷杉林
255	迭部县	迭部县	独叶草	典型抽样之样方法	巴山冷杉林	35	10	40	0.70	10	221					154700.00	1.00	154700.00	迭部县-独叶草-典型抽样方法-巴山冷杉林
256	迭部县	迭部县	连香树	实测法	黄果冷杉林						10					10.00	1.00	10.00	迭部县-连香树-实测法-黄果冷杉林
257	迭部县	迭部县	连香树	实测法	巴山冷杉林						81	23	0.28			81.00	1.00	81.00	迭部县-连香树-实测法-巴山冷杉林
258	迭部县	迭部县	水曲柳	实测法	落叶阔叶林						3					3.00	1.00	3.00	迭部县-水曲柳-实测法-落叶阔叶林
259	卓尼县	卓尼县	独叶草	典型抽样之样方法	岷江冷杉林	28	7	28	0.80	7	201					229714.29	1.00	229714.29	卓尼县-独叶草-典型抽样方法-岷江冷杉林
260	卓尼县	卓尼县	独叶草	典型抽样之样方法	青海云杉林	5	1	4	1.00	1	9					90000.00	1.00	90000.00	卓尼县-独叶草-典型抽样方法-青海云杉林

表4-2 野生植物资源调查单元按调查方法省级汇总表

调查单元 序号	县(局)	中文名	统计/录入	统计条件 调查方法	群落/生境类型	自然保护区 名称	级别	分布面积S (hm²) 自然保护区 区内	区外	计算指标 计算条件	株数密度 X_1(株/hm²)	幼木率	幼苗率	株数 自然保护区内 成树	幼木	幼苗	自然保护区区外 成树	幼木	幼苗
1	甘南裕固族自治县	蒙古扁桃	统计	典型抽样之样方法	中亚紫菀木荒漠	祁连山	国家级	552.57		甘南裕固族自治县-蒙古扁桃-典型抽样之样方法-中亚紫菀木荒漠	1942.86			1073566					
2	玉门市	裸果木	统计	典型抽样之样方法	珍珠猪毛菜荒漠	南山	省级	1337.38		玉门市-裸果木-典型抽样之样方法-珍珠猪毛菜荒漠	1331.20			1780320					
3	高台县	裸果木	统计	实测法	珍珠猪毛菜荒漠				3.70	高台县-裸果木-实测法-珍珠猪毛菜荒漠	116.00						115		
4	高台县	梭梭	统计	实测法	珍珠猪毛菜荒漠				1.01	高台县-梭梭-实测法-珍珠猪毛菜荒漠	38.00						38		
5	高台县	蒙古扁桃	统计	实测法	珍珠猪毛菜荒漠				1.13	高台县-蒙古扁桃-实测法-珍珠猪毛菜荒漠	174.00						174		
6	临泽县	蒙古扁桃	统计	典型抽样之样方法	珍珠猪毛菜荒漠				294.97	临泽县-蒙古扁桃-典型抽样方法-珍珠猪毛菜荒漠	284.27						83849		
7	永昌县	蒙古扁桃	统计	实测法	珍珠猪毛菜荒漠				4.87	永昌县-蒙古扁桃-实测法-珍珠猪毛菜荒漠	23.00						23		
8	武都区	红豆杉	统计	实测法	针叶林				0.12	武都区-红豆杉-实测法-针叶林	17.00	1.18	2.94				17	20	50
9	武都区	巴山榧树	统计	实测法	针叶林	裕河金丝猴	省级			武都区-巴山榧树-实测法-针叶林	1.00			1					

（续表）

调查单元			统计条件			自然保护区		分布面积S（hm²）		计算指标				株数					
								自然保护区						自然保护区内			自然保护区外		
序号	县（局）	中文名	统计/录入	调查方法	群落/生境类型	名称	级别	区内	区外	计算条件	株数密度 X₁（株/hm²）	幼木率	幼苗率	成树	幼木	幼苗	成树	幼木	幼苗
10	武都区	水曲柳	统计	实测法	针叶林				0.74	武都区-水曲柳-实测法-针叶林	28.00						28		
11	迭部县	秦岭冷杉	统计	实测法	针叶林				0.60	迭部县-秦岭冷杉-实测法-针叶林	11.00		0.45				11	8	5
12	舟曲县	红豆杉	统计	实测法	云杉林				1.60	舟曲县-红豆杉-实测法-云杉林	2.00	4.00	13.50				2	8	27
13	舟曲县	水青树	统计	典型抽样之样方法	云杉林	-			46.02	舟曲县-水青树-典型抽样之样方法-云杉林	60.00	6.50	2.00				2761	17949	5523
14	舟曲县	秦岭冷杉	统计	实测法	云杉林				100.87	舟曲县-秦岭冷杉-实测法-云杉林	222.00	0.86	0.43				205	180	91
15	舟曲县	秦岭冷杉	统计	实测法	云杉林	插岗梁	省级	0.54		舟曲县-秦岭冷杉-实测法-云杉林	222.00	0.86	0.43	17	11	4			
16	舟曲县	连香树	统计	实测法	云杉林				30.02	舟曲县-连香树-实测法-云杉林	40.00	0.83					40	33	
17	迭部县	红豆杉	统计	实测法	云杉林				0.15	迭部县-红豆杉-实测法-云杉林	18.00						18		
18	迭部县	水青树	统计	实测法	云杉林				0.38	迭部县-水青树-实测法-云杉林	5.00						5		
19	武都区	红豆杉	统计	实测法	云杉、冷杉林	裕河金丝猴	省级	0.10		武都区-红豆杉-实测法-云杉、冷杉林	11.00			11					
20	文县	岷江柏木	统计	实测法	圆柏林				1.81	文县-岷江柏木-实测法-圆柏林	9.00						9		

（续表）

调查单元			统计/录入	统计条件		自然保护区		分布面积S (hm²)		计算指标				株数					
序号	县（局）	中文名		调查方法	群落/生境类型	名称	级别	自然保护区内 区内	区外	计算条件	株数密度 X_1（株/hm²）	幼木率	幼苗率	自然保护区内			自然保护区外		
														成树	幼木	幼苗	成树	幼木	幼苗
21	麦积区	红豆杉	统计	实测法	榆树疏林				112.92	麦积区-红豆杉-实测法-榆树疏林	216.00						216		
22	秦州区	红豆杉	统计	实测法	油松林				0.19	秦州区-红豆杉-实测法-油松林	37.00						37		
23	麦积区	红豆杉	统计	实测法	油松林				41.12	麦积区-红豆杉-实测法-油松林	3.00						3		
24	徽县	红豆杉	统计	实测法	油松林				301.68	徽县-红豆杉-实测法-油松林	165.00	0.05					165	8	
25	徽县	巴山榧树	统计	实测法	油松林				15.37	徽县-巴山榧树-实测法-油松林	6.00	0.50					6	3	
26	两当县	红豆杉	统计	实测法	油松林				35.63	两当县-红豆杉-实测法-油松林	1.00						1		
27	两当县	巴山榧树	统计	实测法	油松林	小陇山	国家级	10.14		两当县-巴山榧树-实测法-油松林	4.00			4					
28	两当县	南方红豆杉	统计	实测法	油松林	黑河	省级	0.47		两当县-南方红豆杉-实测法-油松林	1.00			1					
29	迭部县	秦岭冷杉	统计	实测法	油松林	阿夏	省级	8.09		迭部县-秦岭冷杉-实测法-油松林	39.00			39					
30	徽县	红豆杉	统计	实测法	一般落叶阔叶林	小陇山	国家级	35.00		徽县-红豆杉-实测法——一般落叶阔叶林	9.00			9					
31	徽县	厚朴	统计	实测法	一般落叶阔叶林	小陇山	国家级	12.53		徽县-厚朴-实测法——一般落叶阔叶林	8.00			8					

（续表）

序号	调查单元 县(局)	统计案件 中文名	统计/录入	统计案件 调查方法	群落/生境类型	自然保护区 名称	级别	分布面积S(hm²) 自然保护区 区内	区外	计算案件	株数密度 X₁(株/hm²)	幼木率	幼苗率	株数 自然保护区内 成树	幼木	幼苗	自然保护区外 成树	幼木	幼苗
32	徽县	油樟	统计	实测法	一般落叶阔叶林	小陇山	国家级	66.89		徽县-油樟-实测法-一般落叶阔叶林	8.00			8					
33	肃南裕固族自治县	蒙古扁桃	统计	典型抽样之样方方法	亚菊、灌木亚菊荒漠	祁连山	国家级	59.33		肃南裕固族自治县-蒙古扁桃-典型抽样之样方方法-亚菊、灌木亚菊荒漠	672.00			39871					
34	文县	秦岭冷杉	统计	实测法	温性针阔叶混交林	尖山	省级	6.47		文县-秦岭冷杉-实测法-温性针阔叶混交林	18.00	0.33		4					
35	文县	秦岭冷杉	统计	实测法	温性针阔叶混交林	白水江	国家级	107.00		文县-秦岭冷杉-实测法-温性针阔叶混交林	18.00	0.33		12	6				
36	文县	秦岭冷杉	统计	实测法	温性针阔叶混交林				10.34	文县-秦岭冷杉-实测法-温性针阔叶混交林	18.00	0.33					2		
37	文县	红椿	统计	实测法	温性针阔叶混交林	尖山	省级	1.00		文县-红椿-实测法-温性针阔叶混交林	1.00			1					
38	武都区	南方红豆杉	统计	实测法	温性针阔叶混交林	裕河金丝猴	省级	0.03		武都区-南方红豆杉-实测法-温性针阔叶混交林	2.00			2					
39	西和县	红豆杉	统计	实测法	温性针阔叶混交林				29.98	西和县-红豆杉-实测法-温性针阔叶混交林	90.00	0.59					90	53	
40	西和县	厚朴	统计	实测法	温性针阔叶混交林				8.52	西和县-厚朴-实测法-温性针阔叶混交林	17.00	0.35					17	6	
41	成县	红豆杉	统计	典型抽样之样方方法	温性针阔叶混交林				89.61	成县-红豆杉-典型抽样方法-温性针阔叶混交林	222.20	0.32	0.41				19911	6309	8083

（续表）

序号	县（局）	中文名	统计/录入	调查方法	群落/生境类型	自然保护区名称	级别	区内	区外	计算条件	株数密度 X_1（株/hm²）	幼木率	幼苗率	区内成树	区内幼木	区内幼苗	区外成树	区外幼木	区外幼苗
42	成县	红豆杉	统计	典型抽样之样方法	温性针阔叶混交林	鸡峰山	省级	361.99		成县-红豆杉-典型抽样之样方法-温性针阔叶混交林	222.20	0.32	0.41	80434	25484	32651			
43	成县	巴山榧树	统计	实测法	温性针阔叶混交林	鸡峰山	省级	0.09		成县-巴山榧树-实测法-温性针阔叶混交林	2.00			2					
44	阿克塞哈萨克族自治县	梭梭	统计	典型抽样之样方法	梭梭群系				443.90	阿克塞哈萨克族自治县-梭梭-典型抽样之样方法-梭梭群系	189.02						83905		
45	阿克塞哈萨克族自治县	梭梭	统计	典型抽样之样方法	梭梭群系	安南坝	国家级	13798.84		阿克塞哈萨克族自治县-梭梭-典型抽样之样方法-梭梭群系	189.02			2608242					
46	阿克塞哈萨克族自治县	沙拐枣	统计	典型抽样之样方法	梭梭群系				87.67	阿克塞哈萨克族自治县-沙拐枣-典型抽样之样方法-梭梭群系	240.00						21041		
47	敦煌市	梭梭	统计	典型抽样之样方法	梭梭群系				45765.00	敦煌市-梭梭-典型抽样之样方法-梭梭群系	116.95						5352116		
48	敦煌市	梭梭	统计	典型抽样之样方法	梭梭群系	敦煌西湖	国家级	813.00		敦煌市-梭梭-典型抽样之样方法-梭梭群系	116.95			95079					
49	瓜州县	梭梭	统计	典型抽样之样方法	梭梭群系	安西极旱荒漠	国家级	7300.00		瓜州县-梭梭-典型抽样之样方法-梭梭群系	293.15			2139995					
50	玉门市	梭梭	统计	典型抽样之样方法	梭梭群系				472.00	玉门市-梭梭-典型抽样之样方法-梭梭群系	338.80						159914		

（续表）

调查单元 序号	县(局)	中文名	统计/录入	统计条件 调查方法	群落/生境类型	自然保护区 名称	级别	分布面积S(hm²) 自然保护区 区内	区外	计算案件	株数密度 X_1(株/hm²)	幼木率	幼苗率	株数 自然保护区内 成树	幼木	幼苗	自然保护区外 成树	幼木	幼苗
51	金塔县	梭梭	统计	典型抽样之样方法	梭梭群系				80.19	金塔县-梭梭-典型抽样之样方法-梭梭群系	499.20						40031		
52	金塔县	梭梭	统计	典型抽样之样方法	梭梭群系	沙枣园子	省级	216.35		金塔县-梭梭-典型抽样之样方法-梭梭群系	499.20			108002					
53	民乐县	梭梭	统计	典型抽样之样方法	梭梭群系				40.05	民乐县-梭梭-典型抽样之样方法-梭梭群系	600.00						24030		
54	金川区	梭梭	统计	典型抽样之样方法	梭梭群系				53.29	金川区-梭梭-典型抽样之样方法-梭梭群系	256.00						13642		
55	民勤县	梭梭	统计	典型抽样之样方法	梭梭群系				147.72	民勤县-梭梭-典型抽样之样方法-梭梭群系	800.00						118176		
56	麦积区	红豆杉	统计	实测法	栓皮栎林				33.83	麦积区-红豆杉-实测法-栓皮栎林	14.00	0.64					14	9	
57	徽县	红豆杉	统计	实测法	栓皮栎林				34.42	徽县-红豆杉-实测法-栓皮栎林	10.00						10		
58	徽县	巴山榧树	统计	实测法	栓皮栎林	小陇山	国家级	57.67		徽县-巴山榧树-实测法-栓皮栎林	8.00			8					
59	康县	香果树	统计	实测法	栓皮栎林				0.10	康县-香果树-实测法-栓皮栎林	2.00						2		
60	康县	红豆杉	统计	实测法	栓皮栎林				0.26	康县-红豆杉-实测法-栓皮栎林	1.00						1		
61	康县	厚朴	统计	实测法	栓皮栎林				0.07	康县-厚朴-实测法-栓皮栎林	6.00						6		

（续表）

| 调查单元 | | 中文名 | 统计/录入 | 统计条件 | | 自然保护区 | | 分布面积S(hm²) | | 计算指标 | | | | 株数 | | | | | |
序号	县(局)			调查方法	群落/生境类型	名称	级别	自然保护区区内	区外	计算条件	株数密度 X₁(株/hm²)	幼木率	幼苗率	自然保护区内成树	幼木	幼苗	自然保护区外成树	幼木	幼苗
62	康县	红豆树	统计	实测法	栓皮栎林				0.16	康县-红豆树-实测法-栓皮栎林	7.00						7		
63	康县	红椿	统计	实测法	栓皮栎林	康县大鲵	县级	0.10		康县-红椿-实测法-栓皮栎林	1.00			1					
64	康县	油樟	统计	实测法	栓皮栎林				0.12	康县-油樟-实测法-栓皮栎林	1.00						1		
65	康县	连香树	统计	实测法	栓皮栎林				0.28	康县-连香树-实测法-栓皮栎林	1.00						1		
66	康县	独花兰	统计	实测法	栓皮栎林				0.28	康县-独花兰-实测法-栓皮栎林	1.00						1		
67	两当县	红豆杉	统计	典型抽样之样方法	栓皮栎林				390.36	两当县-红豆杉-典型抽样之样方法-栓皮栎林	375.00						146385		
68	两当县	红豆杉	统计	实测法	栓皮栎林				20.16	两当县-红豆杉-实测法-栓皮栎林	4.00						7		
69	武都区	巴山榧树	统计	实测法	山杨林	裕河金丝猴	省级	0.09		武都区-巴山榧树-实测法-山杨林	3.00			3					
70	敦煌市	沙生柽柳	统计	实测法	沙生柽柳群系	敦煌西湖	国家级	0.01		敦煌市-沙生柽柳-实测法-沙生柽柳群系	3.00			3					
71	阿克塞哈萨克族自治县	沙拐枣	统计	典型抽样之样方法	沙拐枣群系				187.58	阿克塞哈萨克族自治县-沙拐枣-典型抽样之样方法-沙拐枣群系	354.44						66437		

（续表）

| 调查单元 | | 统计条件 | | | | 自然保护区 | | 分布面积S（hm²） | | 计算条件 | 计算指标 | | | 株数 | | | | | |
序号	县（局）	中文名	统计/录入	调查方法	群落/生境类型	名称	级别	自然保护区 区内	区外		株数密度 X₁（株/hm²）	幼木率	幼苗率	自然保护区内 成树	幼木	幼苗	自然保护区区外 成树	幼木	幼苗
72	阿克塞哈萨克族自治县	沙拐枣	统计	典型抽样之样方法	沙拐枣群系	安南坝	国家级	16491.89		阿克塞哈萨克族自治县-沙拐枣-典型抽样方法-沙拐枣群系	X_1 354.44			5845459					
73	敦煌市	梭梭	统计	典型抽样之样方法	沙拐枣群系				7967.00	敦煌市-梭梭-典型抽样之样方之沙拐枣群系	275.00						2190925		
74	敦煌市	沙拐枣	统计	典型抽样之样方法	沙拐枣群系				7967.00	敦煌市-沙拐枣-典型抽样方法-沙拐枣群系	1000.00						7967000		
75	敦煌市	沙拐枣	统计	实测法	沙拐枣群系	敦煌西湖	国家级	1.22		敦煌市-沙拐枣-实测法-沙拐枣群系	50.00			50					
76	瓜州县	沙拐枣	统计	典型抽样之样方法	沙拐枣群系				2475.00	瓜州县-沙拐枣-典型抽样之样方之沙拐枣群系	228.00						564300		
77	玉门市	沙拐枣	统计	典型抽样之样方法	沙拐枣群系				364.00	玉门市-沙拐枣-典型抽样之样方法-沙拐枣群系	960.00						349440		
78	肃州区	沙拐枣	统计	典型抽样之样方法	沙拐枣群系				925.36	肃州区-沙拐枣-典型抽样之样方之沙拐枣群系	736.25						681296		
79	金塔县	沙拐枣	统计	典型抽样之样方法	沙拐枣群系				7415.40	金塔县-沙拐枣-典型抽样之样方之沙拐枣群系	928.13						6906793		
80	金塔县	沙拐枣	统计	典型抽样之样方法	沙拐枣群系	沙枣园子	省级	599.11		金塔县-沙拐枣-典型抽样之样方之沙拐枣群系	928.13			556049					
81	民勤县	沙拐枣	统计	典型抽样之样方法	沙拐枣群系				731.00	民勤县-沙拐枣-典型抽样之样方法-沙拐枣群系	1680.53						1228470		

（续表）

序号	县(局)	中文名	统计/录入	调查方法	群落/生境类型	名称	级别	分布面积S (hm²) 区内	区外	计算条件	株数密度 X_1（株/hm²）	幼木率	幼苗率	自然保护区内 成树	幼木	幼苗	自然保护区外 成树	幼木	幼苗
82	民勤县	沙拐枣	统计	典型抽样之样方方法	沙拐枣群系	连古城	国家级	9244.35		民勤县-沙拐枣-典型抽样之样方方法-沙拐枣群系	1680.53			15535438					
83	麦积区	红豆杉	统计	实测法	色木、紫椴、糠椴林				0.03	麦积区-红豆杉-实测法-色木、紫椴、糠椴林	6.00						6		
84	麦积区	红豆杉	统计	实测法	散生木				25.97	麦积区-红豆杉-实测法-散生木	2.00						2		
85	秦州区	红豆杉	统计	实测法	锐齿槲栎林				41.22	秦州区-红豆杉-实测法-锐齿槲栎林	28.00						28		
86	秦州区	水青树	统计	实测法	锐齿槲栎林				0.87	秦州区-水青树-实测法-锐齿槲栎林	1.00						1		
87	秦州区	庙台槭	统计	实测法	锐齿槲栎林				169.36	秦州区-庙台槭-实测法-锐齿槲栎林	25.00						25		
88	麦积区	红豆杉	统计	实测法	锐齿槲栎林				538.74	麦积区-红豆杉-实测法-锐齿槲栎林	689.00						689		
89	麦积区	水青树	统计	实测法	锐齿槲栎林				185.74	麦积区-水青树-实测法-锐齿槲栎林	108.00						108		
90	麦积区	连香树	统计	实测法	锐齿槲栎林				192.40	麦积区-连香树-实测法-锐齿槲栎林	68.00						68		
91	麦积区	水曲柳	统计	实测法	锐齿槲栎林				111.18	麦积区-水曲柳-实测法-锐齿槲栎林	397.00						397		

（续表）

调查单元		统计/录入	统计条件		自然保护区		分布面积S（hm²）			计算指标				株　数					
														自然保护区内			自然保护区外		
序号	县（局）	中文名		调查方法	群落/生境类型	名称	级别	自然保护区		区外	计算条件	株数密度 X₁（株/hm²）	幼木率	幼苗率	成树	幼木	幼苗	成树	幼木	幼苗
								区内	区外											
92	麦积区	庙台槭	统计	实测法	锐齿槲栎林				293.23		麦积区-庙台槭-实测法-锐齿槲栎林	637.00	0.30					637	190	
93	徽县	红豆杉	统计	实测法	锐齿槲栎林				1325.86		徽县-红豆杉-实测法-锐齿槲栎林	276.00	0.11					276	29	
94	徽县	巴山榧树	统计	实测法	锐齿槲栎林				37.02		徽县-巴山榧树-实测法-锐齿槲栎林	8.00	0.13					8	1	
95	徽县	油樟	统计	实测法	锐齿槲栎林				17.96		徽县-油樟-实测法-锐齿槲栎林	2.00	0.50					2	1	
96	徽县	水曲柳	统计	实测法	锐齿槲栎林				103.79		徽县-水曲柳-实测法-锐齿槲栎林	13.00						13		
97	两当县	红豆杉	统计	实测法	锐齿槲栎林				968.20		两当县-红豆杉-实测法-锐齿槲栎林	373.00	0.01					373	4	
98	两当县	秦岭冷杉	统计	实测法	锐齿槲栎林	小陇山	国家级	39.32			两当县-秦岭冷杉-实测法-锐齿槲栎林	4.00			4					
99	两当县	厚朴	统计	实测法	锐齿槲栎林				34.48		两当县-厚朴-实测法-锐齿槲栎林	7.00						7		
100	两当县	巴山榧树	统计	实测法	锐齿槲栎林	小陇山	国家级	6.73			两当县-巴山榧树-实测法-锐齿槲栎林	1.00			1					
101	两当县	水曲柳	统计	实测法	锐齿槲栎林				10.95		两当县-水曲柳-实测法-锐齿槲栎林	12.00	1.83					7	22	
102	两当县	水曲柳	统计	实测法	锐齿槲栎林	小陇山	国家级	63.13			两当县-水曲柳-实测法-锐齿槲栎林	12.00	1.83		5					

（续表）

调查单元		中文名	统计/录入	统计条件		自然保护区		分布面积S（hm²）自然保护区		计算指标				株数					
序号	县（局）			调查方法	群落/生境类型	名称	级别	区内	区外	计算条件	株数密度 X₁（株/hm²）	幼木率	幼苗率	自然保护区内			自然保护区外		
														成树	幼木	幼苗	成树	幼木	幼苗
103	卓尼县	独叶草	统计	典型抽样之样方法	青海云杉林				0.03	卓尼县-独叶草-典型抽样之样方法-青海云杉林	90000.00						2700		
104	武都区	香果树	统计	实测法	青冈、落叶阔叶混交林				1.54	武都区-香果树-实测法-青冈、落叶阔叶混交林	53.00						14		
105	武都区	香果树	统计	实测法	青冈、落叶阔叶混交林	裕河金丝猴	省级	1.57		武都区-香果树-实测法-青冈、落叶阔叶混交林	53.00			39					
106	武都区	红豆杉	统计	实测法	青冈、落叶阔叶混交林				0.08	武都区-红豆杉-实测法-青冈、落叶阔叶混交林	5.00						5		
107	武都区	水青树	统计	实测法	青冈、落叶阔叶混交林	裕河金丝猴	省级	1.42		武都区-水青树-实测法-青冈、落叶阔叶混交林	19.00			19					
108	武都区	厚朴	统计	实测法	青冈、落叶阔叶混交林				0.09	武都区-厚朴-实测法-青冈、落叶阔叶混交林	2.00						2		
109	武都区	红豆树	统计	实测法	青冈、落叶阔叶混交林	裕河金丝猴	省级	2.29		武都区-红豆树-实测法-青冈、落叶阔叶混交林	87.00			87					
110	武都区	红椿	统计	实测法	青冈、落叶阔叶混交林	裕河金丝猴	省级	0.15		武都区-红椿-实测法-青冈、落叶阔叶混交林	17.00			17					

（续表）

| 调查单元 | | 中文名 | 统计/录入 | 统计条件 | | 自然保护区 | | 分布面积S（hm²） | | 计算条件 | 计算指标 | | | 株数 | | | | | |
序号	县（局）			调查方法	群落/生境类型	名称	级别	自然保护区内 区内	区外		株数密度 X_1（株/hm²）	幼木率	幼苗率	自然保护区内 成树	幼木	幼苗	自然保护区外 成树	幼木	幼苗
111	武都区	油樟	统计	实测法	青冈、落叶阔叶混交林	裕河金丝猴	省级	1.02		武都区-油樟-实测法-青冈、落叶阔叶混交林	5.00			5					
112	武都区	连香树	统计	实测法	青冈、落叶阔叶混交林	裕河金丝猴	省级	3.49		武都区-连香树-实测法-落叶阔叶混交林	134.00			134					
113	武都区	独花兰	统计	实测法	青冈、落叶阔叶混交林	裕河金丝猴	省级	15.52		武都区-独花兰-实测法-落叶阔叶混交林	94.00			94					
114	武都区	水曲柳	统计	实测法	青冈、落叶阔叶混交林	裕河金丝猴	省级	0.75		武都区-水曲柳-实测法-青冈、落叶阔叶混交林	7.00			7					
115	徽县	秦岭冷杉	统计	典型抽样之样方法	秦岭冷杉林	小陇山	国家级	145.59		徽县-秦岭冷杉-典型抽样之样方法-秦岭冷杉林	132.22			19250					
116	徽县	秦岭冷杉	统计	实测法	秦岭冷杉林	小陇山	国家级	192.29		徽县-秦岭冷杉-实测法-秦岭冷杉林	72.00			72					
117	徽县	红豆杉	统计	实测法	漆树林				17.17	徽县-红豆杉-实测法-漆树林	3.00						3		
118	武都区	香果树	统计	实测法	衣、林间作型	裕河金丝猴	省级	1.59		武都区-香果树-实测法-衣、林间作型	24.00			24					
119	武都区	岷江柏木	统计	实测法	衣、林间作型	裕河金丝猴	省级	0.07		武都区-岷江柏木-实测法-衣、林间作型	1.00			1					

（续表）

| 调查单元 | | 中文名 | 统计/录入 | 统计条件 | | 自然保护区 | | 分布面积S (hm²) | | 计算指标 | | | | 株数 | | | | | |
序号	县(局)			调查方法	群落/生境类型	名称	级别	自然保护区区内	区外	计算条件	株数密度 X_1(株/hm²)	幼木率	幼苗率	自然保护区内 成树	幼木	幼苗	自然保护区外 成树	幼木	幼苗
120	武都区	厚朴	统计	实测法	农、林间作型	裕河金丝猴	省级	0.24		武都区-厚朴-实测法-农、林间作型	8.00			8					
121	武都区	油樟	统计	实测法	农、林间作型	裕河金丝猴	省级	0.48		武都区-油樟-实测法-农、林间作型	5.00			5					
122	西和县	红豆杉	统计	实测法	农、林间作型				12.83	西和县-红豆杉-实测法-农、林间作型	85.00	0.14					85	12	
123	西和县	厚朴	统计	实测法	农、林间作型				0.48	西和县-厚朴-实测法-农、林间作型	2.00						2		
124	舟曲县	大果青扦	统计	实测法	农、林间作型	插岗梁	省级	0.11		舟曲县-大果青扦-实测法-农、林间作型	2.00			2					
125	武都区	香果树	统计	实测法	农、果间作型	裕河金丝猴	省级	0.88		武都区-香果树-实测法-农、果间作型	17.00			17					
126	武都区	红豆杉	统计	实测法	农、果间作型				0.06	武都区-红豆杉-实测法-农、果间作型	3.00						3		
127	武都区	秦岭冷杉	统计	实测法	农、果间作型				0.23	武都区-秦岭冷杉-实测法-农、果间作型	1.00						1		
128	武都区	岷江柏木	统计	实测法	农、果间作型				0.35	武都区-岷江柏木-实测法-农、果间作型	4.00						3		
129	武都区	岷江柏木	统计	实测法	农、果间作型	裕河金丝猴	省级	0.03		武都区-岷江柏木-实测法-农、果间作型	4.00			1					

（续表）

序号	调查单元 县(局)	中文名	统计/录入	统计条件 调查方法	群落/生境类型	自然保护区 名称	级别	分布面积S (hm²) 自然保护区内 区内	区外	计算指标 计算条件	株数密度 X₁ (株/hm²)	幼木率	幼苗率	株数 自然保护区内 成树	幼木幼苗	自然保护区外 成树	幼木	幼苗
130	肃南裕固族自治县	蒙古扁桃	统计	典型抽样之样方法	木霸王荒漠	祁连山	国家级	74.16		肃南裕固族自治县-蒙古扁桃-典型抽样之样方法-木霸王荒漠	739.20			54818				
131	永昌县	蒙古扁桃	统计	实测法	木霸王荒漠				0.38	永昌县-蒙古扁桃-实测法-木霸王荒漠	5.00					5		
132	阿克塞哈萨克族自治县	裸果木	统计	典型抽样之样方法	膜果麻黄荒漠				530.99	阿克塞哈萨克族自治县-裸果木-典型抽样之样方法-膜果麻黄荒漠	660.00					350453		
133	阿克塞哈萨克族自治县	裸果木	统计	典型抽样之样方法	膜果麻黄荒漠	安南坝	国家级	4796.77		阿克塞哈萨克族自治县-裸果木-典型抽样之样方法-膜果麻黄荒漠	660.00			3165868				
134	阿克塞哈萨克族自治县	沙拐枣	统计	典型抽样之样方法	膜果麻黄荒漠				92.79	阿克塞哈萨克族自治县-沙拐枣-典型抽样之样方法-膜果麻黄荒漠	80.00					7423		
135	瓜州县	裸果木	统计	典型抽样之样方法	膜果麻黄荒漠	安西极旱荒漠	国家级	194.00		瓜州县-裸果木-典型抽样之样方法-膜果麻黄荒漠	156.80			30419				
136	玉门市	裸果木	统计	典型抽样之样方法	膜果麻黄荒漠				4815.72	玉门市-裸果木-典型抽样之样方法-膜果麻黄荒漠	952.00					4584565		
137	文县	独叶草	统计	典型抽样之样方法	岷江冷杉林				79.65	文县-独叶草-典型抽样之样方法-岷江冷杉林	43000.00					3249414		
138	宕昌县	秦岭冷杉	统计	典型抽样之样方法	岷江冷杉林				327.42	宕昌县-秦岭冷杉-典型抽样之样方法-岷江冷杉林	480.00	0.72				157160	112959	

（续表）

序号	县(局)	中文名	统计/录入	调查方法	群落/生境类型	自然保护区 名称	自然保护区 级别	分布面积S(hm²) 自然保护区 区内	分布面积S(hm²) 区外	计算条件	株数密度 X_1(株/hm²)	幼木率	幼苗率	株数 自然保护区区内 成树	幼木	幼苗	株数 自然保护区区外 成树	幼木	幼苗
139	舟曲县	独叶草	统计	典型抽样之样方方法	岷江冷杉林	博峪河	省级	28.46		舟曲县-独叶草-典型抽样之样方方法-岷江冷杉林	276640.00			7873174					
140	卓尼县	独叶草	统计	典型抽样之样方方法	岷江冷杉林	洮河	国家级	313.20		卓尼县-独叶草-典型抽样之样方方法-岷江冷杉林	229714.29			71946514					
141	武都区	红椿	统计	实测法	马桑灌丛	裕河金丝猴	省级	0.02		武都区-红椿-实测法-马桑灌丛	2.00			2					
142	徽县	红豆杉	统计	典型抽样之样方方法	马桑灌丛				134.32	徽县-红豆杉-典型抽样之样方方法-马桑灌丛	726.80						97624		
143	徽县	巴山榧树	统计	实测法	马桑灌丛				2.48	徽县-巴山榧树-实测法-马桑灌丛	22.00						22		
144	麦积区	红豆杉	统计	实测法	麻栎林				0.06	麦积区-红豆杉-实测法-麻栎林	1.00						1		
145	麦积区	水青树	统计	实测法	落叶松林				4.80	麦积区-水青树-实测法-落叶松林	11.00						11		
146	文县	香果树	统计	实测法	落叶阔叶杂木林	尖山	省级		12.00	文县-香果树-实测法-落叶阔叶杂木林	11.00						11		
147	文县	红豆杉	统计	典型抽样之样带法	落叶阔叶杂木林			114.26		文县-红豆杉-典型抽样之样带法-落叶阔叶杂木林	2.03			232					
148	文县	红豆杉	统计	典型抽样之样带法	落叶阔叶杂木林				129.98	文县-红豆杉-典型抽样之样带法-落叶阔叶杂木林	2.03						264		

（续表）

调查单元		中文名	统计/录入人	统计条件		自然保护区		分布面积S (hm²)		计算指标				株数					
序号	县(局)			调查方法	群落/生境类型	名称	级别	自然保护区区内	区外	计算条件	株数密度 X₁(株/hm²)	幼木率	幼苗率	自然保护区区内			自然保护区区外		
														成树	幼木	幼苗	成树	幼木	幼苗
149	文县	水青树	统计	实测法	落叶阔叶杂木林				54.99	文县-水青树-实测法-落叶阔叶杂木林	9.00						9		
150	文县	岷江柏木	统计	实测法	落叶阔叶杂木林				1.38	文县-岷江柏木-实测法-落叶阔叶杂木林	3.00						3		
151	文县	厚朴	统计	实测法	落叶阔叶杂木林				0.23	文县-厚朴-实测法-落叶阔叶杂木林	10.00						10		
152	文县	红豆树	统计	实测法	落叶阔叶杂木林				66.43	文县-红豆树-实测法-落叶阔叶杂木林	56.00						56		
153	文县	油樟	统计	实测法	落叶阔叶杂木林				4.60	文县-油樟-实测法-落叶阔叶杂木林	3.00						3		
154	文县	连香树	统计	典型抽样之样带法	落叶阔叶杂木林				134.40	文县-连香树-典型抽样之样带法-落叶阔叶杂木林	2.97						400		
155	武都区	香果树	统计	实测法	落叶阔叶杂木林	裕河金丝猴	省级	5.09		武都区-香果树-实测法-落叶阔叶杂木林	151.00	0.07		151	10				
156	武都区	巴山榧树	统计	实测法	落叶阔叶杂木林	裕河金丝猴	省级	0.01		武都区-巴山榧树-实测法-落叶阔叶杂木林	1.00			1					
157	文县	香果树	统计	典型抽样之样带法	落叶阔叶林	白水江	国家级	3375.00		文县-香果树-典型抽样之样带法-落叶阔叶林	2.71	0.17	0.06	9134	1509	581			
158	文县	红豆杉	统计	典型抽样之样带法	落叶阔叶林	白水江	国家级	490.12		文县-红豆杉-典型抽样之样带法-落叶阔叶林	1.46	1.33		717	956				

（续表）

| 调查单元 | | | 统计条件 | | 自然保护区 | | 分布面积S(hm²) | | 计算指标 | | | | 株数 | | | | | |
序号	县(局)	中文名	统计/录入人	调查方法	群落/生境类型	名称	级别	自然保护区 区内	区外	计算条件	株数密度 X₁(株/hm²)	幼木率	幼苗率	自然保护区内 成树	幼木	幼苗	自然保护区外 成树	幼木	幼苗
159	文县	水青树	统计	典型抽样之样方方法	落叶阔叶林	白水江	国家级	1791.00		文县-水青树-典型抽样之样方方法-落叶阔叶林	60.26	0.37	0.06	107925	39972	6662			
160	文县	厚朴	统计	实测法	落叶阔叶林	白水江	国家级	124.00		文县-厚朴-实测法-落叶阔叶林	48.00	0.52	0.19	48	25	9			
161	文县	巴山榧树	统计	典型抽样之样带法	落叶阔叶林	白水江	国家级	249.00		文县-巴山榧树-典型抽样之样带法-落叶阔叶林	3.95	0.85		984	837				
162	文县	红豆树	统计	实测法	落叶阔叶林	白水江	国家级	34.00		文县-红豆树-实测法-落叶阔叶林	5.00	3.40		5	17				
163	文县	红椿	统计	典型抽样之样带法	落叶阔叶林	白水江	国家级	507.83		文县-红椿-典型抽样之样带法-落叶阔叶林	4.91	0.81		2492	2022				
164	文县	油樟	统计	典型抽样之样带法	落叶阔叶林	白水江	国家级	638.88		文县-油樟-典型抽样之样带法-落叶阔叶林	19.58	2.38	0.38	12511	2981	4792			
165	文县	连香树	统计	典型抽样之样带法	落叶阔叶林	白水江	国家级	976.53		文县-连香树-典型抽样之样带法-落叶阔叶林	5.75	1.21	0.25	5620	6810	1414			
166	文县	独花兰	统计	实测法	落叶阔叶林	白水江	国家级	17.00		文县-独花兰-实测法-落叶阔叶林	32.00			32					
167	文县	南方红豆杉	统计	实测法	落叶阔叶林	白水江	国家级	11.00		文县-南方红豆杉-实测法-落叶阔叶林	8.00	0.63	0.75	8	5	6			
168	文县	水曲柳	统计	实测法	落叶阔叶林	白水江	国家级	31.00		文县-水曲柳-实测法-落叶阔叶林	19.00	1.11	0.63	19	21	12			

（续表）

序号	县（局）	中文名	统计/录入	调查方法	群落/生境类型	自然保护区名称	级别	分布面积S（hm²）自然保护区区内	区外	计算条件	株数密度X₁（株/hm²）	幼木率	幼苗率	成树（区内）	幼木（区内）	幼苗（区内）	成树（区外）	幼木（区外）	幼苗（区外）
169	文县	光叶珙桐	统计	典型抽样之样方法	落叶阔叶林	白水江	国家级	1013.56		文县-光叶珙桐-典型抽样之样方法-落叶阔叶林	47.60	0.41	0.12	48245	19866	5676			
170	文县	珙桐	统计	实测法	落叶阔叶林	白水江	国家级	24.00		文县-珙桐-实测法-落叶阔叶林	3.00			3					
171	文县	宜昌橙	统计	实测法	落叶阔叶林	白水江	国家级	26.00		文县-宜昌橙-实测法-落叶阔叶林	5.00	1.40		5	7				
172	文县	西康玉兰	统计	实测法	落叶阔叶林	白水江	国家级	5.00		文县-西康玉兰-实测法-落叶阔叶林	1.00	9.00	3.00	1	9	3			
173	武都区	香果树	统计	典型抽样之样带法	落叶阔叶林	白水江	国家级	161.00		武都区-香果树-典型抽样之样带法-落叶阔叶林	1.93			311					
174	武都区	水青树	统计	典型抽样之样带法	落叶阔叶林	白水江	国家级	63.00		武都区-水青树-典型抽样之样带法-落叶阔叶林	10.00	11.50	7.25	630	7245	4568			
175	武都区	岷江柏木	统计	实测法	落叶阔叶林				0.07	武都区-岷江柏木-实测法-落叶阔叶林	2.00						2		
176	武都区	厚朴	统计	实测法	落叶阔叶林	白水江	国家级	88.00		武都区-厚朴-实测法-落叶阔叶林	83.00	0.28	0.06	83	23	5			
177	武都区	巴山榧树	统计	典型抽样之样带法	落叶阔叶林	白水江	国家级	223.00		武都区-巴山榧树-典型抽样之样带法-落叶阔叶林	2.34			522					
178	武都区	油樟	统计	典型抽样之样带法	落叶阔叶林	白水江	国家级	211.42		武都区-油樟-典型抽样之样带法-落叶阔叶林	11.67	13.29		2467	32770				
179	武都区	连香树	统计	典型抽样之样带法	落叶阔叶林	白水江	国家级	101.00		武都区-连香树-典型抽样之样带法-落叶阔叶林	4.93			498					

（续表）

调查单元			统计条件			自然保护区		分布面积S（hm²）		计算指标				株 数					
								自然保护区内						自然保护区内			自然保护区外		
序号	县（局）	中文名	统计/录入	调查方法	群落/生境类型	名称	级别	区内	区外	计算条件	株数密度 X_1（株/hm²）	幼木率	幼苗率	成树	幼木	幼苗	成树	幼木	幼苗
180	迭部县	水曲柳	统计	实测法	落叶阔叶林				0.32	迭部县-水曲柳-实测法-落叶阔叶林	3.00						3		
181	武都区	香果树	统计	实测法	落叶阔叶灌丛	裕河金丝猴	省级	0.05		武都区-香果树-实测法-落叶阔叶灌丛	3.00			3					
182	文县	油樟	统计	实测法	落叶、常绿栎类混交林				41.60	文县-油樟-实测法-落叶、常绿栎类混交林	10.00						10		
183	阿克塞哈萨克族自治县	裸果木	统计	典型抽样之样方法	裸果木荒漠	安南坝	国家级	29890.91		阿克塞哈萨克族自治县-裸果木-典型抽样之样方法-裸果木荒漠	450.00			13450910					
184	玉门市	蒙古扁桃	统计	典型抽样之样方法	裸果木荒漠	南山	省级	579.00		玉门市-蒙古扁桃-典型抽样之样方法-裸果木荒漠	200.00			115800					
185	民勤县	裸果木	统计	典型抽样之样方法	裸果木荒漠	连古城	国家级	520.50		民勤县-裸果木-典型抽样之样方法-裸果木荒漠	1094.40			569635					
186	民勤县	蒙古扁桃	统计	典型抽样之样方法	裸果木荒漠	连古城	国家级	4059.69		民勤县-蒙古扁桃-典型抽样之样方法-裸果木荒漠	496.80			2016854					
187	秦州区	红豆杉	统计	实测法	辽东栎林	插岗梁	省级		0.01	秦州区-红豆杉-实测法-辽东栎林	1.00						1		
188	舟曲县	红豆杉	统计	实测法	辽东栎林	插岗梁	省级	0.02		舟曲县-红豆杉-实测法-辽东栎林	6.00			6					
189	舟曲县	水青树	统计	实测法	辽东栎林	插岗梁	省级	0.18		舟曲县-水青树-实测法-辽东栎林	5.00	4.20		5	21				

（续表）

调查单元		统计条件				自然保护区		分布面积S（hm²）		计算指标				株数					
								自然保护区						自然保护区内		自然保护区区外			
序号	县（局）	中文名	统计/录入	调查方法	群落/生境类型	名称	级别	区内	区外	计算条件	株数密度 X₁（株/hm²）	幼木率	幼苗率	成树	幼木幼苗	成树	幼木	幼苗
190	舟曲县	连香树	统计	实测法	辽东栎林	插岗梁	省级	0.04		舟曲县-连香树-实测法-辽东栎林	3.00			3				
191	麦积区	秦岭冷杉	统计	典型抽样之样方法	冷杉林				0.52	麦积区-秦岭冷杉-典型抽样之样方法-冷杉林	175.00	0.14				91	13	
192	麦积区	秦岭冷杉	统计	实测法	冷杉林				1.25	麦积区-秦岭冷杉-实测法-冷杉林	11.00					11		
193	武山县	秦岭冷杉	统计	典型抽样之样方法	冷杉林				0.12	武山县-秦岭冷杉-典型抽样之样方法-冷杉林	148.75	1.00				18	18	
194	舟曲县	独叶草	统计	典型抽样之样方法	冷杉林				2229.28	舟曲县-独叶草-典型抽样之样方法-冷杉林	661200.00					147399936		
195	舟曲县	红豆杉	统计	实测法	阔叶林				207.09	舟曲县-红豆杉-实测法-阔叶林	40.00	3.03	2.08			40	121	83
196	舟曲县	水青树	统计	典型抽样之样方法	阔叶林				527.67	舟曲县-水青树-典型抽样之样方法-阔叶林	25.39	0.04	0.40			13398	536	5359
197	舟曲县	连香树	统计	实测法	阔叶林				444.18	舟曲县-连香树-实测法-阔叶林	364.00	0.66	0.24			364	240	87
198	舟曲县	水曲柳	统计	实测法	阔叶林				31.47	舟曲县-水曲柳-实测法-阔叶林	70.00	5.44	2.96			70	381	207
199	肃南裕固族自治县	蒙古扁桃	统计	典型抽样之样方法	金露梅灌丛	祁连山	国家级	43.34		肃南裕固族自治县-蒙古扁桃-典型抽样之样方法-金露梅灌丛	956.80			41466				

（续表）

序号	县（局）	中文名	统计/录入	调查方法	群落/生境类型	自然保护区名称	级别	分布面积S（hm²）自然保护区内 区内	区外	计算条件	株数密度 X₁（株/hm²）	幼木率	幼苗率	株数 自然保护区内 成树	幼木	幼苗	自然保护区外 成树	幼木	幼苗
200	山丹县	蒙古扁桃	统计	典型抽样之样方方法	金露梅灌丛	祁连山	国家级	153.34		山丹县-蒙古扁桃-典型抽样方法-金露梅灌丛	1302.40			199709					
201	永昌县	蒙古扁桃	统计	典型抽样之样方方法	金露梅灌丛	祁连山	国家级	4.99		永昌县-蒙古扁桃-典型抽样方法-金露梅灌丛	345.60			1725					
202	舟曲县	岷江柏木	统计	典型抽样之样方方法	金露梅灌丛				198.44	舟曲县-岷江柏木-典型抽样方法-黄蔷薇灌丛	205.20	0.65					40720	26393	
203	舟曲县	连香树	统计	实测法	金露梅灌丛	插岗梁	省级	0.32		舟曲县-连香树-实测法-黄蔷薇灌丛	2.00			2					
204	舟曲县	红豆杉	统计	实测法	黄果冷杉林	插岗梁	省级	0.02		舟曲县-红豆杉-实测法-黄果冷杉林	1.00			1					
205	舟曲县	水青树	统计	实测法	黄果冷杉林	插岗梁	省级	0.16		舟曲县-水青树-实测法-黄果冷杉林	3.00	1.00			3				
206	舟曲县	连香树	统计	实测法	黄果冷杉林	插岗梁	省级	0.09		舟曲县-连香树-实测法-黄果冷杉林	1.00			1					
207	迭部县	连香树	统计	实测法	黄果冷杉林				0.46	迭部县-连香树-实测法-黄果冷杉林	10.00						10		
208	徽县	红豆杉	统计	实测法	华山松林	小陇山	国家级		51.39	徽县-红豆杉-实测法-华山松林	54.00	0.02					36	1	
209	徽县	红豆杉	统计	实测法	华山松林	小陇山	国家级	56.64		徽县-红豆杉-实测法-华山松林	54.00	0.02		18					
210	两当县	巴山榧树	统计	实测法	华山松林	小陇山	国家级	2.93		两当县-巴山榧树-实测法-华山松林	1.00			1					

（续表）

调查单元 序号	县(局)	中文名	统计/录入	统计条件 调查方法	统计条件 群落/生境类型	自然保护区 名称	自然保护区 级别	分布面积S(hm²) 自然保护区 区内	分布面积S(hm²) 区外	计算指标 计算条件	计算指标 株数密度 X_1(株/hm²)	计算指标 幼木率	计算指标 幼苗率	株数 自然保护区内 成树	株数 自然保护区内 幼木	株数 自然保护区内 幼苗	株数 自然保护区外 成树	株数 自然保护区外 幼木	株数 自然保护区外 幼苗
211	舟曲县	红豆杉	统计	实测法	华山松林				211.40	舟曲县-红豆杉-实测法-华山松林	97.00	3.15	1.90				97	306	184
212	舟曲县	连香树	统计	实测法	华山松林				3.80	舟曲县-连香树-实测法-华山松林	19.00	0.79	0.05				19	15	1
213	敦煌市	裸果木	统计	典型抽样之样方法	红砂荒漠				64530.00	敦煌市-裸果木-典型抽样方法之样方-红砂荒漠	158.40						10221552		
214	敦煌市	沙拐枣	统计	典型抽样之样方法	红砂荒漠				64530.00	敦煌市-沙拐枣-典型抽样方法之样方-红砂荒漠	88.00						5678640		
215	玉门市	裸果木	统计	典型抽样之样方法	红砂荒漠				21530.71	玉门市-裸果木-典型抽样方法之样方-红砂荒漠	1200.00						25836852		
216	民勤县	裸果木	统计	典型抽样之样方法	红砂荒漠				218.11	民勤县-裸果木-典型抽样方法之样方-红砂荒漠	384.00						83754		
217	景泰县	裸果木	统计	实测法	红砂荒漠				11.36	景泰县-裸果木-实测法-红砂荒漠	20.00						20		
218	景泰县	蒙古扁桃	统计	实测法	红砂荒漠				3105.02	景泰县-蒙古扁桃-实测法-红砂荒漠	126.00						126		
219	武都区	水青树	统计	实测法	红桦林	裕河金丝猴	省级	0.34		武都区-水青树-实测法-红桦林	6.00			6					
220	武都区	水曲柳	统计	实测法	红桦林	裕河金丝猴	省级	2.21		武都区-水曲柳-实测法-红桦林	19.00			19					
221	麦积区	秦岭冷杉	统计	实测法	红桦林				18.84	麦积区-秦岭冷杉-实测法-红桦林	1.00						1		

（续表）

序号	县（局）	中文名	统计/录入	调查方法	群落/生境类型	自然保护区名称	级别	分布面积S 区内	分布面积S 区外	计算条件	株数密度 X_1（株/hm²）	幼木率	幼苗率	保护区内成树	保护区内幼木	保护区内幼苗	保护区外成树	保护区外幼木	保护区外幼苗
222	徽县	秦岭冷杉	统计	实测法	红桦林				127.37	徽县-秦岭冷杉-实测法-红桦林	10.00						10		
223	两当县	秦岭冷杉	统计	实测法	红桦林	小陇山	国家级	8.47		两当县-秦岭冷杉-实测法-红桦林	1.00			1					
224	舟曲县	红豆杉	统计	实测法	红桦林	插岗梁	省级	0.03		舟曲县-红豆杉-实测法-红桦林	1.00			1					
225	舟曲县	水青树	统计	典型抽样之样方法	红桦林				60.03	舟曲县-水青树-典型抽样之样方法-红桦林	30.00	16.50	1.50				1801	29715	2701
226	舟曲县	独叶草	统计	典型抽样之样方法	红桦林				1368.75	舟曲县-独叶草-典型抽样之样方法-红桦林	510888.89						69279167		
227	舟曲县	连香树	统计	实测法	红桦林				22.51	舟曲县-连香树-实测法-红桦林	11.00	0.36	0.18				11	4	2
228	肃北蒙古族自治县	裸果木	统计	典型抽样之样方法	合头草荒漠				46503.59	肃北蒙古族自治县-裸果木-典型抽样之样方法-合头草荒漠	515.63						24208786		
229	肃北蒙古族自治县	梭梭	统计	典型抽样之样方法	合头草荒漠				65869404	肃北蒙古族自治县-梭梭-典型抽样之样方法-合头草荒漠	462.22						30463021		
230	肃北蒙古族自治县	沙拐枣	统计	典型抽样之样方法	合头草荒漠				140871.56	肃北蒙古族自治县-沙拐枣-典型抽样之样方法-合头草荒漠	204.50						28807818		

（续表）

序号	县（局）	中文名	统计/录入	调查方法	群落/生境类型	自然保护区名称	级别	分布面积S（hm²）自然保护区内	区外	计算条件	株数密度 X_1（株/hm²）	幼木率	幼苗率	株数 自然保护区内 成树	幼木幼苗	株数 自然保护区外 成树	幼木	幼苗
231	肃北蒙古族自治县	蒙古扁桃	统计	典型抽样之样方法	合头草荒漠				9976.40	肃北蒙古族自治县-蒙古扁桃-典型抽样方法-合头草荒漠	281.60					2809354		
232	肃北蒙古族自治县	肉苁蓉	统计	典型抽样之样方法	合头草荒漠				45400.02	肃北蒙古族自治县-肉苁蓉-典型抽样方法-合头草荒漠	213.33					9685337		
233	阿克塞哈萨克族自治县	裸果木	统计	典型抽样之样方法	合头草荒漠				194.79	阿克塞哈萨克族自治县-裸果木-典型抽样之样方法-合头草荒漠	1320.00					257123		
234	阿克塞哈萨克族自治县	沙拐枣	统计	典型抽样之样方法	合头草荒漠				55.54	阿克塞哈萨克族自治县-沙拐枣-典型抽样之样方法-合头草荒漠	80.00					4443		
235	肃北蒙古族自治县	裸果木	统计	典型抽样之样方法	合头草荒漠	盐池湾	国家级	17243.61		肃北蒙古族自治县-裸果木-典型抽样之样方法-合头草荒漠	1742.40			3045266				
236	肃南裕固族自治县	裸果木	统计	典型抽样之样方法	合头草荒漠	祁连山	国家级	2372.83		肃南裕固族自治县-裸果木-典型抽样之样方法-合头草荒漠	763.13			1810766				
237	肃南裕固族自治县	蒙古扁桃	统计	典型抽样之样方法	合头草荒漠	祁连山	国家级	2.65		肃南裕固族自治县-蒙古扁桃-典型抽样之样方法-合头草荒漠	403.20			1067				
238	文县	独叶草	统计	典型抽样之样方法	寒温性针叶林	白水江	国家级	243.48		文县-独叶草-典型抽样之样方法-寒温性针叶林	164560.00			40067069				

（续表）

调查单元 序号	县（局）	中文名	统计/录入	统计条件 调查方法	群落/生境类型	自然保护区 名称	级别	分布面积S（hm²）自然保护区 区内	区外	计算指标 计算案件	株数密度 X_1（株/hm²）	幼木率	幼苗率	株数 自然保护区内 成树	幼木	幼苗	自然保护区外 成树	幼木	幼苗
239	甘南裕固族自治县	蒙古扁桃	统计	典型抽样之样方法	灌木亚菊荒漠	祁连山	国家级	26.70		甘南裕固族自治县-蒙古扁桃-典型抽样之样方法-蒙古灌木亚菊荒漠	1305.60			34859					
240	礼县	独叶草	统计	典型抽样之样方法	灌丛和灌草丛				4.47	礼县-独叶草-典型抽样之样方法之样方法-灌丛和灌草丛	64000.00						2878680		
241	玉门市	裸果木	统计	典型抽样之样方法	裸果木荒漠				3749.87	玉门市-裸果木-典型抽样之样方法-裸果木荒漠	4429.60						1610424		
242	玉门市	裸果木	统计	典型抽样之样方法	裸果木荒漠	南山	省级	5529.84		玉门市-裸果木-典型抽样之样方法-裸果木荒漠	4429.60			24494979					
243	甘南裕固族自治县	蒙古扁桃	统计	典型抽样之样方法	戈壁针茅草原				21969.85	甘南裕固族自治县-蒙古扁桃-典型抽样之样方法-戈壁针茅草原	1752.74						38507457		
244	甘南裕固族自治县	蒙古扁桃	统计	典型抽样之样方法	戈壁针茅草原	祁连山	国家级	345.52		甘南裕固族自治县-蒙古扁桃-典型抽样之样方法-戈壁针茅草原	1752.74			605607					
245	甘州区	蒙古扁桃	统计	典型抽样之样方法	戈壁针茅草原	祁连山	国家级	7.16		甘州区-蒙古扁桃-典型抽样之样方法-戈壁针茅草原	1795.20			12850					
246	甘南裕固族自治县	蒙古扁桃	统计	典型抽样之样方法	甘藏锦鸡儿灌丛	祁连山	国家级	122.19		甘南裕固族自治县-蒙古扁桃-典型抽样之样方法-甘藏锦鸡儿灌丛	1509.92			184498					

（续表）

序号	县(局)	中文名	统计/录入	调查方法	群落/生境类型	名称	级别	区内	区外	计算条件	株数密度 X_1(株/hm²)	幼木率	幼苗率	成树(区内)	幼木(区内)	幼苗(区内)	成树(区外)	幼木(区外)	幼苗(区外)
247	山丹县	蒙古扁桃	统计	典型抽样之样方法	甘藏锦鸡儿灌丛	祁连山	国家级	604.55		山丹县-蒙古扁桃-典型抽样之样方法-甘藏锦鸡儿灌丛	891.00			538654					
248	秦州区	庙台槭	统计	实测法	枫杨林				6.14	秦州区-庙台槭-实测法-枫杨林	39.00						39		
249	徽县	水青树	统计	实测法	枫杨林				59.45	徽县-水青树-实测法-枫杨林	1.00						1		
250	徽县	油樟	统计	实测法	枫杨林				15.90	徽县-油樟-实测法-枫杨林	1.00	1.00					1	1	
251	徽县	水曲柳	统计	实测法	枫杨林				50.74	徽县-水曲柳-实测法-枫杨林	13.00						13		
252	舟曲县	岷江柏木	统计	典型抽样之样方法	方枝圆柏林	博峪河	省级	7.58		舟曲县-岷江柏木-典型抽样之样方法-方枝圆柏林	92.40			700					
253	武都区	香果树	统计	实测法	春榆、水曲柳林				0.04	武都区-香果树-实测法-春榆、水曲柳林	3.00						3		
254	武都区	红豆杉	统计	实测法	春榆、水曲柳林				0.10	武都区-红豆杉-实测法-春榆、水曲柳林	3.00						3		
255	武都区	巴山榧树	统计	实测法	春榆、水曲柳林				0.13	武都区-巴山榧树-实测法-春榆、水曲柳林	6.00						6		
256	麦积区	红豆杉	统计	实测法	春榆、水曲柳林				0.30	麦积区-红豆杉-实测法-春榆、水曲柳林	10.00						10		

（续表）

序号	调查单元 县(局)	中文名	统计/录入	调查方法	群落/生境类型	自然保护区 名称	级别	自然保护区内 区内	区外	计算条件	株数密度 X₁（株/hm²）	幼木率	幼苗率	自然保护区内 成树	幼木	幼苗	自然保护区外 成树	幼木	幼苗
257	徽县	水青树	统计	实测法	春榆、水曲柳林	小陇山	国家级	26.41		徽县-水青树-实测法-春榆、水曲柳林	8.00			8					
258	徽县	水曲柳	统计	典型抽样之样方法	春榆、水曲柳林	小陇山	国家级	133.45		徽县-水曲柳-典型抽样之样方法-春榆、水曲柳林	253.33			33807					
259	徽县	水曲柳	统计	实测法	春榆、水曲柳林	小陇山	国家级	26.97		徽县-水曲柳-实测法-春榆、水曲柳林	1.00			1					
260	舟曲县	水青树	统计	实测法	春榆、水曲柳林				58.50	舟曲县-水青树-实测法-春榆、水曲柳林	5.00						5		
261	舟曲县	厚朴	统计	实测法	春榆、水曲柳林				0.99	舟曲县-厚朴-实测法-春榆、水曲柳林	1.00						1		
262	甘南裕固族自治县	蒙古扁桃	统计	典型抽样之样方法	川青锦鸡儿荒漠	祁连山	国家级	74.43		甘南裕固族自治县-蒙古扁桃-典型抽样之样方法-川青锦鸡儿荒漠	797.16			59336					
263	肃州区	沙拐枣	统计	典型抽样之样方法	齿叶白刺荒漠				276.28	肃州区-沙拐枣-典型抽样之样方法-齿叶白刺荒漠	560.00						154717		
264	武都区	油樟	统计	实测法	常绿、落叶阔叶混交林	裕河金丝猴	省级	0.07		武都区-油樟-实测法-常绿、落叶阔叶混交林	2.00			2					
265	文县	岷江柏木	统计	实测法	侧柏林				1.00	文县-岷江柏木-实测法-侧柏林	1.00						1		
266	武都区	香果树	统计	实测法	侧柏林				0.03	武都区-香果树-实测法-侧柏林	1.00						1		

（续表）

| 调查单元 | | | 统计条件 | | | 自然保护区 | | 分布面积S (hm²) | | 计算指标 | | | | 株数 | | | | | |
序号	县（局）	中文名	统计/录入	调查方法	群落/生境类型	名称	级别	自然保护区 区内	区外	计算条件	株数密度 X_1（株/hm²）	幼木率	幼苗率	自然保护区内 成树	幼木	幼苗	自然保护区外 成树	幼木	幼苗
267	徽县	巴山榧树	统计	实测法	侧柏林				19.93	徽县-巴山榧树-实测法-侧柏林	11.00	0.55					11	6	
268	文县	岷江柏木	统计	典型抽样之样方法	柏木林	白水江	国家级	23.98		文县-岷江柏木-典型抽样之样方法-柏木林	115.31	0.67		2765	1855				
269	舟曲县	岷江柏木	统计	典型抽样之样方法	柏木林				289.19	舟曲县-岷江柏木-典型抽样之样方法-柏木林	402.45	1.04	0.13				116384	121401	150050
270	徽县	红豆杉	统计	实测法	白皮松林				155.09	徽县-红豆杉-实测法-白皮松林	52.00						52		
271	徽县	巴山榧树	统计	实测法	白皮松林				14.23	徽县-巴山榧树-实测法-白皮松林	2.00	3.00					2	6	
272	徽县	秦岭冷杉	统计	实测法	白桦林				41.83	徽县-秦岭冷杉-实测法-白桦林	22.00						22		
273	民勤县	梭梭	统计	典型抽样之样方法	白刺花灌丛				847.36	民勤县-梭梭-典型抽样之样方法-白刺花灌丛	270.00						228787		
274	文县	秦岭冷杉	统计	典型抽样之样方法	巴山冷杉林	博峪河	省级	82.40		文县-秦岭冷杉-典型抽样之样方法-巴山冷杉林	189.20			15590					
275	迭部县	水青树	统计	实测法	巴山冷杉林	阿夏	省级	5.71		迭部县-水青树-实测法-巴山冷杉林	64.00			64					
276	迭部县	秦岭冷杉	统计	实测法	巴山冷杉林	阿夏	省级	28.66		迭部县-秦岭冷杉-实测法-巴山冷杉林	212.00	0.22	0.16	212	46	34			

（续表）

序号	县（局）	中文名	统计/录入	调查方法	群落/生境类型	名称	级别	区内	区外	计算条件	株数密度 X_1（株/hm²）	幼木率	幼苗率	成树	幼木	幼苗	成树	幼木	幼苗
				统计条件		自然保护区		分布面积S（hm²）自然保护区		计算指标				株数 自然保护区内			自然保护区外		
277	迭部县	独叶草	统计	典型抽样之样方法	巴山冷杉林	多儿	省级	79.20		迭部县-独叶草-典型抽样之样方法-巴山冷杉林	154700.00			12252859					
278	迭部县	独叶草	统计	典型抽样之样方法	巴山冷杉林	阿夏	省级	10.05		迭部县-独叶草-典型抽样方法-巴山冷杉林	154700.00			1554735					
279	迭部县	连香树	统计	实测法	巴山冷杉林	阿夏	省级	2.11		迭部县-连香树-实测法-巴山冷杉林	81.00	0.28		81	23				
280	总计		统计					129569.05	166947.16					241257814	1693671	56417	2989402903	316953	37453

表4-3 野生植物资源按群落/生境类型省级汇总表（按调查单元）

序号	调查总体 省	调查单元 县（局）	目的物种 中文名	群落/生境类型	分布面积（hm²）			株数									
					小计	保护区内	保护区外	小计	成树	幼木	幼苗	保护区内 成树	幼木	幼苗	保护区外 成树	幼木	幼苗
1	甘肃省	文县	红豆杉	落叶阔叶杂木林	244.24	114.26	129.98	496	496			232			264		
2	甘肃省	文县	红豆杉	落叶阔叶林	490.12	490.12		1674	717	956		717	956				
3	甘肃省	文县	香果树	落叶阔叶杂木林	12.00		12.00	11	11						11		
4	甘肃省	文县	香果树	落叶阔叶林	3375.00	3375.00		11224	9134	1509	581	9134	1509	581			
5	甘肃省	文县	水青树	落叶阔叶杂木林	54.99		54.99	9	9						9		
6	甘肃省	文县	水青树	落叶阔叶林	1791.00	1791.00		154559	107925	39972	6662	107925	39972	6662			
7	甘肃省	文县	秦岭冷杉	巴山冷杉林	82.40	82.40		15590	15590			15590					
8	甘肃省	文县	秦岭冷杉	温性针阔叶混交林	123.81	113.47	10.34	24	18	6		16	6		2		
9	甘肃省	文县	岷江柏木	落叶阔叶杂木林	1.38		1.38	3	3						3		
10	甘肃省	文县	岷江柏木	柏木林	23.98	23.98		4620	2765	1855		2765	1855				

（续表）

序号	调查总体 省	调查单元 县（局）	目的物种 中文名	群落/生境类型	分布面积（hm²） 小计	保护区内	保护区外	株数 小计	成树	幼木	幼苗	保护区内 成树	幼木	幼苗	保护区外 成树	幼木	幼苗
11	甘肃省	文县	岷江柏木	侧柏林	1.00		1.00	1	1						1		
12	甘肃省	文县	岷江柏木	圆柏林	1.81		1.81	9	9						9		
13	甘肃省	文县	厚朴	落叶阔叶杂木林	0.23		0.23	10	10						10		
14	甘肃省	文县	厚朴	落叶阔叶林	124.00	124.00		82	48	25	9	48	25	9			
15	甘肃省	文县	独叶草	岷江冷杉林	79.65		79.65	34249414	34249414						34249414		
16	甘肃省	文县	独叶草	寒温性针叶林	243.48	243.48		40067069	40067069			40067069					
17	甘肃省	文县	巴山榧树	落叶阔叶林	249.00	249.00		1821	984	837		984	837				
18	甘肃省	文县	红豆树	落叶阔叶杂木林	66.43		66.43	56	56						56		
19	甘肃省	文县	红豆树	落叶阔叶林	34.00	34.00		22	5	17		5	17				
20	甘肃省	文县	红椿	落叶阔叶林	507.83	507.83		4514	2492	2022		2492	2022				
21	甘肃省	文县	红椿	温性针阔叶混交林	1.00	1.00		1	1			1					

（续表）

调查总体 省	调查单元 县（局）	目的物种 中文名	群落/ 生境 类型	分布面积（hm²） 小计	保护区内	保护区外	株数 小计	成树	幼木	幼苗	保护区内	成树	幼木	幼苗	保护区外	成树	幼木	幼苗	序号
甘肃省	文县	油樟	落叶阔叶杂木林	4.60		4.60	3	3							3	3			22
甘肃省	文县	油樟	落叶阔叶林	638.88	638.88		47117	12511	29814	4792	47117	12511	29814	4792					23
甘肃省	文县	油樟	落叶、常绿栎类混交林	41.60		41.60	10	10							10	10			24
甘肃省	文县	连香树	落叶阔叶杂木林	134.40		134.40	400	400							400	400			25
甘肃省	文县	连香树	落叶阔叶林	976.53	976.53		13844	5620	6810	1414	13844	5620	6810	1414					26
甘肃省	文县	独花兰	落叶阔叶林	17.00	17.00		32	32			32	32							27
甘肃省	文县	南方红豆杉	落叶阔叶林	11.00	11.00		19	8	5	6	19	8	5	6					28
甘肃省	文县	水曲柳	落叶阔叶林	31.00	31.00		52	19	21	12	52	19	21	12					29
甘肃省	文县	光叶珙桐	落叶阔叶林	1013.56	1013.56		73787	48245	19866	5676	73787	48245	19866	5676					30
甘肃省	文县	珙桐	落叶阔叶林	24.00	24.00		3	3			3	3							31
甘肃省	文县	宜昌橙	落叶阔叶林	26.00	26.00		12	5	7		12	5	7						32

（续表）

序号	调查总体 省	调查单元 县（局）	目的物种 中文名	群落/生境类型	分布面积（hm²） 小计	保护区内	保护区外	株数 小计	成树	幼木	幼苗	保护区内	成树	幼木	幼苗	保护区外	成树	幼木	幼苗
33	甘肃省	文县	西康玉兰	落叶阔叶林	5.00	5.00		13	1	9	3	13	1	9	3				
34	甘肃省	文县	计		10430.92	9892.51	538.41	74646501	74523614	103731	19155	40396309	40273422	103731	19155	34250192	34250192		
35	甘肃省	武都区	红豆杉	春榆、水曲柳林	0.10		0.10	3	3							3	3		
36	甘肃省	武都区	红豆杉	青冈、落叶阔叶混交林	0.08		0.08	5	5							5	5		
37	甘肃省	武都区	红豆杉	农、果间作型	0.06		0.06	3	3							3	3		
38	甘肃省	武都区	红豆杉	针叶林	0.12		0.12	87	17	20	50					87	17	20	50
39	甘肃省	武都区	香果树	落叶阔叶杂木林	5.09	5.09		161	151	10		161	151	10					
40	甘肃省	武都区	香果树	落叶阔叶林	161.00	161.00		311	311			311	311						
41	甘肃省	武都区	香果树	侧柏林	0.03		0.03	1	1							1	1		
42	甘肃省	武都区	香果树	春榆、水曲柳林	0.04		0.04	3	3							3	3		
43	甘肃省	武都区	香果树	农、林间作型	1.59	1.59		24	24			24	24						
44	甘肃省	武都区	香果树	青冈、落叶阔叶混交林	3.11	1.57	1.54	53	53			39	39			14	14		

（续表）

序号	省	县(局)	中文名	群落/生境类型	分布面积(hm²) 小计	保护区内	保护区外	株数 小计	成树	幼木	幼苗	保护区内	成树	幼木	幼苗	保护区外	成树	幼木	幼苗
45	甘肃省	武都区	香果树	农、果间作型	0.88	0.88		17	17			17	17						
46	甘肃省	武都区	香果树	落叶阔叶灌丛	0.05	0.05		3	3			3	3						
47	甘肃省	武都区	水青树	落叶阔叶林	63.00	63.00		12443	630	7245	4568	12443	630	7245	4568				
48	甘肃省	武都区	水青树	青冈、落叶阔叶混交林	1.42	1.42		19	19			19	19						
49	甘肃省	武都区	水青树	红桦林	0.34	0.34		6	6			6	6						
50	甘肃省	武都区	秦岭冷杉	农、果间作型	0.23		0.23	1	1							1	1		
51	甘肃省	武都区	岷江柏木	落叶阔叶林	0.07	0.07		2	2			2	2						
52	甘肃省	武都区	岷江柏木	农、林间作型	0.07		0.07	1	1							1	1		
53	甘肃省	武都区	岷江柏木	农、果间作型	0.38	0.03	0.35	4	4			1	1			3	3		
54	甘肃省	武都区	厚朴	落叶阔叶林	88.00	88.00		111	83	23	5	111	83	23	5				
55	甘肃省	武都区	厚朴	农、林间作型	0.24	0.24		8	8			8	8						

（续表）

序号	省	县(局)	目的物种中文名	群落/生境类型	分布面积（hm²） 小计	保护区内	保护区外	株数 小计	成树	幼木	幼苗	保护区内	成树	幼木	幼苗	保护区外	成树	幼木	幼苗
56	甘肃省	武都区	厚朴	青冈、落叶阔叶混交林	0.09		0.09	2	2							2	2		
57	甘肃省	武都区	巴山榧树	落叶阔叶杂木林	0.01	0.01		1	1			1	1						
58	甘肃省	武都区	巴山榧树	落叶阔叶林	223.00	223.00		522	522			522	522						
59	甘肃省	武都区	巴山榧树	山杨林	0.09	0.09		3	3			3	3						
60	甘肃省	武都区	巴山榧树	春榆、水曲柳林	0.13		0.13	6	6							6	6		
61	甘肃省	武都区	巴山榧树	针叶林				1	1			1	1						
62	甘肃省	武都区	红豆树	青冈、落叶阔叶混交林	2.29	2.29		87	87			87	87						
63	甘肃省	武都区	红豆树	云杉、冷杉林	0.10	0.10		11	11			11	11						
64	甘肃省	武都区	红椿	青冈、落叶阔叶混交林	0.15	0.15		17	17			17	17						
65	甘肃省	武都区	红椿	马桑灌丛	0.02	0.02		2	2			2	2						
66	甘肃省	武都区	油樟	落叶阔叶林	211.42	211.42		35237	2467	32770		35237	2467	32770					

（续表）

调查总体 省	序号	调查单元 县（局）	目的物种 中文名	群落/生境类型	分布面积（hm²） 小计	保护区内	保护区外	株数 小计	成树	幼木	幼苗	保护区内 成树	幼木	幼苗	保护区外 成树	幼木	幼苗
甘肃省	67	武都区	油樟	农、林间作型	0.48	0.48		5	5			5					
甘肃省	68	武都区	油樟	青冈、落叶阔叶混交林	1.02	1.02		5	5			5					
甘肃省	69	武都区	油樟	常绿、落叶阔叶混交林	0.07	0.07		2	2			2					
甘肃省	70	武都区	连香树	落叶阔叶林	101.00	101.00		498	498			498					
甘肃省	71	武都区	连香树	青冈、落叶阔叶混交林	3.49	3.49		134	134			134					
甘肃省	72	武都区	独花兰	青冈、落叶阔叶混交林	15.52	15.52		94	94			94					
甘肃省	73	武都区	南方红豆杉	温性针阔叶混交林	0.03	0.03		2	2			2					
甘肃省	74	武都区	水曲柳	青冈、落叶阔叶混交林	0.75	0.75		7	7			7					
甘肃省	75	武都区	水曲柳	针叶林	0.74		0.74	28	28						28		
甘肃省	76	武都区	水曲柳	红桦林	2.21	2.21		19	19			19					

（续表）

调查总体 序号	省	调查单元 县（局）	目的物种 中文名	群落/生境类型	分布面积（hm²） 小计	保护区内	保护区外	株数 小计	成树	幼木	幼苗	保护区内	成树	幼木	幼苗	保护区外	成树	幼木	幼苗
77	甘肃省	武都区	计		888.51	884.93	3.58	49949	5258	40068	4623	49791	5170	40048	4573	158	88	20	50
78	甘肃省	阿克塞哈萨克族自治县	裸果木	合头草荒漠	194.79		194.79	257123	257123							257123	257123		
79	甘肃省	阿克塞哈萨克族自治县	裸果木	膜果麻黄荒漠	5327.76	4796.77	530.99	3516322	3516322			3165868	3165868			350453	350453		
80	甘肃省	阿克塞哈萨克族自治县	裸果木	裸果木荒漠	29890.91	29890.91		13450910	13450910			13450910	13450910						
81	甘肃省	阿克塞哈萨克族自治县	梭梭	梭梭群系	14242.74	13798.84	443.90	2692147	2692147			2608242	2608242			83905	83905		
82	甘肃省	阿克塞哈萨克族自治县	沙拐枣	合头草荒漠	55.54		55.54	4443	4443							4443	4443		
83	甘肃省	阿克塞哈萨克族自治县	沙拐枣	膜果麻黄荒漠	92.79		92.79	7423	7423							7423	7423		
84	甘肃省	阿克塞哈萨克族自治县	沙拐枣	梭梭群系	87.67		87.67	21041	21041							21041	21041		
85	甘肃省	阿克塞哈萨克族自治县	沙拐枣	沙拐枣群系	16679.47	16491.89	187.58	5911945	5911945			5845459	5845459			66487	66487		

（续表）

序号	省	县（局）	目的物种中文名	群落/生境类型	分布面积（hm²）小计	分布面积 保护区内	分布面积 保护区外	株数 小计	株数 成树	株数 幼木	株数 幼苗	保护区内 成树	保护区内 幼木	保护区内 幼苗	保护区外 成树	保护区外 幼木	保护区外 幼苗
86	甘肃省	阿克塞哈萨克族自治县	计		66571.67	64978.41	1593.26	25861354	25861354			25070479			790875		
87	甘肃省	肃北蒙古族自治县	裸果木	合头草荒漠	17243.61	17243.61		30045266	30045266			30045266					
88	甘肃省	肃北蒙古族自治县	裸果木	合头草荒漠群系	469503.59		469503.59	242087786	242087786						242087786		
89	甘肃省	肃北蒙古族自治县	梭梭	合头草荒漠群系	658694.04		658694.04	304463021	304463021						304463021		
90	甘肃省	肃北蒙古族自治县	沙拐枣	合头草荒漠群系	140871.56		140871.56	28807818	28807818						28807818		
91	甘肃省	肃北蒙古族自治县	蒙古扁桃	合头草荒漠	9976.40		9976.40	2809354	2809354						2809354		
92	甘肃省	肃北蒙古族自治县	肉苁蓉	合头草荒漠群系	45400.02		45400.02	9685337	9685337						9685337		
93	甘肃省	肃北蒙古族自治县	计		1341689.22	17243.61	1324445.61	617899582	617898582			30045266			587853316		
94	甘肃省	敦煌市	裸果木	红砂荒漠	64530.00		64530.00	10221552	10221552						10221552		
95	甘肃省	敦煌市	梭梭	梭梭群系	46578.00	813.00	45765.00	5447194	5447194			95079			5352116		
96	甘肃省	敦煌市	梭梭	沙拐枣群系	7967.00		7967.00	2190925	2190925						2190925		
97	甘肃省	敦煌市	沙拐枣	沙拐枣群系	7968.22	1.22	7967.00	7967050	7967050			50			7967000		

（续表）

调查总体 序号	省	调查单元 县(局)	目的物种 中文名	群落/生境类型	分布面积(hm²) 小计	保护区内	保护区外	株数 小计	成树	幼木	幼苗	保护区内	成树	幼木	幼苗	保护区外	成树	幼木	幼苗
98	甘肃省	敦煌市	沙拐枣	红砂荒漠	64530.00		64530.00	5678640	5678640							5678640	5678640		
99	甘肃省	敦煌市	沙生柽柳	沙生柽柳群系	0.01	0.01		3	3			3	3						
100	甘肃省	敦煌市	计		191573.23	814.23	190759.00	31505364	31505364			95132	95132			31410233	31410233		
101	甘肃省	瓜州县	裸果木	膜果麻黄荒漠	194.00	194.00		30419	30419			30419	30419						
102	甘肃省	瓜州县	梭梭	梭梭群系	7300.00	7300.00		2139995	2139995			2139995	2139995						
103	甘肃省	瓜州县	沙拐枣	沙拐枣群系	2475.00		2475.00	564300	564300							564300	564300		
104	甘肃省	瓜州县	计		9969.00	7494.00	2475.00	2734714	2734714			2170414	2170414			564300	564300		
105	甘肃省	玉门市	裸果木	膜果麻黄荒漠	4815.72		4815.72	4584565	4584565							4584565	4584565		
106	甘肃省	玉门市	裸果木	红砂荒漠	21530.71		21530.71	25836852	25836852							25836852	25836852		
107	甘肃省	玉门市	裸果木	裸果木荒漠	9279.71	5529.84	3749.87	41105403	41105403			24494979	24494979			16610424	16610424		
108	甘肃省	玉门市	裸果木	珍珠猪毛菜荒漠	1337.38	1337.38		1780320	1780320			1780320	1780320						
109	甘肃省	玉门市	梭梭	梭梭群系	472.00		472.00	159914	159914							159914	159914		
110	甘肃省	玉门市	沙拐枣	沙拐枣群系	364.00		364.00	349440	349440							349440	349440		
111	甘肃省	玉门市	蒙古扁桃	裸果木荒漠	579.00	579.00		115800	115800			115800	115800						

（续表）

序号	省	县（局）	目的物种中文名	群落/生境类型	分布面积（hm²）小计	保护区内	保护区外	株数小计	成树	幼木	幼苗	保护区内小计	成树	幼木	幼苗	保护区外小计	成树	幼木	幼苗
112	甘肃省	玉门市	计		38378.52	7446.22	30932.30	73932294	73932294			2639099	2639099			47541195	47541195		
113	甘肃省	肃州区	沙拐枣	沙拐枣群系	925.36		925.36	681296	681296							681296	681296		
114	甘肃省	肃州区	沙拐枣	齿叶白刺荒漠	276.28		276.28	154717	154717							154717	154717		
115	甘肃省	肃州区	计		1201.64		1201.64	836013	836013							836013	836013		
116	甘肃省	金塔县	梭梭	梭梭群系	296.54	216.35	80.19	148033	148033			108002	108002			40031	40031		
117	甘肃省	金塔县	沙拐枣	沙拐枣群系	75014.51	599.11	74415.40	69622842	69622842			556049	556049			69066793	69066793		
118	甘肃省	金塔县	计		75311.05	815.46	74495.59	69770875	69770875			664051	664051			69106824	69106824		
119	甘肃省	高台县	裸果木	珍珠猪毛菜荒漠	3.70		3.70	116	116							116	116		
120	甘肃省	高台县	梭梭	珍珠猪毛菜荒漠	1.01		1.01	38	38							38	38		
121	甘肃省	高台县	蒙古扁桃	珍珠猪毛菜荒漠	1.13		1.13	174	174							174	174		
122	甘肃省	高台县	计		5.84		5.84	328	328							328	328		
123	甘肃省	临泽县	蒙古扁桃	珍珠猪毛菜荒漠	294.97		294.97	83849	83849							83849	83849		
124	甘肃省	临泽县	计		294.97		294.97	83849	83849							83849	83849		
125	甘肃省	民乐县	梭梭	梭梭群系	40.05		40.05	24030	24030							24030	24030		

（续表）

| 调查总体 | | 调查单元 | 目的物种 | 群落/ | 分布面积（hm²） | | | 株数 | | | | | | | | | | | |
序号	省	县（局）	中文名	生境类型	小计	保护区内	保护区外	小计	成树	幼木	幼苗	保护区内	成树	幼木	幼苗	保护区外	成树	幼木	幼苗
126	甘肃省	民乐县	计		40.05		40.05	24030	24030							24030	24030		
127	甘肃省	肃南裕固族自治县	裸果木	合头草荒漠	2372.83	2372.83		1810766	1810766			1810766	1810766						
128	甘肃省	肃南裕固族自治县	蒙古扁桃	合头草荒漠	2.65	2.65		1067	1067			1067	1067						
129	甘肃省	肃南裕固族自治县	蒙古扁桃	戈壁针茅草原	22315.37	345.52	21969.85	39113064	39113064			605607	605607			38507457	38507457		
130	甘肃省	肃南裕固族自治县	蒙古扁桃	甘藏锦鸡儿灌丛	122.19	122.19		184498	184498			184498	184498						
131	甘肃省	肃南裕固族自治县	蒙古扁桃	金露梅灌丛	43.34	43.34		41466	41466			41466	41466						
132	甘肃省	肃南裕固族自治县	蒙古扁桃	中亚紫菀木荒漠	552.57	552.57		1073566	1073566			1073566	1073566						
133	甘肃省	肃南裕固族自治县	蒙古扁桃	亚菊、灌木亚菊荒漠	59.33	59.33		39871	39871			39871	39871						
134	甘肃省	肃南裕固族自治县	蒙古扁桃	川青锦鸡儿荒漠	74.43	74.43		59336	59336			59336	59336						
135	甘肃省	肃南裕固族自治县	蒙古扁桃	灌木亚菊荒漠	26.70	26.70		34859	34859			34859	34859						
136	甘肃省	肃南裕固族自治县	蒙古扁桃	木霸王荒漠	74.16	74.16		54818	54818			54818	54818						

（续表）

序号	省	县（局）	目的物种中文名	群落/生境类型	分布面积（hm²） 小计	保护区内	保护区外	株数 小计	成株	幼木	幼苗	保护区内 成树	幼木	幼苗	保护区外 成树	幼木	幼苗
137	甘肃省	肃南裕固族自治县	计		25643.57	3673.72	21969.85	42413311	42413311			3905854			38507457		
138	甘肃省	山丹县	蒙古扁桃	甘藏锦鸡儿灌丛	604.55	604.55		538654	538654			538654					
139	甘肃省	山丹县	蒙古扁桃	金露梅灌丛	153.34	153.34		199709	199709			199709					
140	甘肃省	山丹县	计		757.89	757.89		738363	738363			738363					
141	甘肃省	永昌县	蒙古扁桃	珍珠猪毛菜荒漠	4.87		4.87	23	23						23		
142	甘肃省	永昌县	蒙古扁桃	金露梅灌丛	4.99	4.99		1725	1725			1725					
143	甘肃省	永昌县	蒙古扁桃	木霸王荒漠	0.38		0.38	5	5						5		
144	甘肃省	永昌县	计		10.24	4.99	5.25	1753	1753			1725			28		
145	甘肃省	甘州区	蒙古扁桃	戈壁针茅草原	7.16	7.16		12850	12850			12850					
146	甘肃省	甘州区	计		7.16	7.16		12850	12850			12850					
147	甘肃省	金川区	梭梭	梭梭群系	53.29		53.29	13642	13642						13642		
148	甘肃省	金川区	计		53.29		53.29	13642	13642						13642		
149	甘肃省	民勤县	裸果木	裸果木荒漠	520.50	520.50		569635	569635			569635					

（续表）

序号	省	县（局）	目的物种中文名	群落/生境类型	分布面积（hm²）			株数											
					小计	保护区内	保护区外	小计	成树	幼木	幼苗	保护区内	成树	幼木	幼苗	保护区外	成树	幼木	幼苗
150	甘肃省	民勤县	裸果木	红砂荒漠	218.11		218.11	83754	83754							83754	83754		
151	甘肃省	民勤县	梭梭	梭梭群系	147.72		147.72	118176	118176							118176	118176		
152	甘肃省	民勤县	梭梭	白刺花灌丛	847.36		847.36	228787	228787							228787	228787		
153	甘肃省	民勤县	沙拐枣	沙拐枣群系	9975.35	9244.35	731.00	16763908	16763908			15535438	15535438			1228470	1228470		
154	甘肃省	民勤县	蒙古扁桃	裸果木荒漠	4059.69	4059.69		2016854	2016854			2016854	2016854						
155	甘肃省	民勤县	计		15768.73	13824.54	1944.19	19781114	19781114			18121927	18121927			1659187	1659187		
156	甘肃省	景泰县	裸果木	红砂荒漠	11.36		11.36	20	20							20	20		
157	甘肃省	景泰县	蒙古扁桃	红砂荒漠	3105.02		3105.02	126	126							126	126		
158	甘肃省	景泰县	计		3116.38		3116.38	146	146							146	146		
163	甘肃省	秦州区	红豆杉	油松林	0.19		0.19	37	37							37	37		
164	甘肃省	秦州区	红豆杉	辽东栎林	0.01		0.01	1	1							1	1		
165	甘肃省	秦州区	红豆杉	锐齿槲栎林	41.22		41.22	28	28							28	28		
166	甘肃省	秦州区	水青树	锐齿槲栎林	0.87		0.87	1	1							1	1		
167	甘肃省	秦州区	庙台槭	锐齿槲栎林	169.36		169.36	25	25							25	25		

（续表）

序号	调查总体 省	调查单元 县(局)	目的物种 中文名	群落/生境类型	分布面积（hm²） 小计	保护区内	保护区外	株数 小计	成树	幼木	幼苗	保护区内	成树	幼木	幼苗	保护区外	成树	幼木	幼苗
168	甘肃省	秦州区	庙台槭	枫杨林	6.14		6.14	39	39							39	39		
169	甘肃省	秦州区	计		217.79		217.79	131	131							131	131		
170	甘肃省	麦积区	红豆杉	春榆、水曲柳林	0.30		0.30	10	10							10	10		
171	甘肃省	麦积区	红豆杉	油松林	41.12		41.12	3	3							3	3		
172	甘肃省	麦积区	红豆杉	锐齿槲栎林	538.74		538.74	689	689							689	689		
173	甘肃省	麦积区	红豆杉	麻栎林	0.06		0.06	1	1							1	1		
174	甘肃省	麦积区	红豆杉	色木、紫椴、糠椴林	0.03		0.03	6	6							6	6		
175	甘肃省	麦积区	红豆杉	栓皮栎林	33.83		33.83	23	14	9						23	14	9	
176	甘肃省	麦积区	红豆杉	散生木	25.97		25.97	2	2							2	2		
177	甘肃省	麦积区	红豆杉	榆树疏林	112.92		112.92	216	216							216	216		
178	甘肃省	麦积区	水青树	锐齿槲栎林	185.74		185.74	108	108							108	108		
179	甘肃省	麦积区	水青树	红桦林	4.80		4.80	11	11							11	11		
180	甘肃省	麦积区	秦岭冷杉	落叶松林	18.84		18.84	1	1							1	1		
181	甘肃省	麦积区	秦岭冷杉	冷杉林	1.77		1.77	115	102	13						115	102	13	

（续表）

调查总体		调查单元	目的物种中文名	群落/生境类型	分布面积（hm²）			株数									
序号	省	县（局）			小计	保护区内	保护区外	小计	成树	幼木	幼苗	保护区内 成树	保护区内 幼木	保护区内 幼苗	保护区外 成树	保护区外 幼木	保护区外 幼苗
182	甘肃省	麦积区	连香树	锐齿槲栎林	192.40		192.40	68	68						68		
183	甘肃省	麦积区	水曲柳	锐齿槲栎林	111.18		111.18	397	397						397		
184	甘肃省	麦积区	庙台槭	锐齿槲栎林	293.23		293.23	827	637	190					637	190	
185	甘肃省	麦积区	计		1560.93		1560.93	2477	2265	212					2265	212	
186	甘肃省	西和县	红豆杉	温性针阔叶混交林	29.98		29.98	143	90	53					90	53	
187	甘肃省	西和县	红豆杉	农、林间作型	12.83		12.83	97	85	12					85	12	
188	甘肃省	西和县	厚朴	温性针阔叶混交林	8.52		8.52	23	17	6					17	6	
189	甘肃省	西和县	厚朴	农、林间作型	0.48		0.48	2	2						2		
190	甘肃省	西和县	计		51.81		51.81	265	194	71					194	71	
191	甘肃省	礼县	独叶草	灌丛和灌草丛	4.47		4.47	2878680	2878680						2878680		
192	甘肃省	礼县	计		4.47		4.47	2878680	2878680						2878680		
193	甘肃省	成县	红豆杉	温性针阔叶混交林	451.60	361.99	89.61	172872	100346	31793	40734	138570	25484	32651	19911	6309	8083
194	甘肃省	成县	巴山榧树	温性针阔叶混交林	0.09	0.09		2	2			2					

（续表）

序号	省	县(局)	中文名	群落/生境类型	分布面积 (hm²) 小计	保护区内	保护区外	株数 小计	成树	幼木	幼苗	保护区内	成树	幼木	幼苗	保护区外	成树	幼木	幼苗
195	甘肃省	成县	计		451.69	362.08	89.61	172874	100348	31793	40734	138572	80436	25484	32651	34303	19911	6309	8083
196	甘肃省	徽县	红豆杉	马桑灌丛	134.32		134.32	97624	97624							97624	97624		
197	甘肃省	徽县	红豆杉	油松林	301.68		301.68	173	165	8						173	165	8	
198	甘肃省	徽县	红豆杉	锐齿槲栎林	1325.86		1325.86	305	276	29						305	276	29	
199	甘肃省	徽县	红豆杉	栓皮栎林	34.42		34.42	10	10							10	10		
200	甘肃省	徽县	红豆杉	白皮松林	155.09		155.09	52	52							52	52		
201	甘肃省	徽县	红豆杉	华山松林	108.03	56.64	51.39	55	54	1		18	18			37	36	1	
202	甘肃省	徽县	红豆杉	漆树林	17.17		17.17	3	3							3	3		
203	甘肃省	徽县	红豆杉	一般落叶阔叶林	35.00	35.00		9	9			9	9						
204	甘肃省	徽县	水青树	春榆、水曲柳林	26.41	26.41		8	8			8	8						
205	甘肃省	徽县	水青树	枫杨林	59.45		59.45	1	1							1	1		
206	甘肃省	徽县	秦岭冷杉	红桦林	127.37		127.37	10	10							10	10		
207	甘肃省	徽县	秦岭冷杉	白桦林	41.83		41.83	22	22							22	22		
208	甘肃省	徽县	秦岭冷杉	秦岭冷杉林	337.88	337.88		19322	19322			19322	19322						

（续表）

调查总体 序号	省	调查单元 县（局）	目的物种 中文名	群落/生境 类型	分布面积（hm²） 小计	保护区内	保护区外	株数 小计	成树	幼木	幼苗	保护区内	成树	幼木	幼苗	保护区外	成树	幼木	幼苗
209	甘肃省	徽县	厚朴	一般落叶阔叶林	12.53	12.53		8	8			8	8						
210	甘肃省	徽县	巴山榧树	侧柏林	19.93		19.93	17	11	6						17	11	6	
211	甘肃省	徽县	巴山榧树	马桑灌丛	2.48		2.48	22	22							22	22		
212	甘肃省	徽县	巴山榧树	油松林	15.37		15.37	9	6	3						9	6	3	
213	甘肃省	徽县	巴山榧树	锐齿槲栎林	37.02		37.02	9	8	1						9	8	1	
214	甘肃省	徽县	巴山榧树	栓皮栎林	57.67	57.67		8	8			8	8						
215	甘肃省	徽县	巴山榧树	白皮松林	14.23		14.23	8	2	6						8	2	6	
216	甘肃省	徽县	油樟	锐齿槲栎林	17.96		17.96	3	2	1						3	2	1	
217	甘肃省	徽县	油樟	枫杨林	15.90		15.90	2	1	1						2	1	1	
218	甘肃省	徽县	油樟	一般落叶阔叶林	66.89	66.89		8	8			8	8						
219	甘肃省	徽县	水曲柳	春榆、水曲柳林	160.42	160.42		33808	33808			33808	33808						
220	甘肃省	徽县	水曲柳	锐齿槲栎林	103.79		103.79	13	13							13	13		

（续表）

调查总体		调查单元	目的物种中文名	群落/生境类型	分布面积（hm²）			株数											
序号	省	县（局）			小计	保护区内	保护区外	小计	成树	幼木	幼苗	保护区内	成树	幼木	幼苗	保护区外	成树	幼木	幼苗
221	甘肃省	徽县	水曲柳	枫杨林	50.74		50.74	13	13							13	13		
222	甘肃省	康县	红豆杉	栓皮栎林	0.26		0.26	1	1							1	1		
223	甘肃省	康县	香果树	栓皮栎林	0.10		0.10	2	2							2	2		
224	甘肃省	康县	厚朴	栓皮栎林	0.07		0.07	6	6							6	6		
225	甘肃省	康县	红豆树	栓皮栎林	0.16		0.16	7	7							7	7		
226	甘肃省	康县	红椿	栓皮栎林	0.10	0.10		1	1			1	1						
227	甘肃省	康县	油樟	栓皮栎林	0.12		0.12	1	1							1	1		
228	甘肃省	康县	连香树	栓皮栎林	0.28		0.28	1	1							1	1		
229	甘肃省	康县	独花兰	栓皮栎林	0.28		0.28	1	1							1	1		
230	甘肃省	康县	计		3280.81	753.54	2527.27	151542	151486	56		53190	53190			98352	98296	56	
231	甘肃省	宕昌县	秦岭冷杉	岷江冷杉林	327.42		327.42	270118	157160	112959						270118	157160	112959	
232	甘肃省	宕昌县	计		327.42		327.42	270118	157160	112959						270118	157160	112959	
233	甘肃省	两当县	红豆杉	油松林	35.63		35.63	1	1							1	1		
234	甘肃省	两当县	红豆杉	锐齿槲栎林	968.20		968.20	377	373	4						377	373	4	
235	甘肃省	两当县	红豆杉	栓皮栎林	410.52		410.52	146389	146389							146389	146389		
236	甘肃省	两当县	秦岭冷杉	红桦林	8.47	8.47		1	1			1	1						

（续表）

序号	省	县(局)	目的物种中文名	群落/生境类型	分布面积(hm²) 小计	保护区内	保护区外	株数 小计	成树	幼木	幼苗	保护区内	成树	幼木	幼苗	保护区外	成树	幼木	幼苗
237	甘肃省	两当县	秦岭冷杉	锐齿槲栎林	39.32	39.32		4	4			4	4						
238	甘肃省	两当县	厚朴	锐齿槲栎林	34.48		34.48	7	7							7	7		
239	甘肃省	两当县	巴山榧树	油松林	10.14	10.14		4	4			4	4						
240	甘肃省	两当县	巴山榧树	锐齿槲栎林	6.73	6.73		1	1			1	1						
241	甘肃省	两当县	巴山榧树	华山松林	2.93	2.93		1	1			1	1						
242	甘肃省	两当县	南方红豆杉	油松林	0.47	0.47		1	1			1	1						
243	甘肃省	两当县	水曲柳	锐齿槲栎林	74.08	63.13	10.95	34	12	22		5	5			29	7	22	
244	甘肃省	两当县	计		1590.97	131.19	1459.78	146820	146794	26		17	17			146803	146777	26	
245	甘肃省	武山县	秦岭冷杉	冷杉林	0.12		0.12	36	18	18						36	18	18	
246	甘肃省	武山县	计		0.12		0.12	36	18	18						36	18	18	
247	甘肃省	舟曲县	红豆杉	红桦林	0.03	0.03		1	1			1	1						
248	甘肃省	舟曲县	红豆杉	辽东栎林	0.02	0.02		6	6			6	6						
249	甘肃省	舟曲县	红豆杉	华山松林	211.40		211.40	587	97	306	184					587	97	306	184
250	甘肃省	舟曲县	红豆杉	阔叶林	207.09		207.09	244	40	121	83					244	40	121	83

（续表）

序号	省	县（局）	目的物种 中文名	群落/生境类型	分布面积（hm²） 小计	保护区内	保护区外	株数 小计	成树	幼木	幼苗	保护区内 小计	成树	幼木	幼苗	保护区外 小计	成树	幼木	幼苗
251	甘肃省	舟曲县	红豆杉	云杉林	1.60		1.60	37	2	8	27					37	2	8	27
252	甘肃省	舟曲县	红豆杉	黄果冷杉林	0.02	0.02		1	1			1	1						
253	甘肃省	舟曲县	水青树	春榆、水曲柳林	58.50		58.50	5	5							5	5		
254	甘肃省	舟曲县	水青树	红桦林	60.03		60.03	34217	1801	29715	2701					34217	1801	29715	2701
255	甘肃省	舟曲县	水青树	辽东栎林	0.18	0.18		26	5	21		26	5	21					
256	甘肃省	舟曲县	水青树	阔叶林	527.67		527.67	19293	13398	536	5359					19293	13398	536	5359
257	甘肃省	舟曲县	水青树	云杉林	46.02		46.02	26233	2761	17949	5523					26233	2761	17949	5523
258	甘肃省	舟曲县	水青树	黄果冷杉林	0.16	0.16		6	3	3		6	3	3					
259	甘肃省	舟曲县	秦岭冷杉	云杉林	101.41	0.54	100.87	508	222	191	95	32	17	11	4	476	205	180	91
260	甘肃省	舟曲县	岷江柏木	柏木林	289.19		289.19	252834	116384	121401	15050					252834	116384	121401	15050
261	甘肃省	舟曲县	岷江柏木	黄蔷薇灌丛	198.44		198.44	67112	40720	26393						67112	40720	26393	
262	甘肃省	舟曲县	岷江柏木	方枝圆柏林	7.58	7.58		700	700			700	700						
263	甘肃省	舟曲县	厚朴	春榆、水曲柳林	0.99		0.99	1	1							1	1		

（续表）

调查总体		调查单元	目的物种	群落/生境类型	分布面积（hm²）			株数											
序号	省	县（局）	中文名		小计	保护区内	保护区外	小计	成树	幼木	幼苗	保护区内	成树	幼木	幼苗	保护区外	成树	幼木	幼苗
264	甘肃省	舟曲县	独叶草	岷江冷杉林	28.46	28.46		7873174	7873174			7873174	7873174						
265	甘肃省	舟曲县	独叶草	红桦林	1368.75		1368.75	699279167	699279167							699279167	699279167		
266	甘肃省	舟曲县	独叶草	冷杉林	2229.28		2229.28	1473999936	1473999936							1473999936	1473999936		
267	甘肃省	舟曲县	连香树	红桦林	22.51		22.51	17	11	4	2					17	11	4	2
268	甘肃省	舟曲县	连香树	辽东栎林	0.04	0.04		3	3			3	3						
269	甘肃省	舟曲县	连香树	华山松林	3.80		3.80	35	19	15	1					35	19	15	1
270	甘肃省	舟曲县	连香树	阔叶林	444.18		444.18	691	364	240	87					691	364	240	87
271	甘肃省	舟曲县	连香树	云杉林	30.02		30.02	73	40	33						73	40	33	
272	甘肃省	舟曲县	连香树	黄果冷杉林	0.09	0.09		1	1			1	1						
273	甘肃省	舟曲县	连香树	黄蔷薇灌丛	0.32	0.32		2	2			2	2						
274	甘肃省	舟曲县	水曲柳	阔叶林	31.47		31.47	658	70	381	207					658	70	381	207
275	甘肃省	舟曲县	大果青杄	农、林间作型	0.11	0.11		2	2			2	2						
276	甘肃省	舟曲县	计		5869.36	37.55	5831.81	2181555570	2181328936	197317	29319	7873954	7873915	35	4	2173681616	2173455021	197282	29315
277	甘肃省	迭部县	红豆杉	云杉林	0.15		0.15	18	18							18	18		
278	甘肃省	迭部县	水青树	巴山冷杉林	5.71	5.71		64	64			64	64						

（续表）

序号	调查总体 省	调查单元 县（局）	目的物种 中文名	群落/生境类型	分布面积（hm²） 小计	保护区内	保护区外	株数 小计	成树	幼木	幼苗	保护区内	成树	幼木	幼苗	保护区外	成树	幼木	幼苗
279	甘肃省	迭部县	水青树	云杉林	0.38		0.38	5	5							5	5		
280	甘肃省	迭部县	秦岭冷杉	巴山冷杉林	28.66	28.66		292	212	46	34	292	212	46	34				
281	甘肃省	迭部县	秦岭冷杉	针叶林	0.60		0.60	16	11		5					16	11		5
282	甘肃省	迭部县	秦岭冷杉	油松林	8.09	8.09		39	39			39	39						
283	甘肃省	迭部县	独叶草	巴山冷杉林	89.25	89.25		13807594	13807594			13807594	13807594						
284	甘肃省	迭部县	连香树	巴山冷杉林	2.11	2.11		104	81	23		104	81	23					
285	甘肃省	迭部县	连香树	黄果冷杉林	0.46		0.46	10	10							10	10		
286	甘肃省	迭部县	水曲柳	落叶阔叶林	0.32		0.32	3	3							3	3		
287	甘肃省	迭部县	计		135.73	133.82	1.91	13808145	13808037	69	39	13808093	13807990	69	34	52	47		5
288	甘肃省	卓尼县	独叶草	岷江冷杉林	313.20	313.20		71946514	71946514			71946514	71946514						
289	甘肃省	卓尼县	独叶草	青海云杉林	0.03		0.03	2700	2700							2700	2700		
290	甘肃省	卓尼县	计		313.23	313.20	0.03	71949214	71949214			71946514	71946514			2700	2700		
291	甘肃省	总计			1795516.21	129569.05	1665947.16	3231240904	3230660717	486320	93870	241483600	241257814	169367	56417	2989757306	2989402903	316953	37453

表4-4 野生植物资源按物种省级汇总表

调查总体 序号	省	目的物种 中文名	群落/生境类型	分布面积（hm²） 小计	保护区内	保护区外	株数 小计	成树	幼木	幼苗	保护区内 小计	成树	幼木	幼苗	保护区外 小计	成树	幼木	幼苗
1	甘肃省	红豆杉	落叶阔叶杂木林	244.24	114.26	129.98	496	496			232	232			264	264		
2	甘肃省	红豆杉	落叶阔叶林	490.12	490.12		1674	717	956		1674	717	956					
3	甘肃省	红豆杉	温性针阔叶混交林	481.58	361.99	119.59	173015	100436	31846	40734	138570	80434	25484	32651	34446	20001	6362	8083
4	甘肃省	红豆杉	春榆、水曲柳林	0.40		0.40	13	13							13	13		
5	甘肃省	红豆杉	农、林间作型	12.83		12.83	97	85	12						97	85	12	
6	甘肃省	红豆杉	菁冈、落叶阔叶混交林	0.08		0.08	5	5							5	5		
7	甘肃省	红豆杉	农、果间作型	0.06		0.06	3	3							3	3		
8	甘肃省	红豆杉	针叶林	0.12		0.12	87	17	20	50					87	17	20	50
9	甘肃省	红豆杉	红桦林	0.03	0.03		1	1			1	1						
10	甘肃省	红豆杉	马桑灌丛	134.32		134.32	97624	97624							97624	97624		
11	甘肃省	红豆杉	油松林	378.62		378.62	214	206	8						214	206	8	
12	甘肃省	红豆杉	辽东栎林	0.03	0.02	0.01	7	7			6	6			1	1		
13	甘肃省	红豆杉	锐齿槲栎林	2874.02		2874.02	1399	1366	33						1399	1366	33	
14	甘肃省	红豆杉	麻栎林	0.06		0.06	1	1							1	1		

（续表）

调查总体 序号	省	目的物种中文名	群落/生境类型	分布面积（hm²）小计	保护区内	保护区外	株数 小计	成树	幼木	幼苗	保护区内	成树	幼木	幼苗	保护区外	成树	幼木	幼苗
15	甘肃省	红豆杉	色木、紫椴、糠椴林	0.03		0.03	6	6							6	6		
16	甘肃省	红豆杉	栓皮栎林	479.03		479.03	146423	146414	9						146423	146414	9	
17	甘肃省	红豆杉	散生木	25.97		25.97	2	2							2	2		
18	甘肃省	红豆杉	榆树疏林	112.92		112.92	216	216							216	216		
19	甘肃省	红豆杉	白皮松林	155.09		155.09	52	52							52	52		
20	甘肃省	红豆杉	华山松林	319.42	56.64	262.79	642	151	307	184	18	18			624	133	307	184
21	甘肃省	红豆杉	漆树林	17.17		17.17	3	3							3	3		
22	甘肃省	红豆杉	一般落叶阔叶林	35.00	35.00		9	9			9	9						
23	甘肃省	红豆杉	阔叶林	207.09		207.09	244	40	121	83					244	40	121	83
24	甘肃省	红豆杉	云杉林	1.75		1.75	55	20	8	27					55	20	8	27
25	甘肃省	红豆杉	黄果冷杉林	0.02	0.02		1	1			1	1						
26	甘肃省	红豆杉	计	5970.00	1058.08	4911.93	422289	347891	33320	41078	140511	81418	26440	32651	281779	266472	6880	8427
27	甘肃省	香果树	落叶阔叶杂木林	17.09	5.09	12.00	172	162	10		161	151	10		11	11		
28	甘肃省	香果树	落叶阔叶林	3536.00	3536.00		11536	9446	1509	581	11536	9446	1509	581				
29	甘肃省	香果树	侧柏林	0.03		0.03	1	1							1	1		
30	甘肃省	香果树	春榆、水曲柳林	0.04		0.04	3	3							3	3		

（续表）

调查总体 序号	省	目的物种中文名	群落/生境类型	分布面积（hm²）小计	保护区内	保护区外	株数 小计	成树	幼木	幼苗	保护区内	成树	幼木	幼苗	保护区外	成树	幼木	幼苗
31	甘肃省	香果树	农、林间作型	1.59	1.59		24	24			24	24						
32	甘肃省	香果树	青冈、落叶阔叶混交林	3.11	1.57	1.54	53	53			39	39			14	14		
33	甘肃省	香果树	农、果间作型	0.88	0.88		17	17			17	17						
34	甘肃省	香果树	落叶阔叶灌丛	0.05	0.05		3	3			3	3						
35	甘肃省	香果树	栓皮栎林	0.10		0.10	2	2							2	2		
36	甘肃省	香果树	计	3558.89	3545.18	13.71	11811	9711	1519	581	11780	9680	1519	581	31	31		
37	甘肃省	水青树	落叶阔叶杂木林	54.99		54.99	9	9							9	9		
38	甘肃省	水青树	落叶阔叶林	1854.00	1854.00		167001	108555	47217	11230	167001	108555	47217	11230				
39	甘肃省	水青树	巴山冷杉林	5.71	5.71		64	64			64	64						
40	甘肃省	水青树	春榆、水曲柳林	84.91	26.41	58.50	13	13			8	8			5	5		
41	甘肃省	水青树	青冈、落叶阔叶混交林	1.42	1.42		19	19			19	19						
42	甘肃省	水青树	红桦林	60.37	0.34	60.03	34223	1807	29715	2701	6	6			34217	1801	29715	2701
43	甘肃省	水青树	辽东栎林	0.18	0.18		26	5	21		26	5	21					
44	甘肃省	水青树	锐齿槲栎林	186.61		186.61	109	109							109	109		

（续表）

调查总体 省 序号	省	目的物种中文名	群落/生境类型	分布面积（hm²） 小计	保护区内	保护区外	株数 小计	成树	幼木	幼苗	保护区内	成树	幼木	幼苗	保护区外	成树	幼木	幼苗
45	甘肃省	水青树	枫杨林	59.45		59.45	1	1							1	1		
46	甘肃省	水青树	落叶松林	4.80		4.80	11	11							11	11		
47	甘肃省	水青树	阔叶林	527.67		527.67	19293	13398	536	5359					19293	13398	536	5359
48	甘肃省	水青树	云杉林	46.40		46.40	26238	2766	17949	5523					26238	2766	17949	5523
49	甘肃省	水青树	黄果冷杉林	0.16	0.16		6	3	3		6	3	3					
50	甘肃省	水青树	计	2886.67	1888.22	998.45	247013	126760	95441	24813	167130	108660	47241	11230	79883	18100	48200	13583
51	甘肃省	秦岭冷杉	巴山冷杉林	111.06	111.06		15882	15802	46	34	15882	15802	46	34				
52	甘肃省	秦岭冷杉	温性针阔叶混交林	123.81	113.47	10.34	24	18	6		22	16	6		2	2		
53	甘肃省	秦岭冷杉	岷江冷杉林	327.42		327.42	270118	157160	112959						270118	157160	112959	
54	甘肃省	秦岭冷杉	农、果间作型	0.23		0.23	1	1							1	1		
55	甘肃省	秦岭冷杉	针叶林	0.60		0.60	16	11		5					16	11		5
56	甘肃省	秦岭冷杉	红桦林	154.68	8.47	146.21	12	12			1	1			11	11		
57	甘肃省	秦岭冷杉	白桦林	41.83		41.83	22	22							22	22		
58	甘肃省	秦岭冷杉	油松林	8.09	8.09		39	39			39	39						

（续表）

调查总体 序号	省	目的物种中文名	群落/生境类型	分布面积（hm²） 小计	保护区内	保护区外	株数 小计	成树	幼木	幼苗	保护区内	成树	幼木	幼苗	保护区外	成树	幼木	幼苗
59	甘肃省	秦岭冷杉	锐齿槲栎林	39.32	39.32		4	4			4	4						
60	甘肃省	秦岭冷杉	冷杉林	1.89		1.89	151	120	31						151	120	31	
61	甘肃省	秦岭冷杉	秦岭冷杉林	337.88	337.88		19322	19322			19322	19322						
62	甘肃省	秦岭冷杉	云杉林	101.41	0.54	100.87	508	222	191	95	32	17	11	4	476	205	180	91
63	甘肃省	秦岭冷杉	计	1248.22	618.83	629.39	306099	192733	113233	134	35302	35201	63	38	270797	157532	113170	96
64	甘肃省	岷江柏木	落叶阔叶杂木林	1.38		1.38	3	3							3	3		
65	甘肃省	岷江柏木	落叶阔叶林	0.07		0.07	2	2							2	2		
66	甘肃省	岷江柏木	柏木林	313.17	23.98	289.19	257454	119149	123255	15050	4620	2765	1855		252834	116384	121401	15050
67	甘肃省	岷江柏木	侧柏林	1.00		1.00	1	1							1	1		
68	甘肃省	岷江柏木	圆柏林	1.81		1.81	9	9							9	9		
69	甘肃省	岷江柏木	农、林间作型	0.07	0.07		1	1			1	1						

（续表）

调查总体 序号	省	目的物种中文名	群落/生境类型	分布面积（hm²） 小计	保护区内	保护区外	株数 小计	成树	幼木	幼苗	保护区内 小计	成树	幼木	幼苗	保护区外 小计	成树	幼木	幼苗
70	甘肃省	岷江柏木	农、果间作型	0.38	0.03	0.35	4	4			1	1			3	3		
71	甘肃省	岷江柏木	黄蔷薇灌丛	198.44		198.44	67112	40720	26393						67112	40720	26393	
72	甘肃省	岷江柏木	方枝圆柏林	7.58	7.58		700	700			700	700						
73	甘肃省	岷江柏木	计	523.90	31.66	492.24	325286	160589	149648	15050	5322	3467	1855		319964	157122	147794	15050
74	甘肃省	厚朴	落叶阔叶杂木林	0.23		0.23	10	10							10	10		
75	甘肃省	厚朴	落叶阔叶林	212.00	212.00		193	131	48	14	193	131	48	14				
76	甘肃省	厚朴	温性针阔叶混交林	8.52		8.52	23	17	6						23	17	6	
77	甘肃省	厚朴	春榆、水曲柳林	0.99		0.99	1	1							1	1		
78	甘肃省	厚朴	农、林间作型	0.72	0.24	0.48	10	10			8	8			2	2		
79	甘肃省	厚朴	青冈、落叶阔叶混交林	0.09		0.09	2	2							2	2		
80	甘肃省	厚朴	锐齿槲栎林	34.48		34.48	7	7							7	7		
81	甘肃省	厚朴	栓皮栎林	0.07		0.07	6	6							6	6		

（续表）

| 调查总体 | | 目的物种 | 群落/生境类型 | 分布面积（hm²） | | | 株数 | | | | | | | | | | | |
序号	省	中文名		小计	保护区内	保护区外	小计	成树	幼木	幼苗	保护区内	成树	幼木	幼苗	保护区外	成树	幼木	幼苗
82	甘肃省	厚朴	一般落叶阔叶林	12.53	12.53		8	8			8	8						
83	甘肃省	厚朴	计	269.63	224.77	44.86	260	192	54	14	209	147	48	14	51	45	6	
84	甘肃省	独叶草	巴山冷杉林	89.25	89.25		13807594	13807594			13807594	13807594						
85	甘肃省	独叶草	岷江冷杉林	421.31	341.66	79.65	114069103	114069103			79819689	79819689			34249414	34249414		
86	甘肃省	独叶草	寒温性针叶林	243.48	243.48		40067069	40067069			40067069	40067069						
87	甘肃省	独叶草	红桦林	1368.75		1368.75	699279167	699279167							699279167	699279167		
88	甘肃省	独叶草	冷杉林	2229.28		2229.28	147399936	147399936							147399936	147399936		
89	甘肃省	独叶草	灌丛和灌草丛	4.47		4.47	2878680	2878680							2878680	2878680		
90	甘肃省	独叶草	青海云杉林	0.03		0.03	2700	2700							2700	2700		
91	甘肃省	独叶草	计	4356.57	674.39	3682.18	2344104249	2344104249			133694352	133694352			2210409897	2210409897		
92	甘肃省	巴山榧树	落叶阔叶杂木林	0.01	0.01		1	1			1	1						
93	甘肃省	巴山榧树	落叶阔叶林	472.00	472.00		2342	1506	837		2342	1506	837					
94	甘肃省	巴山榧树	山杨林	0.09	0.09		3	3			3	3						
95	甘肃省	巴山榧树	温性针阔叶混交林	0.09	0.09		2	2			2	2						

（续表）

调查总体序号	省	目的物种中文名	群落/生境类型	分布面积（hm²）小计	保护区内	保护区外	株数小计	成树	幼木	幼苗	保护区内	成树	幼木	幼苗	保护区外	成树	幼木	幼苗
96	甘肃省	巴山榧树	侧柏林	19.93		19.93	17	11	6						17	11	6	
97	甘肃省	巴山榧树	春榆、水曲柳林	0.13		0.13	6	6							6	6		
98	甘肃省	巴山榧树	针叶林				1	1			1	1						
99	甘肃省	巴山榧树	马桑灌丛	2.48		2.48	22	22							22	22		
100	甘肃省	巴山榧树	油松林	25.52	10.14	15.37	13	10	3		4	4			9	6	3	
101	甘肃省	巴山榧树	锐齿槲栎林	43.75	6.73	37.02	10	9	1		1	1			9	8	1	
102	甘肃省	巴山榧树	栓皮栎林	57.67	57.67		8	8			8	8						
103	甘肃省	巴山榧树	白皮松林	14.23		14.23	8	2	6						8	2	6	
104	甘肃省	巴山榧树	华山松林	2.93	2.93		1	1			1	1						
105	甘肃省	巴山榧树	计	638.83	549.66	89.16	2434	1582	853		2363	1527	837		71	55	16	
106	甘肃省	红豆树	落叶阔叶杂木林	66.43		66.43	56	56							56	56		

（续表）

序号	省	目的物种中文名	群落/生境类型	分布面积（hm²）			株数										
				小计	保护区内	保护区外	小计	成树	幼木	幼苗	保护区内	成树	幼木	幼苗	保护区外	成树	幼木	幼苗
107	甘肃省	红豆树	落叶阔叶林	34.00	34.00		22	5	17		22	5	17				
108	甘肃省	红豆树	青冈、落叶阔叶混交林	2.29	2.29		87	87			87	87					
109	甘肃省	红豆树	云杉、冷杉林	0.10	0.10		11	11			11	11					
110	甘肃省	红豆树	栓皮栎林	0.16		0.16	7	7							7	7	
111	甘肃省	红豆树	计	102.98	36.39	66.59	183	166	17		120	103	17		63	63	
112	甘肃省	红椿	落叶阔叶林	507.83	507.83		4514	2492	2022		4514	2492	2022				
113	甘肃省	红椿	温性针阔叶混交林	1.00	1.00		1	1			1	1					
114	甘肃省	红椿	青冈、落叶阔叶混交林	0.15	0.15		17	17			17	17					
115	甘肃省	红椿	马桑灌丛	0.02	0.02		2	2			2	2					
116	甘肃省	红椿	栓皮栎林	0.10	0.10		1	1			1	1					
117	甘肃省	红椿	计	509.10	509.10		4535	2513	2022		4535	2513	2022				
118	甘肃省	油樟	落叶阔叶杂木林	4.60		4.60	3	3							3	3	
119	甘肃省	油樟	落叶阔叶林	850.30	850.30		82354	14978	62585	4792	82354	14978	62585	4792			
120	甘肃省	油樟	落叶、常绿栎类混交林	41.60		41.60	10	10							10	10	
121	甘肃省	油樟	农、林间作型	0.48	0.48		5	5			5	5					

（续表）

序号	省	目的物种中文名	群落/生境类型	分布面积（hm²）小计	分布面积 保护区内	分布面积 保护区外	株数 小计	株数 成树	株数 幼木	株数 幼苗	株数 保护区内 小计	保护区内 成树	保护区内 幼木	保护区内 幼苗	株数 保护区外 小计	保护区外 成树	保护区外 幼木	保护区外 幼苗
122	甘肃省	油樟	青冈、落叶阔叶混交林	1.02	1.02		5	5			5	5						
123	甘肃省	油樟	常绿、落叶阔叶混交林	0.07	0.07		2	2			2	2						
124	甘肃省	油樟	锐齿槲栎林	17.96		17.96	3	2	1						3	2	1	
125	甘肃省	油樟	枫杨林	15.90		15.90	2	1	1						2	1	1	
126	甘肃省	油樟	栓皮栎林	0.12		0.12	1	1							1	1		
127	甘肃省	油樟	一般落叶阔叶林	66.89	66.89		8	8			8	8						
128	甘肃省	油樟	计	998.94	918.76	80.18	82393	15015	62587	4792	82374	14998	62585	4792	19	17	2	
129	甘肃省	连香树	落叶阔叶杂木林	134.40		134.40	400	400							400	400		
130	甘肃省	连香树	落叶阔叶林	1077.53	1077.53		14342	6117	6810	1414	14342	6117	6810	1414				
131	甘肃省	连香树	巴山冷杉林	2.11	2.11		104	81	23		104	81	23					
132	甘肃省	连香树	青冈、落叶阔叶混交林	3.49	3.49		134	134			134	134						
133	甘肃省	连香树	红桦林	22.51		22.51	17	11	4	2					17	11	4	2
134	甘肃省	连香树	辽东栎林	0.04	0.04		3	3			3	3						
135	甘肃省	连香树	锐齿槲栎林	192.40		192.40	68	68							68	68		
136	甘肃省	连香树	栓皮栎林	0.28		0.28	1	1							1	1		

（续表）

调查总体 序号	省	目的物种 中文名	群落/生境类型	分布面积（hm²） 小计	保护区内	保护区外	株数 小计 小计	成树	幼木	幼苗	保护区内 小计	成树	幼木	幼苗	保护区外 小计	成树	幼木	幼苗
137	甘肃省	连香树	华山松林	3.80		3.80	35	19	15	1					35	19	15	1
138	甘肃省	连香树	阔叶林	444.18		444.18	691	364	240	87					691	364	240	87
139	甘肃省	连香树	云杉林	30.02		30.02	73	40	33						73	40	33	
140	甘肃省	连香树	黄果冷杉林	0.55	0.09	0.46	11	11			1	1			10	10		
141	甘肃省	连香树	黄蔷薇灌丛	0.32	0.32		2	2			2	2						
142	甘肃省	连香树	计	1911.63	1083.58	828.05	15881	7251	7125	1504	14586	6338	6833	1414	1295	913	292	90
143	甘肃省	独花兰	落叶阔叶林	17.00	17.00		32	32			32	32						
144	甘肃省	独花兰	青冈、落叶阔叶混交林	15.52	15.52		94	94			94	94						
145	甘肃省	独花兰	栓皮栎林	0.28		0.28	1	1							1	1		
146	甘肃省	独花兰	计	32.80	32.52	0.28	127	127			126	126			1	1		
147	甘肃省	南方红豆杉	落叶阔叶林	11.00	11.00		19	8	5	6	19	8	5	6				
148	甘肃省	南方红豆杉	温性针阔叶混交林	0.03	0.03		2	2			2	2						
149	甘肃省	南方红豆杉	油松林	0.47	0.47		1	1			1	1						
150	甘肃省	南方红豆杉	计	11.50	11.50		22	11	5	6	22	11	5	6				
151	甘肃省	水曲柳	落叶阔叶林	31.32	31.00	0.32	55	22	21	12	52	19	21	12	3	3		

（续表）

序号	省	物种中文名	群落/生境类型	分布面积（hm²）			株数											
				小计	保护区内	保护区外	小计	成树	幼木	幼苗	保护区内	成树	幼木	幼苗	保护区外	成树	幼木	幼苗
152	甘肃省	水曲柳	椿榆、水曲柳林	160.42	160.42		33808	33808			33808	33808							
153	甘肃省	水曲柳	青冈、落叶阔叶混交林	0.75	0.75		7	7			7	7							
154	甘肃省	水曲柳	针叶林	0.74		0.74	28	28								28	28		
155	甘肃省	水曲柳	红桦林	2.21	2.21		19	19			19	19							
156	甘肃省	水曲柳	锐齿槲栎林	289.05	63.13	225.92	444	422	22		5	5			439	417	22		
157	甘肃省	水曲柳	枫杨林	50.74		50.74	13	13							13	13			
158	甘肃省	水曲柳	阔叶林	31.47		31.47	658	70	381	207					658	70	381	207
159	甘肃省	水曲柳	计	566.70	257.51	309.19	35032	34389	424	219	33891	33858	21	12	1141	531	403	207
160	甘肃省	光叶珙桐	落叶阔叶林	1013.56	1013.56		73787	48245	19866	5676	73787	48245	19866	5676				
161	甘肃省	光叶珙桐	计	1013.56	1013.56		73787	48245	19866	5676	73787	48245	19866	5676				
162	甘肃省	珙桐	落叶阔叶林	24.00	24.00		3	3			3	3						
163	甘肃省	珙桐	计	24.00	24.00		3	3			3	3						
164	甘肃省	宜昌橙	落叶阔叶林	26.00	26.00		12	5	7		12	5	7					
165	甘肃省	宜昌橙	计	26.00	26.00		12	5	7		12	5	7					
166	甘肃省	西康玉兰	落叶阔叶林	5.00	5.00		13	1	9	3	13	1	9	3				

（续表）

序号	省	中文名	群落/生境类型	分布面积（hm²）小计	保护区内	保护区外	株数 小计	成树	幼木	幼苗	保护区内	成树	幼木	幼苗	保护区外	成树	幼木	幼苗
167	甘肃省	西康玉兰	计	5.00	5.00		13	1	9	3	13	1	9	3				
168	甘肃省	裸果木	合头草荒漠	19811.23	19616.44	194.79	32113155	32113155			31856032	31856032			257123	257123		
169	甘肃省	裸果木	膜果麻黄荒漠	10337.48	4990.77	5346.71	8131306	8131306			3196287	3196287			4935019	4935019		
170	甘肃省	裸果木	裸果木荒漠	30411.41	30411.41		14020545	14020545			14020545	14020545						
171	甘肃省	裸果木	合头草荒漠群系	469503.59		469503.59	242087786	242087786							242087786	242087786		
172	甘肃省	裸果木	红砂荒漠	86290.18		86290.18	36142178	36142178							36142178	36142178		
173	甘肃省	裸果木	裸果木荒漠	9279.71	5529.84	3749.87	41105403	41105403			24494979	24494979			16610424	16610424		
174	甘肃省	裸果木	珍珠猪毛菜荒漠	1341.08	1337.38	3.70	1780436	1780436			1780320	1780320			116	116		
175	甘肃省	裸果木	计	626974.68	61885.84	565088.84	375380809	375380809			75348163	75348163			300032646	300032646		
176	甘肃省	梭梭	梭梭群系	69130.34	22128.19	47002.15	10743131	10743131			4951317	4951317			5791814	5791814		
177	甘肃省	梭梭	沙拐枣群系	7967.00		7967.00	2190925	2190925							2190925	2190925		
178	甘肃省	梭梭	合头草荒漠群系	658694.04		658694.04	304463021	304463021							304463021	304463021		
179	甘肃省	梭梭	珍珠猪毛菜荒漠	1.01		1.01	38	38							38	38		
180	甘肃省	梭梭	白刺花灌丛	847.36		847.36	228787	228787							228787	228787		
181	甘肃省	梭梭	计	736639.75	22128.19	714511.56	317625902	317625902			4951317	4951317			312674585	312674585		

（续表）

序号	省	物种/目的种 中文名	群落/生境类型	分布面积（hm²） 小计	分布面积 保护区内	分布面积 保护区外	株数 小计	株数 小计 成树	株数 小计 幼木	株数 小计 幼苗	株数 保护区内	株数 保护区内 成树	株数 保护区内 幼木	株数 保护区内 幼苗	株数 保护区外	株数 保护区外 成树	株数 保护区外 幼木	株数 保护区外 幼苗
182	甘肃省	沙拐枣	合头草荒漠	55.54		55.54	4443	4443							4443	4443		
183	甘肃省	沙拐枣	膜果黄麻荒漠	92.79		92.79	7423	7423							7423	7423		
184	甘肃省	沙拐枣	梭梭群系	87.67		87.67	21041	21041							21041	21041		
185	甘肃省	沙拐枣	沙拐枣群系	113401.91	26336.57	87065.34	101860782	101860782			21936996	21936996			79923786	79923786		
186	甘肃省	沙拐枣	合头草荒漠群系	140871.56		140871.56	28807818	28807818							28807818	28807818		
187	甘肃省	沙拐枣	红砂荒漠	64530.00		64530.00	5678640	5678640							5678640	5678640		
188	甘肃省	沙拐枣	齿叶白刺荒漠	276.28		276.28	154717	154717							154717	154717		
189	甘肃省	沙拐枣	计	319315.75	26336.57	292979.18	136534864	136534864			21936996	21936996			114597868	114597868		
190	甘肃省	蒙古扁桃	合头草荒漠	2.65	2.65		1067	1067			1067	1067						
191	甘肃省	蒙古扁桃	裸果木荒漠	4638.69	4638.69		2132654	2132654			2132654	2132654						
192	甘肃省	蒙古扁桃	合头草荒漠群系	9976.40		9976.40	2809354	2809354							2809354	2809354		
193	甘肃省	蒙古扁桃	红砂荒漠	3105.02		3105.02	126	126							126	126		
194	甘肃省	蒙古扁桃	珍珠猪毛菜荒漠	300.97		300.97	84046	84046							84046	84046		

（续表）

序号	省	目的物种 中文名	群落/生境类型	分布面积 (hm²) 小计	保护区内	保护区外	株数 小计	成树	幼木	幼苗	保护区内 成树	幼木	幼苗	保护区外 成树	幼木	幼苗
195	甘肃省	蒙古扁桃	戈壁针茅草原	22322.53	352.68	21969.85	39125914	39125914			618456	618456		38507457	38507457	
196	甘肃省	蒙古扁桃	甘藏锦鸡儿灌丛	726.74	726.74		723152	723152			723152	723152				
197	甘肃省	蒙古扁桃	金露梅灌丛	201.67	201.67		242901	242901			242901	242901				
198	甘肃省	蒙古扁桃	中亚紫菀木荒漠	552.57	552.57		1073566	1073566			1073566	1073566				
199	甘肃省	蒙古扁桃	亚菊、亚菊荒漠	59.33	59.33		39871	39871			39871	39871				
200	甘肃省	蒙古扁桃	川青锦鸡儿荒漠	74.43	74.43		59336	59336			59336	59336				
201	甘肃省	蒙古扁桃	灌木亚菊荒漠	26.70	26.70		34859	34859			34859	34859				
202	甘肃省	蒙古扁桃	木霸王荒漠	74.54	74.16	0.38	54823	54823			54818	54818		5	5	
203	甘肃省	蒙古扁桃	计	42062.24	6709.62	35352.62	46381669	46381669			4980680	4980680		41400988	41400988	
204	甘肃省	肉苁蓉	合头草荒漠群系	45400.02		45400.02	9685337	9685337						9685337	9685337	
205	甘肃省	肉苁蓉	计	45400.02		45400.02	9685337	9685337						9685337	9685337	
206	甘肃省	沙生柽柳	沙生柽柳群系	0.01	0.01		3	3			3	3				

（续表）

调查总体 序号	调查总体 省	目的物种中文名	群落/生境类型	分布面积（hm²） 小计	分布面积 保护区内	分布面积 保护区外	株数 小计 小计	株数 小计 成树	株数 小计 幼木	株数 小计 幼苗	株数 保护区内 小计	株数 保护区内 成树	株数 保护区内 幼木	株数 保护区内 幼苗	株数 保护区外 小计	株数 保护区外 成树	株数 保护区外 幼木	株数 保护区外 幼苗
207	甘肃省	沙生柽柳	计	0.01	0.01		3	3			3	3						
208	甘肃省	庙台槭	锐齿槲栎林	462.60		462.60	852	662	190						852	662	190	
209	甘肃省	庙台槭	枫杨林	6.14		6.14	39	39							39	39		
210	甘肃省	庙台槭	计	468.74		468.74	891	701	190						891	701	190	
211	甘肃省	大果青杆	农、林间作型	0.11	0.11		2	2			2	2						
212	甘肃省	大果青杆	计	0.11	0.11		2	2			2	2						
213	甘肃省	合计		1795516.22	129569.05	1665947.17	3231240906	3230660720	486320	93870	241483599	241257814	169368	56417	2989757307	2989402904	316953	37453

表4-5 自然保护区野生资源数量统计表

序号	省	目的物种 中文名	自然保护区 名称	级别	调查单元 所在县(局、市、区)	群落/生境类型	分布面积 (hm²)	株数 小计	成树	幼木	幼苗
1	甘肃省	红豆杉	白水江	国家级	文县	落叶阔叶林	490.12	1674	717	956	
2	甘肃省	红豆杉	尖山	省级	文县	落叶阔叶杂木林	114.26	232	232		
3	甘肃省	红豆杉			文县	落叶阔叶杂木林					
4	甘肃省	红豆杉			武都区	春榆、水曲柳林					
5	甘肃省	红豆杉			武都区	青冈、落叶阔叶混交林					
6	甘肃省	红豆杉			武都区	农、果间作型					
7	甘肃省	红豆杉			武都区	针叶林					
8	甘肃省	红豆杉			秦州区	油松林					
9	甘肃省	红豆杉			秦州区	辽东栎林					
10	甘肃省	红豆杉			秦州区	锐齿槲栎林					
11	甘肃省	红豆杉			麦积区	春榆、水曲柳林					
12	甘肃省	红豆杉			麦积区	油松林					
13	甘肃省	红豆杉			麦积区	锐齿槲栎林					
14	甘肃省	红豆杉			麦积区	麻栎林					
15	甘肃省	红豆杉			麦积区	色木、紫椴、糠椴林					
16	甘肃省	红豆杉			麦积区	栓皮栎林					
17	甘肃省	红豆杉			麦积区	散生木					
18	甘肃省	红豆杉			麦积区	榆树疏林					

（续表）

| 调查总体 | | 目的物种 | 自然保护区 | | 调查单元 | 群落/生境类型 | 分布面积（hm²） | 株数 | | | |
序号	省	中文名	名称	级别	所在县（局、市、区）			小计	成树	幼木	幼苗
19	甘肃省	红豆杉			西和县	温性针阔叶混交林					
20	甘肃省	红豆杉			西和县	农、林间作型					
21	甘肃省	红豆杉			成县	温性针阔叶混交林					
22	甘肃省	红豆杉	鸡峰山	省级	成县	温性针阔叶混交林	361.99	138570	80434	25484	32651.5
23	甘肃省	红豆杉			徽县	马桑灌丛					
24	甘肃省	红豆杉			徽县	油松林					
25	甘肃省	红豆杉			徽县	锐齿槲栎林					
26	甘肃省	红豆杉			徽县	栓皮栎林					
27	甘肃省	红豆杉			徽县	白皮松林					
28	甘肃省	红豆杉			徽县	华山松林					
29	甘肃省	红豆杉			徽县	漆树林					
30	甘肃省	红豆杉	小陇山	国家级	徽县	华山松林	56.64	18	18		
31	甘肃省	红豆杉	小陇山	国家级	徽县	一般落叶阔叶林	35.00	9	9		
32	甘肃省	红豆杉			康县	栓皮栎林					
33	甘肃省	红豆杉			两当县	油松林					
34	甘肃省	红豆杉			两当县	锐齿槲栎林					
35	甘肃省	红豆杉			两当县	栓皮栎林					
36	甘肃省	红豆杉			舟曲县	华山松林					

（续表）

| 调查总体 | | 目的物种 | 自然保护区 | | 调查单元 | | 群落/生境类型 | 分布面积（hm²） | 株数 | | | |
序号	省	中文名	名称	级别	所在县	局、市、区			小计	成树	幼木	幼苗
37	甘肃省	红豆杉			舟曲县		阔叶林					
38	甘肃省	红豆杉			舟曲县		云杉林					
39	甘肃省	红豆杉	插岗梁	省级	舟曲县		红桦林	0.03	1	1		
40	甘肃省	红豆杉	插岗梁	省级	舟曲县		辽东栎林	0.02	6	6		
41	甘肃省	红豆杉	插岗梁	省级	舟曲县		黄果冷杉林	0.02	1	1		
42	甘肃省	红豆杉			迭部县		云杉林					
43	甘肃省	香果树	白水江	国家级	文县		落叶阔叶林	3375.00	11224	9134	1509	580.562
44	甘肃省	香果树			文县		落叶阔叶杂木林					
45	甘肃省	香果树	白水江	国家级	武都区		落叶阔叶林	161.00	311	311		
46	甘肃省	香果树			武都区		侧柏林					
47	甘肃省	香果树			武都区		春榆、水曲柳林					
48	甘肃省	香果树			武都区		青冈、落叶阔叶混交林					
49	甘肃省	香果树	裕河金丝猴	省级	武都区		落叶阔叶杂木林	5.09	161	151	10	
50	甘肃省	香果树	裕河金丝猴	省级	武都区		农、林间作型	1.59	24	24		
51	甘肃省	香果树	裕河金丝猴	省级	武都区		青冈、落叶阔叶混交林	1.57	39	39		
52	甘肃省	香果树	裕河金丝猴	省级	武都区		农、果间作型	0.88	17	17		

（续表）

调查总体 省	序号	目的物种 中文名	自然保护区 名称	自然保护区 级别	调查单元 所在县（局、市、区）	群落生境类型	分布面积（hm²）	株数 小计	株数 成树	株数 幼木	株数 幼苗
甘肃省	53	香果树	裕河金丝猴	省级	武都区	落叶阔叶灌丛	0.05	3	3		
甘肃省	54	香果树			康县	栓皮栎林					
甘肃省	55	水青树	白水江	国家级	文县	落叶阔叶林	1791.00	154559	107925	39972	6662.02
甘肃省	56	水青树			文县	落叶阔叶杂木林					
甘肃省	57	水青树	白水江	国家级	武都区	落叶阔叶林	63.00	12443	630	7245	4567.5
甘肃省	58	水青树	裕河金丝猴	省级	武都区	青冈、落叶阔叶混交林	1.42	19	19		
甘肃省	59	水青树	裕河金丝猴	省级	武都区	红桦林	0.34	6	6		
甘肃省	60	水青树			秦州区	锐齿槲栎林					
甘肃省	61	水青树			麦积区	锐齿槲栎林					
甘肃省	62	水青树			麦积区	落叶松林					
甘肃省	63	水青树			徽县	枫杨林					
甘肃省	64	水青树	小陇山	国家级	徽县	春榆、水曲柳林	26.41	8	8		
甘肃省	65	水青树			舟曲县	春榆、水曲柳林					
甘肃省	66	水青树			舟曲县	红桦林					
甘肃省	67	水青树			舟曲县	阔叶林					
甘肃省	68	水青树			舟曲县	云杉林					
甘肃省	69	水青树	插岗梁	省级	舟曲县	辽东栎林	0.18	26	5	21	

（续表）

调查总体 序号	省	目的物种 中文名	自然保护区 名称	级别	调查单元 所在县（局、市、区）	群落/生境类型	分布面积（hm²）	株数 小计	成树	幼木	幼苗
70	甘肃省	水青树	插岗梁	省级	舟曲县	黄果冷杉林	0.16	6	3	3	
71	甘肃省	水青树			迭部县	云杉林					
72	甘肃省	水青树	阿夏	省级	迭部县	巴山冷杉林	5.71	64	64		
73	甘肃省	秦岭冷杉	白水江	国家级	文县	温性针阔叶混交林	107.00	18	12	6	
74	甘肃省	秦岭冷杉	尖山	省级	文县	温性针阔叶混交林	6.47	4	4		
75	甘肃省	秦岭冷杉			文县	温性针阔叶混交林					
76	甘肃省	秦岭冷杉	博峪河	省级	文县	巴山冷杉林	82.40	15590	15590		
77	甘肃省	秦岭冷杉			武都区	农、果间作型					
78	甘肃省	秦岭冷杉			麦积区	红桦林					
79	甘肃省	秦岭冷杉			麦积区	冷杉林					
80	甘肃省	秦岭冷杉			徽县	红桦林					
81	甘肃省	秦岭冷杉			徽县	白桦林					
82	甘肃省	秦岭冷杉	小陇山	国家级	徽县	秦岭冷杉林	337.88	19322	19322		
83	甘肃省	秦岭冷杉			宕昌县	岷江冷杉林					
84	甘肃省	秦岭冷杉	小陇山	国家级	两当县	红桦林	8.47	1	1		
85	甘肃省	秦岭冷杉	小陇山	国家级	两当县	锐齿槲栎林	39.32	4	4		
86	甘肃省	秦岭冷杉			武山县	冷杉林					
87	甘肃省	秦岭冷杉			舟曲县	云杉林					
88	甘肃省	秦岭冷杉	插岗梁	省级	舟曲县	云杉林	0.54	32	17	11	4

（续表）

调查总体		目的物种	自然保护区		调查单元		群落/生境类型	分布面积（hm²）	株数			
序号	省	中文名	名称	级别	所在县（局、市、区）				小计	成树	幼木	幼苗
89	甘肃省	秦岭冷杉			迭部县		针叶林					
90	甘肃省	秦岭冷杉	阿夏	省级	迭部县		巴山冷杉林	28.66	292	212	46	34
91	甘肃省	秦岭冷杉	阿夏	省级	迭部县		油松林	8.09	39	39		
92	甘肃省	岷江柏木	白水江	国家级	文县		柏木林	23.98	4620	2765	1855	
93	甘肃省	岷江柏木			文县		落叶阔叶杂木林					
94	甘肃省	岷江柏木			文县		侧柏林					
95	甘肃省	岷江柏木			文县		圆柏林					
96	甘肃省	岷江柏木			武都区		落叶阔叶林					
97	甘肃省	岷江柏木			武都区		农、果间作型					
98	甘肃省	岷江柏木	裕河金丝猴	省级	武都区		农、林间作型	0.07	1	1		
99	甘肃省	岷江柏木	裕河金丝猴	省级	武都区		农、果间作型	0.03	1	1		
100	甘肃省	岷江柏木			舟曲县		柏木林					
101	甘肃省	岷江柏木			舟曲县		黄蔷薇灌丛					
102	甘肃省	岷江柏木	博峪河	省级	舟曲县		方枝圆柏林	7.58	700	700		
103	甘肃省	厚朴	白水江	国家级	文县		落叶阔叶林	124.00	82	48	25	9
104	甘肃省	厚朴	白水江		文县		落叶阔叶杂木林					
105	甘肃省	厚朴	白水江	国家级	武都区		落叶阔叶林	88.00	111	83	23	5

（续表）

序号	省	中文名	名称	级别	所在县（局、市、区）	群落生境类型	分布面积（hm²）	小计	成树	幼木	幼苗
106	甘肃省	厚朴			武都区	青冈、落叶阔叶混交林					
107	甘肃省	厚朴	裕河金丝猴	省级	武都区	农、林间作型	0.24	8	8		
108	甘肃省	厚朴			西和县	温性针阔叶混交林					
109	甘肃省	厚朴			西和县	农、林间作型					
110	甘肃省	厚朴	小陇山	国家级	徽县	一般落叶阔叶林	12.53	8	8		
111	甘肃省	厚朴			康县	栓皮栎林					
112	甘肃省	厚朴			两当县	锐齿槲栎林					
113	甘肃省	厚朴			舟曲县	春榆、水曲柳林					
114	甘肃省	独叶草	白水江	国家级	文县	寒温带针叶林	243.48	40067069	40067069		
115	甘肃省	独叶草			文县	岷江冷杉林					
116	甘肃省	独叶草			礼县	灌丛和灌草丛					
117	甘肃省	独叶草			舟曲县	红桦林					
118	甘肃省	独叶草			舟曲县	冷杉林					
119	甘肃省	独叶草	博峪河	省级	舟曲县	岷江冷杉林	28.46	7873174	7873174		
120	甘肃省	独叶草	阿夏	省级	迭部县	巴山冷杉林	10.05	1554735	1554735		
121	甘肃省	独叶草	多儿	省级	迭部县	巴山冷杉林	79.20	12252859	12252859		
122	甘肃省	独叶草			卓尼县	青海云杉林					
123	甘肃省	独叶草	洮河	国家级	卓尼县	岷江冷杉林	313.20	71946514	71946514		

（续表）

调查总体		目的物种	自然保护区		调查单元	群落/生境类型	分布面积（hm²）	株数			
序号	省	中文名	名称	级别	所在县（局、市、区）			小计	成树	幼木	幼苗
124	甘肃省	巴山榧树	白水江	国家级	文县	落叶阔叶林	249.00	1821	984	837	
125	甘肃省	巴山榧树	白水江	国家级	武都区	落叶阔叶林	223.00	522	522		
126	甘肃省	巴山榧树			武都区	春榆、水曲柳林					
127	甘肃省	巴山榧树	裕河金丝猴	省级	武都区	落叶阔叶杂木林	0.01	1	1		
128	甘肃省	巴山榧树	裕河金丝猴	省级	武都区	山杨林	0.09	3	3		
129	甘肃省	巴山榧树	裕河金丝猴	省级	武都区	针叶林		1	1		
130	甘肃省	巴山榧树	鸡峰山	省级	成县	温性针阔叶混交林	0.09	2	2		
131	甘肃省	巴山榧树			徽县	侧柏林					
132	甘肃省	巴山榧树			徽县	马桑灌丛					
133	甘肃省	巴山榧树			徽县	油松林					
134	甘肃省	巴山榧树			徽县	锐齿槲栎林					
135	甘肃省	巴山榧树			徽县	白皮松林					
136	甘肃省	巴山榧树	小陇山	国家级	徽县	栓皮栎林	57.67	8	8		
137	甘肃省	巴山榧树	小陇山	国家级	两当县	油松林	10.14	4	4		
138	甘肃省	巴山榧树	小陇山	国家级	两当县	锐齿槲栎林	6.73	1	1		
139	甘肃省	巴山榧树	小陇山	国家级	两当县	华山松林	2.93	1	1		
140	甘肃省	红豆树	白水江	国家级	文县	落叶阔叶林	34.00	22	5	17	

（续表）

调查总体		目的物种	自然保护区		调查单元	群落/生境类型	分布面积（hm²）	株数			
序号	省	中文名	名称	级别	所在县（局、市、区）			小计	成树	幼木	幼苗
141	甘肃省	红豆树			文县	落叶阔叶杂木林					
142	甘肃省	红豆树	裕河金丝猴	省级	武都区	青冈、落叶阔叶混交林	2.29	87	87		
143	甘肃省	红豆树	裕河金丝猴	省级	武都区	云杉、冷杉林	0.10	11	11		
144	甘肃省	红豆树			康县	栓皮栎林					
145	甘肃省	红椿	白水江	国家级	文县	落叶阔叶林	507.83	4514	2492	2022	
146	甘肃省	红椿	尖山	省级	文县	温性针阔叶混交林	1.00	1	1		
147	甘肃省	红椿	裕河金丝猴	省级	武都区	青冈、落叶阔叶混交林	0.15	17	17		
148	甘肃省	红椿	裕河金丝猴	省级	武都区	马桑灌丛	0.02	2	2		
149	甘肃省	红椿	康县大鲵	县级	康县	栓皮栎林	0.10	1	1		
150	甘肃省	油樟	白水江	国家级	文县	落叶阔叶林	638.88	47117	12511	29814	4791.6
151	甘肃省	油樟			文县	落叶阔叶杂木林					
152	甘肃省	油樟			文县	落叶、常绿栎类混交林					
153	甘肃省	油樟	白水江	国家级	武都区	落叶阔叶林	211.42	35237	2467	32770	
154	甘肃省	油樟	裕河金丝猴	省级	武都区	农、林间作型	0.48	5	5		
155	甘肃省	油樟	裕河金丝猴	省级	武都区	青冈、落叶阔叶混交林	1.02	5	5		

（续表）

序号	省	中文名	自然保护区 名称	自然保护区 级别	所在县（局、市、区）	群落/生境类型	分布面积（hm²）	小计	成树	幼木	幼苗
156	甘肃省	油樟	裕河金丝猴	省级	武都区	常绿、落叶阔叶混交林	0.07	2	2		
157	甘肃省	油樟			徽县	锐齿槲栎林					
158	甘肃省	油樟			徽县	枫杨林					
159	甘肃省	油樟	小陇山	国家级	徽县	一般落叶阔叶林	66.89	8	8		
160	甘肃省	油樟			康县	栓皮栎林					
161	甘肃省	连香树	白水江	国家级	文县	落叶阔叶林	976.53	13844	5620	6810	1414.18
162	甘肃省	连香树			文县	落叶阔叶杂木林					
163	甘肃省	连香树	白水江	国家级	武都区	落叶阔叶林	101.00	498	498		
164	甘肃省	连香树	裕河金丝猴	省级	武都区	青冈、落叶阔叶混交林	3.49	134	134		
165	甘肃省	连香树			麦积区	锐齿槲栎林					
166	甘肃省	连香树			康县	栓皮栎林					
167	甘肃省	连香树			舟曲县	红桦林					
168	甘肃省	连香树			舟曲县	华山松林					
169	甘肃省	连香树			舟曲县	阔叶林					
170	甘肃省	连香树			舟曲县	云杉林					
171	甘肃省	连香树	插岗梁	省级	舟曲县	辽东栎林	0.04	3	3		
172	甘肃省	连香树	插岗梁	省级	舟曲县	黄果冷杉林	0.09	1	1		

（续表）

| 调查总体 | | 目的物种 | 自然保护区 | | 调查单元 | 群落/生境类型 | 分布面积（hm²） | 株数 | | | |
序号	省	中文名	名称	级别	所在县（局、市、区）			小计	成树	幼木	幼苗
173	甘肃省	连香树	插岗梁	省级	舟曲县	黄蔷薇灌丛	0.32	2	2		
174	甘肃省	连香树			迭部县	黄果冷杉林					
175	甘肃省	连香树	阿夏	省级	迭部县	巴山冷杉林	2.11	104	81	23	
176	甘肃省	独花兰	白水江	国家级	文县	落叶阔叶林	17.00	32	32		
177	甘肃省	独花兰	裕河金丝猴	省级	武都区	青冈、落叶阔叶混交林	15.52	94	94		
178	甘肃省	独花兰			康县	栓皮栎林					
179	甘肃省	南方红豆杉	白水江	国家级	文县	落叶阔叶林	11.00	19	8	5	6
180	甘肃省	南方红豆杉	裕河金丝猴	省级	武都区	温性针阔叶混交林	0.03	2	2		
181	甘肃省	南方红豆杉	黑河	省级	两当县	油松林	0.47	1	1		
182	甘肃省	水曲柳	白水江	国家级	文县	落叶阔叶林	31.00	52	19	21	12
183	甘肃省	水曲柳			武都区	针叶林					
184	甘肃省	水曲柳	裕河金丝猴	省级	武都区	青冈、落叶阔叶混交林	0.75	7	7		
185	甘肃省	水曲柳	裕河金丝猴	省级	武都区	红桦林	2.21	19	19		
186	甘肃省	水曲柳			麦积区	锐齿槲栎林					
187	甘肃省	水曲柳			徽县	锐齿槲栎林					

（续表）

调查总体 序号	省	目的物种 中文名	自然保护区 名称	自然保护区 级别	调查单元 所在县（局、市、区）	群落生境类型	分布面积（hm²）	株数 小计	株数 成树	株数 幼木	株数 幼苗
188	甘肃省	水曲柳			徽县	枫杨林					
189	甘肃省	水曲柳	小陇山	国家级	徽县	春榆、水曲柳林	160.42	33808	33808		
190	甘肃省	水曲柳			两当县	锐齿槲栎林					
191	甘肃省	水曲柳	小陇山	国家级	两当县	锐齿槲栎林	63.13	5	5		
192	甘肃省	水曲柳			舟曲县	阔叶林					
193	甘肃省	水曲柳			迭部县	落叶阔叶林					
194	甘肃省	光叶珙桐	白水江	国家级	文县	落叶阔叶林	1013.56	73787	48245	19866	5675.94
195	甘肃省	珙桐	白水江	国家级	文县	落叶阔叶林	24.00	3	3		
196	甘肃省	宜昌橙	白水江	国家级	文县	落叶阔叶林	26.00	12	5	7	
197	甘肃省	西康玉兰	白水江	国家级	文县	落叶阔叶林	5.00	13	1	9	3
198	甘肃省	裸果木			阿克塞哈萨克族自治县	合头草荒漠					
199	甘肃省	裸果木			阿克塞哈萨克族自治县	膜果麻黄荒漠					
200	甘肃省	裸果木	安南坝	国家级	阿克塞哈萨克族自治县	膜果麻黄荒漠	4796.77	3165868	3165868		
201	甘肃省	裸果木	安南坝	国家级	阿克塞哈萨克族自治县	裸果木荒漠群系	29890.91	13450910	13450910		
202	甘肃省	裸果木			肃北蒙古族自治县	合头草荒漠群系					
203	甘肃省	裸果木	盐池湾	国家级	肃北蒙古族自治县	合头草荒漠	17243.61	30045266	30045266		
204	甘肃省	裸果木			敦煌市	红砂荒漠					
205	甘肃省	裸果木	安西极旱荒漠	国家级	瓜州县	膜果麻黄荒漠	194.00	30419	30419		

（续表）

调查总体		目的物种	自然保护区		调查单元	群落/生境类型	分布面积（hm²）	株数			
序号	省	中文名	名称	级别	所在县（局、市、区）			小计	成树	幼木	幼苗
206	甘肃省	裸果木			玉门市	膜果麻黄荒漠					
207	甘肃省	裸果木			玉门市	红砂荒漠					
208	甘肃省	裸果木			玉门市	裸果木荒漠					
209	甘肃省	裸果木	南山	省级	玉门市	裸果木荒漠	5529.84	24494979	24494979		
210	甘肃省	裸果木	南山	省级	玉门市	珍珠猪毛菜荒漠	1337.38	1780320	1780320		
211	甘肃省	裸果木			高台县	珍珠猪毛菜荒漠					
212	甘肃省	裸果木	祁连山	国家级	肃南裕固族自治县	合头草荒漠	2372.83	1810766	1810766		
213	甘肃省	裸果木			民勤县	红砂荒漠					
214	甘肃省	裸果木	连古城	国家级	民勤县	裸果木荒漠	520.50	569635	569635		
215	甘肃省	裸果木			景泰县	红砂荒漠					
216	甘肃省	梭梭			阿克塞哈萨克族自治县	梭梭群系					
217	甘肃省	梭梭	安南坝	国家级	阿克塞哈萨克族自治县	梭梭群系	13798.84	2608242	2608242		
218	甘肃省	梭梭			肃北蒙古族自治县	合头草荒漠群系					
219	甘肃省	梭梭			敦煌市	梭梭群系					
220	甘肃省	梭梭			敦煌市	沙拐枣群系					
221	甘肃省	梭梭	敦煌西湖	国家级	敦煌市	梭梭群系	813.00	95079	95079		
222	甘肃省	梭梭	安西极旱荒漠	国家级	瓜州县	梭梭群系	7300.00	2139995	2139995		
223	甘肃省	梭梭			玉门市	梭梭群系					

（续表）

调查总体		目的物种 中文名	自然保护区		调查单元	群落生境类型	分布面积 (hm²)	株数			
序号	省		名称	级别	所在县（局、市、区）			小计	成树	幼木	幼苗
224	甘肃省	梭梭			金塔县	梭梭群系					
225	甘肃省	梭梭	沙枣园子	省级	金塔县	梭梭群系	216.35	108002	108002		
226	甘肃省	梭梭			高台县	珍珠猪毛菜荒漠					
227	甘肃省	梭梭			民乐县	梭梭群系					
228	甘肃省	梭梭			金川区	梭梭群系					
229	甘肃省	梭梭			民勤县	梭梭群系					
230	甘肃省	梭梭			民勤县	白刺花灌丛					
231	甘肃省	沙拐枣			阿克塞哈萨克族自治县	合头草荒漠					
232	甘肃省	沙拐枣			阿克塞哈萨克族自治县	膜果麻黄荒漠					
233	甘肃省	沙拐枣			阿克塞哈萨克族自治县	梭梭群系					
234	甘肃省	沙拐枣			阿克塞哈萨克族自治县	沙拐枣群系					
235	甘肃省	沙拐枣	安南坝	国家级	阿克塞哈萨克族自治县	沙拐枣群系	16491.89	5845459	5845459		
236	甘肃省	沙拐枣			肃北蒙古族自治县	合头草荒漠群系					
237	甘肃省	沙拐枣			敦煌市	沙拐枣群系					
238	甘肃省	沙拐枣			敦煌市	红砂荒漠					
239	甘肃省	沙拐枣	敦煌西湖	国家级	敦煌市	沙拐枣群系	1.22	50	50		
240	甘肃省	沙拐枣			瓜州县	沙拐枣群系					
241	甘肃省	沙拐枣			玉门市	沙拐枣群系					
242	甘肃省	沙拐枣			肃州区	沙拐枣群系					

（续表）

调查总体 序号	省	目的物种 中文名	自然保护区 名称	级别	调查单元 所在县（局、市、区）	群落生境类型	分布面积（hm²）	株数 小计	成树	幼木	幼苗
243	甘肃省	沙拐枣			肃州区	齿叶白刺荒漠					
244	甘肃省	沙拐枣			金塔县	沙拐枣群系					
245	甘肃省	沙拐枣	沙枣园子	省级	金塔县	沙拐枣群系	599.11	556049	556049		
246	甘肃省	沙拐枣			民勤县	沙拐枣群系					
247	甘肃省	沙拐枣	连古城	国家级	民勤县	沙拐枣群系	9244.35	15535438	15535438		
248	甘肃省	蒙古扁桃			肃北蒙古族自治县	合头草荒漠群系					
249	甘肃省	蒙古扁桃	南山	省级	玉门市	裸果木荒漠	579.00	115800	115800		
250	甘肃省	蒙古扁桃			高台县	珍珠猪毛菜荒漠					
251	甘肃省	蒙古扁桃			临泽县	珍珠猪毛菜荒漠					
252	甘肃省	蒙古扁桃			肃南裕固族自治县	戈壁针茅草原					
253	甘肃省	蒙古扁桃	祁连山	国家级	肃南裕固族自治县	合头草荒漠	2.65	1067	1067		
254	甘肃省	蒙古扁桃	祁连山	国家级	肃南裕固族自治县	戈壁针茅草原	345.52	605607	605607		
255	甘肃省	蒙古扁桃	祁连山	国家级	肃南裕固族自治县	甘藏锦鸡儿灌丛	122.19	184498	184498		
256	甘肃省	蒙古扁桃	祁连山	国家级	肃南裕固族自治县	金露梅灌丛	43.34	41466	41466		
257	甘肃省	蒙古扁桃	祁连山	国家级	肃南裕固族自治县	中亚紫菀木荒漠	552.57	1073566	1073566		
258	甘肃省	蒙古扁桃	祁连山	国家级	肃南裕固族自治县	亚菊、灌木亚菊荒漠	59.33	39871	39871		
259	甘肃省	蒙古扁桃	祁连山	国家级	肃南裕固族自治县	川青锦鸡儿荒漠	74.43	59336	59336		
260	甘肃省	蒙古扁桃	祁连山	国家级	肃南裕固族自治县	灌木亚菊荒漠	26.70	34859	34859		
261	甘肃省	蒙古扁桃	祁连山	国家级	肃南裕固族自治县	木霸王荒漠	74.16	54818	54818		

（续表）

| 调查总体 | | 目的物种 | 自然保护区 | | 调查单元 | 群落/生境类型 | 分布面积（hm²） | 株数 | | | |
序号	省	中文名	名称	级别	所在县（局、市、区）			小计	成树	幼木	幼苗
262	甘肃省	蒙古扁桃	祁连山	国家级	山丹县	甘藏锦鸡儿灌丛	604.55	538654	538654		
263	甘肃省	蒙古扁桃	祁连山	国家级	山丹县	金露梅灌丛	153.34	199709	199709		
264	甘肃省	蒙古扁桃			永昌县	珍珠猪毛菜荒漠					
265	甘肃省	蒙古扁桃			永昌县	木霸王荒漠					
266	甘肃省	蒙古扁桃	祁连山	国家级	永昌县	金露梅灌丛	4.99	1725	1725		
267	甘肃省	蒙古扁桃	祁连山	国家级	甘州区	戈壁针茅草原	7.16	12850	12850		
268	甘肃省	蒙古扁桃	连古城	国家级	民勤县	裸果木荒漠	4059.69	2016854	2016854		
269	甘肃省	蒙古扁桃			景泰县	红砂荒漠					
270	甘肃省	肉苁蓉			肃北蒙古族自治县	合头草荒漠群系					
271	甘肃省	沙生柽柳	敦煌西湖	国家级	敦煌市	沙生柽柳群系	0.01	3	3		
272	甘肃省	庙台槭			秦州区	锐齿槲栎林					
273	甘肃省	庙台槭			秦州区	枫杨林					
274	甘肃省	庙台槭			麦积区	锐齿槲栎林					
275	甘肃省	大果青扞	插岗梁	省级	舟曲县	农、林间作型	0.11	2	2		

表4-6　人工培植资源县级汇总表

序号	调查单元/县（局）	中文名	栽培单位		种源			资源总量		经济价值（万元）		
			单位名称	地点	来源	来源时间		面积（hm²）	株数	年销售总收入	年产值	年利税
1	麦积区	红豆杉	观音林场	纸庙沟	本单位培育			0.33	5000			
2	麦积区	红豆杉	党川林场	麦积区党川乡	本单位培育			13.4	20000			
3	麦积区	庙台槭	植物园	植物园18＃小班	引进			0.032	21			
4	麦积区	红豆杉	植物园	植物园18＃小班	引进			0.012	6			
5	麦积区	厚朴	植物园	植物园21＃小班	引进			0.035	17			
6	麦积区	水曲柳	植物园	植物园15＃小班	引进			0.01	3